全息位置地图关键技术及应用

Key Technologies and Applications on Location-based Pan-information Map

朱欣焰　呙　维　艾浩军　熊汉江　杜志强　著

科学出版社

北　京

内 容 简 介

本书针对泛在网环境下，位置信息服务对泛在动态信息接入与关联、室内外地上下一体化、位置感知与位置计算等需求，以"模型—建模—感知—应用"链条为核心，系统地阐述了全息位置地图的内涵，深入探讨了全息位置地图建模、泛在信息接入、室内外一体化定位、时空关联分析以及全息位置地图可视化等关键技术，并展示了以武汉市部分辖区派出所、某市火车站、湖北省博物馆为典型的相关应用。

本书适用于位置信息服务、地理信息系统、智慧城市建设与服务等相关领域的研究人员、教师、本科生与研究生，也可作为地理信息系统与服务相关专业的教学或科研参考书。

图书在版编目(CIP)数据

全息位置地图关键技术及应用/朱欣焰等著. —北京：科学出版社，2017.6

ISBN 978-7-03-052973-2

Ⅰ. ①全… Ⅱ. ①朱… Ⅲ. ①全息地图—研究 Ⅳ. ①P28

中国版本图书馆 CIP 数据核字(2017)第 118050 号

责任编辑：任 静 / 责任校对：郭瑞芝
责任印制：张 倩 / 封面设计：迷底书装

科 学 出 版 社 出版
北京东黄城根北街 16 号
邮政编码：100717
http://www.sciencep.com

新科印刷有限公司 印刷

科学出版社发行 各地新华书店经销
*
2017 年 6 月第 一 版 开本：720×1 000 1/16
2017 年 6 月第一次印刷 印张：23 1/4
字数：455 000

定价：**128.00 元**

(如有印装质量问题，我社负责调换)

前　　言

随着移动互联网与智能终端的普及，移动用户的增加使得用户对于位置信息服务的需求也越来越多样化和个性化，对服务体验的要求也越来越高。因此，亟需一种更加智能化的新型地图实时获取整合泛在信息，并基于空间位置分析、发现事物或对象之间的关联关系，在合适的时间和地点，以适宜于用户特征和需求的表现方式向用户推送合适的信息。

面对新的需求与挑战，周成虎院士等提出了全息位置地图的概念。全息位置地图强调以位置为核心将泛在信息在多维地图上进行汇聚、关联、分析、传递、表达。本书在原有概念基础上，拓展了全息位置地图概念内涵，即在泛在网环境下，以位置为纽带动态关联事物或事件的多时态（multi-temporal）、多主题（multi-thematic）、多层次（multi-hierarchical）、多粒度（multi-granular）的信息，提供个性化的位置及与位置相关的智能服务平台。基于上述内涵，本书阐述了全息位置地图的重要组成与特征，并就泛在信息获取、语义位置关联和多维动态场景构建与表达三个方面的关键技术进行了探讨。

全书共 10 章，主要内容如下。第 1 章为绪论，主要介绍全息位置地图提出的背景，阐述全息位置地图的概念内涵、特征，以及关键技术内容。第 2 章主要介绍全息位置地图概念模型构成，分为场景模型和位置模型。场景模型是空间对象的承载基础，位置模型是各种位置信息接入、表达与推理计算的基础。第 3 章主要阐述全息位置地图场景建模方法，重点介绍场景数据组织、场景语义构建，室内外大规模数据的集成方法。第 4 章主要介绍全息位置地图语义位置建模方法。第 5 章主要介绍全息位置地图泛在信息接入方法。第 6 章介绍室内外一体化定位技术。第 7 章主要介绍全息位置地图时空关联分析技术。第 8 章介绍全息位置地图可视化技术。第 9 章介绍全息位置地图服务平台。第 10 章是全息位置地图应用示例。

本书主要内容在研究和出版过程中得到了"十二五"国家科技支撑课题位置传感网与全息位置地图关键技术及其应用（课题编号：2012BAH35B03）以及国家自然科学基金项目（项目编号：41271401）的支持；本书第 1 章由朱欣焰、胡涛撰写，第 2 章由朱欣焰、杜志强、熊庆、黄亮撰写，第 3 章由杜志强、熊庆、朱欣焰、熊汉江、杨龙龙撰写，第 4 章由呙维、佘冰撰写，第 5 章由胡涛、朱欣焰、李灿撰写，第 6 章由艾浩军撰写，第 7 章由徐晓、朱欣焰、李灿、杨龙龙撰写，第 8 章由熊汉江、樊亚新撰写，第 9 章由朱欣焰、胡涛、艾浩军、杨龙龙撰写，第 10 章由胡涛、朱欣焰、李仕撰写。在本书的撰写过程中，一批富有朝气的青年学者为此做出了积极的贡献，无论是在资料的收集、整理中，还是在具体的实验和系统实施中，都有他们的身影，包括高文秀、黄亮、熊庆、佘冰、胡涛、樊亚新、郑先伟、徐晓、李灿、余婷立、郭胜、周妍，以及浙江大学的王锐、郑文庭、李仕等。在此，对他们表示衷心的感谢。同时感谢荷兰 Delft 大学 DAren 项目团队 2013 年与我们合作，在湖北省博物馆进行室内定位与导航的研究工作。特别感谢武汉市公安局、常州市公安局、湖北省博物馆等单位对本项研究给予的大力支持。

　　全息位置地图是近年提出的新概念，是泛在网、大数据等新技术在传统数字地图基础上的发展。全息位置地图的内涵丰富，众多技术需要突破，本书只涉及其中的一部分。希望本书的出版能起到抛砖引玉的作用。由于时间仓促，相关理论和技术还在不断完善和更新中，书中难免存在疏漏和不足之处，恳请读者批评指正。

作　者

2016 年 4 月

目　　录

第1章 绪　　论

1.1　引　　言

地图是空间认知的工具，能在视觉上瞬间发现事物和对象的空间存在关系（高俊，2009）。随着社会经济和科学技术的发展，人类社会对空间认知的需求逐渐增多，地图的内涵与功能不断丰富拓展，在人们日常生活中发挥的作用越来越重要。当今世界正进入泛在信息社会和大数据时代，智慧地球和智慧城市成为社会关注的热点。信息化时代对地图有了新的要求，地图要有新的发展：地图要更加智能化、个性化地为人类服务，满足人类对地球探知和深度空间认知的需要。

传统地图承载的信息相对单一。普通地图综合反映制图区域内的自然要素和社会经济现象的一般特征。专题地图突出表示一种或几种主题要素。一个突出的问题是各专题地图表示的主题要素相对单一独立，不能将各专题要素信息关联融合并有效综合利用。另外，现有地图主要表现和服务于室外，而人类80%～90%的时间处于室内环境中（Goodchild，2011）。由于室内环境的多样性与复杂性，不同应用领域用户的需求存在较大差异，现有地图难以满足人类室内活动的全部需求。随着城市建设向空中和地下不断延伸，形态各异的建筑物日益呈现出大立体（地上、地下空间）、精细化（内部空间复杂）、高动态（日新月异）特征，三维电子地图及其多领域应用所关注的焦点从整体、宏观、抽象正在逐步转向室内局部、微观、具体，并呈现出室内外、地上下一体化的发展趋势。但是目前的地图难以适应该趋势，室内室外数据多是分别组织管理，一体化表达存在一定的局限。

传感网、物联网、泛在网和智能移动终端的飞速发展，使得获取信息的手段日益增多，获取形式更多样，信息内容更丰富。人们可以获取各种位置空间信息、传感网信息、社交网络信息、自发地理信息、实时公众服务等信息。通过泛在信息，人们可以快速、便捷、全方位地获取具有一定时效性的目标空间信息。但是一个突出的问题是，获取的信息彼此间分散独立，缺乏承载和综合利用泛在信息的途径。最大的挑战是在统一的视图下，实时动态地将大量不同来源的空间和非空间数据整合到一个可管理的环境中（钱小聪，2010）。由于数据显性或隐性网络化的存在，数据之间的复杂关联无所不在，在大数据方兴未艾的背景下，事物间的相关关系大放异彩，通过应用相关关系，可以比之前更容易、更便捷、更清楚地分析事物（Hackett et al.，1990）。其中，位置正逐渐成为一个组织各种定量和定性信息的核心概念（张奇等，1999）。通过对位置信息的深入理解可以很好地组织、描述和理解人、物体和事件之间的关系。因此，以位置为核心，实现多维时空动态信息的关联，能有效地将各种泛在信息联系在一起。

许多公司、专家学者在实践中都对现代地图学如何适应信息时代发展进行了深入的探索，并提出了一些新的视角。谷歌、微软、百度等公司发布了 Google 地图、Bing 地图和百度地图。Taylor 提出的赛博制图（Cyber cartography）（张奇等，1999）利用多媒体和多模式接口，以一种交互的、动态的、多媒体的、多感官的形式，组织、表现、分析和传递诸多社会兴趣主题的空间参考信息。然而，这些地图主要表现室外信息，对于室内场景，只包括局部场馆的室内全景图和结构图，不能实时动态地获取泛在信息，缺乏多维时空动态信息关联能力，室内外一体化表达也存在局限性。

用户需求多样化和个性化趋势日益凸显，用户对服务体验的要求也越来越高，亟需一种更加智能化的新型地图。这种地图能够实时地获取整合泛在信息，通过大数据分析，不仅能发现事物和对象的空间存在关系，还能发现事物对象间潜在的深层次关系，并在合适的时间、合适的地点，向用户推送最合适的信息，即一种以人为本，充分利用当今信息时代的新技术，并适应用户需求的新型地图。Varnelis 和 Meisterlin 提出了"智慧地图"的理念（Xiang et al.，2003）；周成虎等（2011）提出了全息位置地图的概念。全息位置地图概念的提出，正是为了适应网络信息时代，信息获取形式多样化、内容丰富化、各种多维时空信息需要动态关联的要求。本书从现有地图的不足，泛在网络环境和大数据时代信息组织整合的挑战出发，丰富拓展了全息位置地图的概念框架，并探讨了全息位置地图的关键技术。

1.2　目的与意义

1. 亟需开展新一代地理信息系统研究

现有地理信息系统难以满足室内外一体化的全方位、多层次、多粒度的地理信息的表示，需要开展下一代地理信息系统的研究。以天地图为代表的网络虚拟地球技术极大地提高了地理信息满足电子政务和大众化应用的能力。但是随着地理信息服务的需求从宏观走向精细、从室外走向室内，当前虚拟地球技术所使用的三维地理信息系统的局限性也表现得越发明显。首先它难于描述全方位、多层次、多粒度的空间信息，也无法承载泛在的时空关联信息。当前多数三维地理信息系统是在传统二维地图之上发展而来的，主要用于表达静态的三维地理场景，而缺乏对动态全息数据的表达能力，无法满足复杂的时空数据的存储和分析应用要求。同时，现有的三维地理信息系统的表示粒度和对象刻画方式与人们对真实地理三维空间的认识存在差异。人类对客观世界的认识具有多尺度特性，传统的面向宏观全球尺度地表空间表示的三维地理信息系统难以高效而完备地描述复杂精细尺度空间对象，特别是建筑物，如大型场馆室内的房间、走廊以及各种三维物体。其次，全息位置地图具有多层次特性，如室内和室外，全息位置的空间方位和空间拓扑以及语义位置等。因此，室内外多维一体化以及多尺度一致性的几何、拓扑、语义与时空关系表达的新的全息位置地图模型的提出具有重要意义。再次，传统三维地理信息系统的可视化方法虽然在三维显示上做出了突破，但是仍没有脱离二维地图显示的桎梏；而人们需要的是如何无缝、便捷与自适应感知全方位、多层次、多粒度全息地理信息，如何调和并解决两者的矛盾，是人们面临的又一难题。因此，综合以上分析，需要在当前三维地理信息系统基础上，研究新一代的地理信息系统——全息地图的模型表示、构建方法与可视化手段，为泛在信息智能化服务网络提供数据支撑与承载平台。

2. 亟需突破多源异构泛在信息和服务无法统一接入与汇集的瓶颈

智能服务所依赖的物联网感知层提供的信息来源多、类型杂、体量大，需要构建统一的数据接入与汇集机制，并建立信息与位置的关联关系。物联网、泛在网为人们的社会、经济生活提供了异构、多维、海量、多时相和多观测模型的空间信息，泛在信息来自种类繁多的传感器、控制器和计算终端，这些设备所采用的技术主要针对某一类应用展开，它们之间缺乏兼容性和体系规划，如何实现各种通信标准的互联互通，以及不同数据格式的转换，就成为位置感知智能服务必须解决的问题。这些设备由不同部门的计算和存储节点维护，管理和协调这些结构各异、广域分布的仪器设备，是泛在信息服务建设面临的一个巨大挑战。而且，多平台泛在感知网空间位置信息在表示方法、时空基准、精度、时效、覆盖范围等方面均具有较大的差异性，汇集和抽取其中信息以便于应用分析具有较大难度和复杂度。因此，需要设计位置感知网关，构建统一的数据接入与汇集机制和平台，便于后续数据信息的抽取整合、分析挖掘、高效服务和专业应用。

3. 亟需建立以位置为核心的时空信息关联机制

以位置为中心关联各种泛在信息有利于获取和发现全方位目标综合信息，有利于深化地理信息系统的行业应用。前国际制图学协会（International Cartographic Association，ICA）主席曾指出位置是新型地图和制图的组织核心。因此，全息位置地图在语义和知识层次上通过位置进行深度感知关联来源广泛、类型复杂、时空参考异构的泛在信息，能有效获取和发现全方位目标综合信息。而位置内涵的描述与表达是进行深度感知关联的基础，目前位置的描述与表达局限于物理位置、地理位置以及具有浅层语义内涵的语义位置，表现为一定空间参考系统下的地理点信息或者范围信息以及具有浅层语义的地名或显著地标等。物理位置、地理位置以及浅层语义内涵的语义位置在一定程度上描述了位置的语义，然而缺乏对位置环境和位置关系以及位置规则的描述，它们的描述能力是相当有限的。在反恐维稳任务中，常常有犯罪分子位于"三点钟方向 100m"或者"王府井百货大楼三层东南角"这样的位置描述，已有的位置描述模型无法描述和表达这种包含位置相互关系以及室内室外位置定位相结合的位置内涵，因而需要研究一种适用于泛在空间信息时空关联的语义位置模型，实现各种位置内涵的统一描述与表达。空间、时间和专题属性为地理实体的基本特征，空间信息通常被视为一种上下文信息，空间关联可以视为一种深层位置感知，联系着空间问题求解的思维模型和地标-路径-布局的空间认知模型，时空特征分析和时空关联挖掘是空间行为分析及泛在智能服务的基础。在商场购物、交通出行和旅游观光等空间行为过程中，用户对获取泛在网络中感兴趣的人类空间行为、运动目标的时空特征和环境时空关联信息以及利用深层时空知识解决问题的需求日益增长，希望在任何时间、任何地点、任何人和任何物都能顺畅通信和获取基于位置感知的个性化智能服务，提高其工作和生活质量。通过基于时间、空间和环境的认知，进行异源时空数据（交通和旅游数据、医疗卫生数据、商业服务数据、城市环境数据和基础地理信息等）集成管理和分析，建立泛在网中数据时空关联分析模型与挖掘算法的技术体系，可促进当前浅层空间信息处理服务向深层空间智能服务的过渡。

4. 亟需突破多元时空数据存储与管理难题

已有空间信息系统对时空数据的表达和管理能力不能适应空间信息泛在服务的要求，需要突破多元时空数据存储与管理相关关键技术。例如，在新一代警用地理信息系统（police geographic information system，PGIS）复杂应用环境下，空间数据及空间关联数据的种类繁多、结构复杂、应用多样。全息地图提供的室内外一体的三维几何、个体属性、语义、空间关系等空间数据，具有多维、多层次、多粒度及数据获取流量大等特点。多种多样的数据获取方法为人们的社会、经济生活提供了异构、多维、海量、动态和多观测模型的泛在时空信息。目前，已有的空间信息系统中的数据来源依然过于单一（主要是基础测绘遥感数据和城市建筑街道三维模型），多以数据简单查询分析和三维可视化表现等低层次公众服务形式呈现，尚未充分利用多源多时相数据进行高级时空分析来辅助城市管理决策。特别是，当前的空间信息系统的时间数据（时空语义和结构信息）建模能力还很薄弱，已经采集建库的多时相数据的结构化表达和组织方案多是一种准静态方案。而泛在信息有各自的主题和语义，处于不同的时空位置，移动对象拥有不同的运动轨迹和时空关系。为了获得对泛在信息的空间、时间及属性的完整描述信息，实现泛在信息时空数据的统一存储、管理，并按不同需求提取，完成时序、空间和时空等多种分析，必须建立具有时空数据集成能力的多维时空数据表示模型。并且不同的部门、个体分别遵循各自的行业规范，进行数据获取，为实现领域内语义信息共享，定义了相应的本体标准。这导致泛在信息之间在语义上是异构的，阻碍了泛在信息之间的集成和应用。因此，突破多源异构泛在信息整合，实现空间信息的语义集成，建立具有结构灵活、适应性较强的多维时空数据模型和提供 PB 量级泛在信息的管理是将静态的空间信息系统发展到泛在动态的智能服务的关键。

5. 亟需建立以位置为中心的泛在信息相关标准规范

室内环境、室外环境、动态环境下地理对象的位置所采用的空间参考系统或地理标识系统、描述形式各不相同，需要建立以位置为中心的泛在信息相关标准规范。位置感知和位置服务是泛在信息管理和应用的关键，但是描述室内环境、室外环境、动态环境下地理对象的位置所采用的空间参考系统或地理标识系统、描述形式各不相同，室内环境采用文字形式（如层数、房间号），室外环境采用 SRS（spatial reference system），而动态环境采用 LRS（linear reference system）。泛在信息服务需要实时地将位置信息在不同的参考系统之间转换，所以需要建立一系列环境模型、位置描述、位置转换、位置标识等标准来支撑泛在信息的位置服务。此外，同一地理对象的信息在不同环境中的表达不同，提供给不同用户的方式也不相同，需要基于位置感知获取的信息，以适宜的方式为用户提供适宜的信息表达形式，这需要建立标准化的基于位置感知的地理对象的多种表达和多种传输方式，便于泛在信息管理和应用。ISO/TC211 专门成立了第十工作组（Ubiquitous Public Access）负责制定与 Ubiquitous GIS 相关的标准，目前正在进行的项目有 ISO 19148-Linear Referencing System 和 ISO PT19151-Dynamic Position Identification Scheme for Ubiquitous Space。但是从整个泛在信息管理和应用系统的角度，还需要更多基于泛在信息应用的有关环境模型、位置感知、位置描述、位置标识、位置服务、位置数据与专题数据融合与协同等方面的标准与规范。

6. 实现多种地图与相关资源的紧密结合，为公共安全提供新的服务

全景地图、影像地图、真三维地图等及相关传感器资源彼此割裂，未能相互融合，需要各种地图形式与相关资源进行紧密的结合，从而为公共安全的不同层次应用需求提供服务。首先，全景地图作为一种新的地图表现形式，能够进行实景模拟，并依据直观仿真的要求，快速在线展示整个现实场景。以此为背景构建多角度服务需求的应用越来越广泛，如博物馆文物展览、水利监控、治安管理、指挥调度、犯罪现场重建等。这类数据获取容易，应用中对机器性能和网络实时带宽要求不高，可以建立公共安全区域的日常运行和公众应用服务，提供信息的基础查询可视化服务，并可将警务数据信息、音视频信息和空间信息融为一体，通过监控各种警务工作元素在空间的分布状况和实时运行状况，合理配置和调度资源，实现辅助分析、决策和指挥调度。

其次，具有几何准确性和照片真实感的室内三维场景模型在公共安全区域监控、突发事件应急响应等应用领域有着迫切的需求。针对公共安全区域的突发事件应急，需要结合真三维地图和传感网提供的实时信息，对人群在建筑物中的分布及移动情况进行监控，并对场景中的各种突发情况提供实时的分析与可视化服务。

此外，在公共突发事件中，建筑物内部信息短时可能发生剧烈的变化，快速了解场景的实时变化信息对于建立合适的应急方案有着至关重要的意义。现有公共安全现

场三维重建及测量系统主要使用数码相机拍摄现场照片，通过计算机系统自动处理，生成 360°空间现场全景效果图。但通过现有方法重建出的场景存在模型不够真实、精度差、重建过程不能达到实时性等缺陷。此外，真三维地图的模型信息往往经历烦琐的前期建模工作，数据更新困难，同样无法应对实时快速响应的应用需求。凡此种种限制了公安部门对突发事件的快速响应能力，也不能为案件侦破提供可靠的技术支持。随着自发地理信息（volunteered geographic information，VGI）思想的提出，非专业用户快速获取的室内三维场景变得尤为重要，因此，需要结合包括 LiDAR、Kinect 在内的各类传感器快速获取场景内的点云、图像、视频信息，快速重建场景的三维模型，并与现有全景地图融合构建，建立三维全景地图，同时也可以与真三维地图进行融合显示及分析。这对突发安全事件时建立合适的应急方案有很大帮助，并可以辅助办案人员对作案现场进行侦查、快速标绘事故地点、跟踪动态目标、部署警力、实现科学决策。

7. 亟需提供全方位、多层次、多粒度的智能位置感知服务

实现具有全息位置感知的全息位置地图服务，不仅是我国公共服务平台的合理延伸，也同时推动 PGIS 的技术发展。目前地理空间信息技术已经在我国国民经济和社会发展中起到了巨大的作用，同时硬件传感器技术取得了很大的进步，但是在定位空间数据的利用上，目前的位置数据主要用于导航和监控，而将位置与周围的专题信息关联起来，并提供关于目标对象全方位、多层次、多粒度的智能位置感知服务，目前还没有广泛的应用。与此同时，各行业在集成与利用以位置信息为代表的泛在信息的水平还比较初级，主要原因是缺乏统一、开放的公共服务平台，缺少方便易用的智能位置感知服务。在"十一五"期间，国家科技以及测绘部门投入巨大的人力、物力，建立了"天地图"地理信息公众服务平台，实现了地理空间信息的在线共享与集成服务，促进了公共地理信息资源的利用与增值开发。基于"天地图"平台，将各种泛在信息有效地集成进来，与警用业务紧密结合，不仅可以极大地提高地理空间信息的服务广度与深度，显著提高地理空间信息的公共服务水平，还可以推动 PGIS 的技术发展，是公共地理信息服务平台的合理延伸。

综上所述，随着公安信息化应用的全面推广与普及，公安信息化进入"金盾工程"二期高端应用、深度应用阶段，对警用地理信息应用需求越来越迫切，及时开展位置传感网与全息位置地图技术研究及其应用，是国家科技发展"十二五"规划继续支持公安信息化建设的重要举措，不仅进一步促进地理信息技术在警务实战中的深入应用，提升地理信息系统领域行业深化应用水平，而且对提高公安机关快速反应能力和反恐应急的能力，以及对公共安全及其突发事件的监控、预防和处置能力具有重要意义。

1.3　全息位置地图概念内涵

地图是空间认知的工具，随着社会经济和科学技术的发展，人类社会对空间认知的需求逐渐增多，地图的内涵与功能不断丰富与拓展，在人们日常生活中发挥的作用越来越重要。

1.3.1　全息位置地图概念

周成虎等（2011）认为全息位置地图是以位置为基础，全面反映位置本身及其与位置相关的各种特征、事件或事物的数字地图，是地图家族中适应当代位置服务业发展需求而发展起来的一种新型地图产品。与一般的位置地图相比，全息位置地图具有两个基本特征：

（1）全息位置地图是语义关系一致的四维时空位置信息的集合；

（2）全息位置地图由系列数字位置地图所构成，能够形成多种场景，并以多种方式呈现给用户。

本节进一步拓展了全息位置地图的概念，将其从一种新型的数字地图提升为能够提供个性化的位置及与位置相关的智能服务平台，突出以人为本的服务宗旨。

全息位置地图指在泛在网环境下，以位置为纽带动态关联事物或事件的多时态（multi-temporal）、多主题（multi-thematic）、多层次（multi-hierarchical）、多粒度（multi-granular）的信息，提供个性化的位置及与位置相关的智能服务平台。其宗旨是以"人"为本，根据用户的应用需求，基于位置来集成和关联适宜的地理范围、内容类型、细节程度、时间点或间隔的泛在信息，通过适应于特定用户的表达方式为用户提供信息服务（钱小聪，2010）。

其中，泛在网涵盖了传感网、互联网、通信网、行业网等网络系统，它们既是全息位置地图的信息来源，又是其运行环境。泛在信息是在泛在网环境下获取的事物或事件本身及其相关信息（如位置、状态、环境等），涵盖地球表面的基础地理信息、独立地理实体（如建筑物）的结构信息、地理实体间的关联信息、各行业的信息、人的自身及其喜好信息等。泛在信息能够直接或间接地与空间位置相关联，形成描述特定事物或事件等的总体信息。

位置（location）是指现实世界和虚拟环境中特定目标所占用的空间。在现实世界中，位置可以是用地理坐标表达的直接位置，也可以是地名、地址、相对方位和距离关系等表达的相对位置，用以描述地理实体或要素的所在地、社会事件发生地、移动目标的路径等；在虚拟环境下，用 IP 地址、URL、社交网络账户等形式描述用户登录或发布信息的位置等。

泛在信息通过位置进行关联，根据特定应用与需求，选择特定的时态、主题、层次和粒度来描述相关事物或事件的特征。"时态"反映了事物或事件随着时间变化的情形,"主题"是指从不同角度描述事物或事件,"层次"是基于事物或事件自身的层次或级别的划分来描述其相应层次的特征,"粒度"是指依据用户需求确定的描述事物或事件信息的详细程度。

全息位置地图的"全息"包含两层含义,一是泛在信息,指以位置为纽带,获取与关联位置相关的各种泛在信息;二是指通过位置全方位表达的各种场景信息,所表达的结果可以是不同观察者的视图,如人类、动物视图或机器视图,主要表达方式包括影像图、三维模型、全景图、激光点云、红外影像以及其他传感设备获取的多种信息表达形式或它们的融合形式。

1.3.2 全息位置地图组成

全息位置地图实时或近实时地从互联网、传感网、通信网等构成的泛在网中获取泛在信息,这些获取的信息通过语义位置在地图上汇聚关联。全息位置地图的表现形式多样,包含二维矢量、三维场景、全景图、影像地图等多种形式,并且实现室内室外、地上地下一体化。图 1-1 显示了全息位置地图的概念示意图。

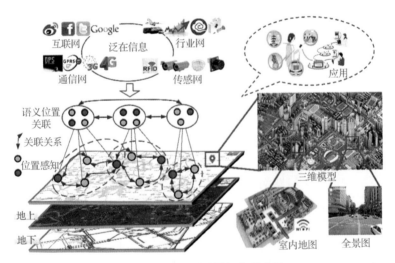

图 1-1 全息位置地图概念示意图

全息位置地图强调以位置为核心将泛在信息在多维地图上进行汇聚、关联、分析、传递和表达。泛在信息是全息位置地图最重要的数据源,为全息位置地图提供数据支撑;语义位置作为泛在信息的核心元素,为全息位置地图提供有效的关联手段;多维动态场景应满足泛在信息及空间信息在时间尺度上的变化需求,为全息位置地图提供可靠的表达方式。因此,语义位置作为泛在信息和多维动态场景的关联方式,构成了全息位置地图的三大核心组成部分,如图 1-2 所示。

图 1-2 全息位置地图核心组成

1. 泛在信息

以互联网、物联网和传感网为基本组成的泛在网构成了大数据时代和信息社会重要的数据源。基于泛在的信息可以获取现实世界与虚拟世界中特定事物/事件的全方位信息。全方位信息是指从不同角度对目标事物/事件进行表达的信息，包括几何坐标、文本、地理标注等多种描述形式，既可以是空间上全方位（横向上室内室外、纵向上地上地下），也可以是时间上全方位（包括过去的信息、现在的信息以及所预测的未来的信息）。

2. 语义位置

语义位置描述特定场景下空间位置的特征和含义，例如，一对地理坐标可用于描述在特定坐标系下地球表面的一个点对象的所在地；一个相对位置描述的是某个共同认识的地理环境中两个或多个要素之间的方位关系（黄亮，2014）。由于位置是泛在信息的重要元素，同时以位置关联各种泛在信息是一种有效的数据组织方式，而位置感知即可将来源广泛、类型复杂、时空参考异构的泛在信息，在语义和知识层次透过位置进行深度感知关联，实现目标对象信息全方位发现。语义位置适用于泛在信息的时空关联，根据泛在信息位置抽取所获得的语义位置概念，按照层次、粒度、空间有效范围进行转换，并与全息地图中相应的层次、粒度、范围建立映射，实现泛在信息与全息地图空间实体的匹配。

3. 多维动态场景

作为泛在信息的承载载体多维动态场景是在传统二维矢量、三维场景、全景图、影像地图等多种形式数字地图基础上，动态紧密融合各种形式地图和相关资源，实现在语义一致、空间拓扑一致和时空一致环境下的室内外、地上下一体化，提供关于目标对象的全方位、多层次、多粒度的智能位置感知服务，并根据数据特征动态地表达目标对象的过去、现在以及将来可能发生的变化趋势。

概括地说，全息位置地图就是以位置为纽带，将泛在信息关联到多维动态场景中进行汇聚、分析、传递、表达和应用。

1.4 全息位置地图特征

通过对全息位置地图概念的理解，并与现有电子地图比较分析（表 1-1），归纳了全息位置地图的五大特征。

（1）实时动态性。泛在网络环境提供了无处不在的信息，全息位置地图需要实时感知且动态获取来源于互联网、传感网、行业网、通信网，与事物相关的位置、状态、环境等信息，为大众和专业领域用户的信息服务和应用，如购物、支付、教育、医疗卫生、社会安全等，提供快速、准确的数据支持。

（2）语义位置关联。全息位置地图以语义位置为核心，根据用户需求关联多领域的信息。传统位置服务综合利用多源位置数据存在位置描述能力不足，而语义位置内涵丰富，不仅包含地名、地址等地理位置，还包含电话号码、IP 地址等虚拟位置以及隐藏位置信息的自然语言，基于语义位置建立人、事、物的关联关系，形成位置关联网络，为用户提供个性化和智能化的位置服务。

（3）室内外一体化。基于建筑物室内场景语义层级结构，实现室内对象的语法和语义整合；基于全息位置地图场景与存储模型以及数据整合方法，实现全方位、多尺度和多粒度的室内外地上下一体化综合表达和可视化。

（4）自适应性。全息位置地图以人为本，自适应地满足用户需求，提供智能化的交互方式。例如，当用户在某商场或周边漫游时，全息位置地图可以根据用户的特定爱好，实时推送用户周围感兴趣的特定商铺或商品信息。

（5）多维时空表达。全息位置地图涵盖多个学科且跨领域，向大众、政府、社会和私人企业等提供二维、三维、四维地图（三维空间+时间）等多维表达形式。全息位置地图可以提供任意位置过去的信息、现在的信息，并可以根据过去和现有的信息预测关于该位置的未来信息。

表 1-1　全息位置地图与传统电子地图的比较

特征	全息位置地图	传统电子地图
数据类型	地理空间信息叠加专题数据，以及互联网数据、传感网数据等泛在信息	地理空间信息叠加专题数据，多媒体数据
数据的实时性	实时或近实时获取泛在信息	以静态信息为主
空间认知	揭示人、事、物之间的深度关联	将相关对象事物以空间坐标形式进行简单地图叠加
组织方式	通过语义位置模型关联各种信息	以传统地理坐标形式组织，没有考虑语义关系
室内外一体化服务	在室外地图服务基础上提供室内外一体化服务，可应用于室内外一体化导航领域	少数提供局部室内地图服务，室内外一体化表达有限
自适应性	自适应满足用户需求，提供智能化的交互方式	用户操作和阅读地图制定的单一化功能，难以满足用户自适应需求

全息位置地图不是传统电子地图在理论、方法上的简单扩展，而是将其与现代信息技术结合起来的进一步创新，它提供了新的超越传统电子地图的描述人类认知环境和信息的能力，也同时可以智能化地表达人们对客观地理空间规律的认知。

1.5　全息位置地图技术内容

作为一种新型的地图服务平台,全息位置地图的研究尚处于起步阶段,其关键技术内容如图 1-3 所示。其中,语义位置关联以语义位置模型(黄亮,2014)为基础,动态感知泛在信息中存在的位置信息,并基于度量、方位、拓扑和语义等简单的位置关联和通过时空分布、聚类模型和趋势预测等方法形成深层次的位置关联网络,实现全方位的语义位置关联。多维动态场景的技术框架则分别从场景模型、建模、表达与可视化几个方面构建。本节主要对泛在信息获取、语义位置关联和多维动态场景构建与表达三个方面的关键技术进行初步探讨。

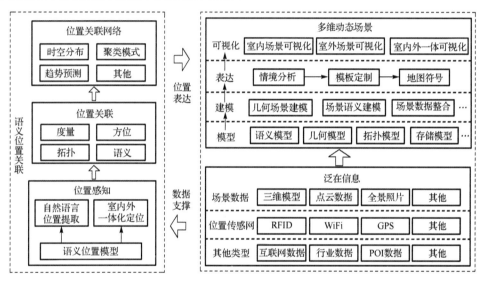

图 1-3　全息位置地图关键技术内容

1.5.1　泛在信息获取

现在地图数据主要来源于专业测试部门和地图提供商,提供信息相对单一;同时,随着泛在网相关技术的不断发展,信息量越来越大,信息内容越来越丰富,因此迫切需要一种有效的泛在信息汇集和融合手段,为全息位置地图提供数据支撑。

1. 基于叠加协议的全息地图数据汇集

随着互联网技术的不断发展,来源于互联网且与位置相关的信息越来越丰富,基于网络爬虫、Web Service 接口、开放平台接入点(access point,AP)等的数据获取手段也越来越多样化,然而与位置相关的海量信息利用率不到 5%。随着传感网技术的兴起，多源传感器数据（如 CCD 图像、地理视频、地感线圈、大气温度和湿度等）也成为泛在信息的重要来源之一。泛在信息的海量性、高速性、连续性迫切需要发展高效的数据汇集关联手段，实现位置关联、时态相关、主题融合的异构数据汇集关联技术与支持叠加协议的数据表达技术，从而为实现各种异构信息，如动态交通信息、气象信息、POI 信息（商品打折、停车场车位信息等）、VGI（个人照片、个人轨迹等）等信息的汇集，建立全息位置地图数据库，为实现资源共享、服务共享、发布共享提供数据支撑。

　　2. 多源异构泛在信息融合

　　为解决泛在信息的多来源、多维度、多尺度、异构、不确定性和不完备性等特点而引起的时间和空间不一致性、属性和语义不一致性的问题，需构建位置驱动的泛在信息融合框架。对于多源传感器数据，由于每个传感器提供的观测数据都是在各自的参考框架内，所以需要建立统一的时空基准，实现时间同步和空间配准；由于传感器工作环境的不确定性和传感器本身的系统误差等原因，导致观测数据包含噪声成分，所以需要能够对不完整、不一致的数据进行校正，保证融合结果能够真实反映客观环境；由于信息融合未形成基本的理论框架，融合研究皆是针对特定的应用领域的特定问题展开，基本的多传感器信息融合方法包括加权平均法（Hackett et al., 1990）、Bayes估计（Luo et al., 1988）、Dempster-Shafer 证据理论概念内涵初探（张奇等，1999；张奇等，1998；Xiang et al., 2003；Xiang et al., 2005）、Kalman 滤波（Niwa et al., 1999）、神经网络（朱晓芸等，1997；李玉榕，2001）、粗糙集理论（Lazar et al., 1999）等。如何根据实际问题的特点，结合已有的融合算法确定合理的融合方案和融合模型，是进行信息融合的有效解决方案。

1.5.2　语义位置关联

　　语义位置关联是将来源广泛、类型复杂、时空参考异构的泛在信息，基于全息位置地图语义位置模型，在语义和知识层次上透过位置进行深度感知关联，实现目标对象的全方位发现。

　　1. 语义位置模型

　　位置模型是位置感知应用中必不可少的部分，它表达现实世界静态（如建筑物、洞室）或移动目标（如人员、车辆等）位置、距离、拓扑和方向等消息（尚建嘎等，2011）。通过位置模型可获取物理世界的丰富语义，使得位置知识变得可理解（Shen et al., 2010）。目前位置的描述与表达局限于物理位置、地理位置以及具有浅层语义内涵的语义位置（刘瑜等，2011），表现为一定空间参考系统下的地理点信息或者范围信息以及具有浅层语义的地名或显著地标等。物理位置、地理位置与浅层语义内涵的语义位置在一定程度上描述了位置的语义，但缺乏对位置环境和位置关系以及位置规则的描述，它们的描述能力有限（McNeff，2002）。

位置模型表达了现实世界静态和移动目标的位置及其空间关系等信息。Becker 区分了三种位置模型，包括几何位置模型、符号位置模型以及两者结合构成的混合位置模型（Deng et al.，2013）。几何位置模型能够提供精确的位置表达和查询，但对于位置之间的语义关系支持不够（黄亮，2014）；符号位置模型善于表达未知空间关系，但无法很好地支持几何计算，且建模代价较大，同样对位置之间的语义关系支持不够。考虑几何位置模型和符号位置模型只能表达有限的位置语义，一种能够表达位置语义的语义位置模型被提出，并用于满足位置感知和计算的需求。然而，现有的语义位置模型虽然融入了不同方面的位置语义，但只是从物理空间建模的角度描述了位置概念、位置属性及位置之间的空间关系，距离完整表达与推理位置知识的目标依然很远。例如，在反恐维稳任务中，常常存在犯罪分子位于"三点钟方向 100m"或者"王府井百货大楼三层东南角"这样的位置描述，而已有的位置描述模型无法描述和表达这种包含位置相互关系以及室内、室外位置定位相结合的位置内涵，需要研究一种适用于泛在空间信息时空关联的语义位置模型，实现各种位置内涵的统一描述与表达。因此，黄亮（2014）分析了多源位置数据特征，从空间扩展、语言学扩展和网络扩展三个方面对位置认知进行了分类，并提出了基于几何位置和语义位置的位置描述方法，通过对位置描述的位置语义提取以及对场景模型中的现实世界位置信息提取构建位置特征与位置关系，实现语义位置建模，为查询、导航和计算等地图应用提供语义位置支持。

2. 语义位置感知

位置感知（location awareness）是指通过一种或多种定位系统获取特定个体或物品的位置过程（Mautz，2012）。语义位置的感知方式既可以通过结构化的地理位置数据，也可以从图片、视频数据提取地理标签，而基于自然语言和定位设备感知位置信息是主要的数据来源。自然语言位置描述面向大众，满足各个层次的用户需要，对专业知识要求较低。然而自然语言的地址表述形式多样，或地址描述中包含复杂的空间关系（例如，吴家山向头湾大堤两三百米（往长丰方向）），或地址描述语句之间存在隐含上下文关系（例如，雄楚大道珞狮南路口，往井岗村方向 500m 处，财源旅馆门口），或描述内容相对口语化，因此需研一种高效的自然语言位置理解与抽取方法。由于位置信息表达具有一定规律，且语义均为获取位置信息，较为单一，适合采用基于统计和规则的方法，构建丰富的知识库，提供规则解析与匹配工具，消除同名或模糊地理实体歧义，实现基于自然语言的位置感知。

在基于定位设备的位置感知方法中，室外定位方法已相对成熟，如由美国研发的全球定位系统（global positioning system，GPS）（Cheng et al.，2005），而我国自主研发的北斗系列卫星导航定位系统处于起步阶段；对于室内定位方法，还处于早期发展阶段，目前已有高校和公司展开了相关研究，其中广域室内定位技术的代表是北京邮电大学的 TC-OFDM（Goodchild，2007）和澳大利亚的 Locata（Hallberg et al.，2003）等方案；局域室内定位技术则包括 WiFi（Lauri et al.，2004；Sugano et al.，2010）、蓝牙（Blumenthal et al.，2007；Ni et al.，2004）、ZigBee（Sahinoglu et al.，2008）、RFID，以 Bytelight 为代表的 LED 定位,采用 UWB(谢超,2007)的超宽带定位和以 MIT Cricket（Qu et al.，2009）为代表的超声波定位等解决方案。

3. 语义位置关联分析

语义位置关联分析是在语义位置模型基础上，动态汇集位置本身及与位置相关的信息，并与人、物、事件等泛在信息建立关联关系，进一步实现位置语义及位置关联网分析和一组通用的位置关系和时空模式计算方法，为案情分析、导航等应用奠定基础。语义位置关联分析采用时空关联分析、挖掘与定性推理等方法，从空间位置（地名地址及其地理编码）、空间形态、空间关系、空间关联、空间对比、空间趋势、空间运动、时间序列、时间周期等方面进行时空关联分析，探索获取泛在信息的时空分布、聚类模式、时空异常、趋势预测、同位模式、序列模式、周期等方面深层关联知识，基于位置或目标实体提供警务所需的全方位综合泛在信息。

1.5.3　多维动态场景构建与表达

多维动态场景作为全息位置地图泛在信息的承载载体，在传统场景模型与建模方法基础上，构建面向用户自适应构建地图表达模型，研究基于位置感知的信息推荐方法，解决室内外一体化几何、拓扑和语义非一致性问题，实现面向多模式集成的室内外一体化实时、快速可视化。

1. 基于位置感知的场景信息表达

由于全息位置地图面向多样化的应用场景，应用场景的差异性导致信息的表达内容与表达方式不同；另外，地图的信息承载以及表达能力有限，而以位置为核心的关联信息具有内容丰富，形式多样等特点，因此，如何在有限的地图空间中，高效地关联和表达满足应用场景需求的信息是研究重点。基于位置感知的信息推荐是一种有效的解决方案，根据用户的历史数据计算判断用户的偏好模式，综合用户历史/当前位置情景信息、主动向用户推送其感兴趣的内容，即场景需要表达的信息。其中，位置情景数据既包括用户的时空位置、时空环境等时空数据，也包括用户身份、状态、偏好等属性数据，以及应用场景特征等信息。如图 1-4 所示，以访问"武汉大学测绘遥感信息工程国家重点实验室"为例，当访问者到达测绘遥感国家重点实验室门口时，系统推送以实验室为核心的重要信息，如楼层的空间布局结构，以及重要人员办公地点等（图 1-4（a））；当访问者进入实验室大厅时，基于用户位置、朝向等分析，自动关联用户感兴趣的信息，如王之卓先生的雕像，二楼楼梯口以及研究生管理办公室等（图 1-4（b）），这种关联随着位置以及应用人员的不同，自动推送的信息也不同。

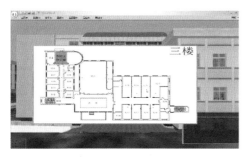 

(a) 实验室入口与平面结构图　　　　　　　　　　　　(b) 实验室大厅

图 1-4　基于位置感知的信息推荐

2. 自适应地图制图

在新地理信息时代，地图可视化系统种类不断增多，应用领域不断扩大，如何根据广大用户特征和需求提供针对性的服务，"以用户为中心的设计"是当前地图可视化系统普遍发展的需求（谢超，2007）。自适应是对不同类型用户的适应性，根据用户的背景信息和用户交互行为信息建立用户模型，基于角色、情景和相关事件描述，设计统一的地图情境模型，通过层次、聚类、联合、地标等地理相关性计算，定制满足不同需求的地图可视化模板，实现自适应用户的地图表达。例如，面对室外导航的应用场景，由于显著性地理标识对用户能起到明显的辨认和区分作用，所以对地图上显著性地理标识（如十字路口、著名建筑物等）给予显著性放大或特殊标记将对用户导航具有重要意义。

3. 室内外一体化建模与表达

针对全息位置地图室内外一体化需求，以多尺度时空模型为核心，结合多态过程聚合的多层次事件、多细节层次模型及其语义定义，构建室内外一体化综合模型。针对室内外场景数据（真三维、全景、矢量、影像、拓扑等）的多源异构性特点，以及室内外一体化表达的需求，需从几何、拓扑以及语义三个层次上构建室内外一体化场景，从而实现室内外一体化建模。室内外一体化表达依托于室内外一体化模型构建。由于室内场景与室外场景的表达层级与空间粒度的差异，需要采用不同层级的语义表达环境，不利于用户对全息位置地图场景的理解和使用，难以实现室内外空间的位置计算。因此，需要以室内外一体化的三维场景为基础，以室内外空间尺度和粒度为中心，以室内外空间位置表达为核心，结合室内外各类地物对象的专题语义，从空间和语义两个层面上交叉融合构建室内外一体化语义表达模型，实现室内外三维对象的多层次、全方位、多尺度、无缝的准确语义赋值；通过室内外一体化语义表达的位置计算和建立室内外过渡空间的有效连接，实现对室内外不同语义三维对象之间或三维对象内部的位置解析与路径计算。在应急情况下，室内外一体化语义表达对建立合适的应急方案有很大帮助，并可以辅助警务部门对应急情况下人群疏散进行管理。

4. 多模式集成可视化

全景地图作为一种新的地图表现形式，能够进行实景模拟，并依据直观仿真的要求，快速在线展示整个现实场景。其次，具有几何准确性和照片真实感的室内三维场景模型在公共安全区域监控、突发事件应急响应等应用领域有着迫切的需求。因此，综合二维、三维、影像、点云、全景等地图模型，提供室内外一体地图可视化，实现室外与室内场景的无缝过渡；多种地图模式无缝切换和多模式集成可视化，对突发事件发生时建立合适的应急方案具有很大帮助作用，可以辅助办案人员对作案现场进行侦查、快速标绘事故地点、跟踪动态目标、部署警力等，实现科学辅助决策。图 1-5 展示了全景影像与点云数据融合的效果，在彩色图像基础上增加了深度信息，实现了室内场景的可量测。

图 1-5　全景影像与点云数据融合

第2章　全息位置地图概念模型

全息位置地图在现有地理空间要素几何、多尺度与空间语义统一表达的基础上，深入分析室内外场景的三维几何特征、拓扑关系与场景对象语义概念及其关系，并在场景基础上充分结合位置描述特点，总结适用于位置计算与推理的关键特征，建立集成多层次多粒度泛在空间信息的全息位置地图模型和三维 GIS 数据结构。

全息位置地图模型主要分为场景模型和语义位置模型，如图 2-1 所示。

场景模型是空间对象的承载基础，负责对室内外空间场景进行建模，包括场景几何模型、场景拓扑模型和场景语义模型三个部分。其中，场景几何模型负责提供室内外场景的空间结构静态几何描述（包括属性、坐标、精度、空间参考）；场景拓扑模型负责提供场景中各几何特征之间的拓扑关系；场景语义模型结合应用提供场景几何的语义表达，包括场景中几何对象的概念、属性、实例以及对象实例之间的关系，位置概念及其相互关系，并对这些对象和位置进行组织。

语义位置模型是各种位置信息接入、表达与推理计算的平台，包括位置描述模型与位置特征模型两部分。其中，位置描述模型是接入不同硬件、语义异构的各种位置数据，提供统一形式的位置表达；位置特征模型则是集成场景几何模型、场景拓扑模型和场景语义模型，从位置描述模型中计算推理得到的用于位置关联、位置融合与位置估算的关键特征，为语义位置查询、语义位置导航、多源位置融合和语义位置计算提供模型支持。

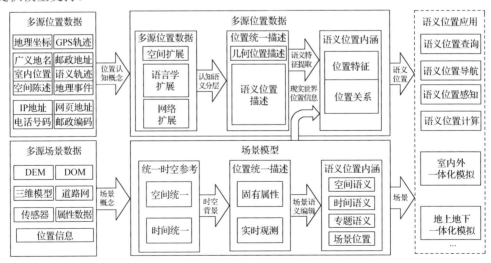

图 2-1　全息位置地图概念模型

2.1　全息位置地图数据描述

当前，位置服务提供的信息内容更丰富，获取方式更多样。例如，移动终端的位置导航服务，除了电子地图内容，还包括各种影响道路通行的信息，如实时路况、本地资讯、实时天气等（张园，2011）。位置作为位置服务的核心，已经不是位置服务的唯一内容，更多的是生成服务的输入性关键性因素（刘经南等，2011），其功能由单纯"定位导航"变得能够"感知计算"。透过位置不仅能够感知用户当前环境上下文，还能够动态关联各种位置空间信息以及位置相关的多维信息，从而提供更加贴近用户需求和使用场景的泛在信息智能服务。例如，基于位置的智能广告推荐服务，当用户在大型超市生活区时，适合推荐生活类用品的促销折扣广告以及与其他超市同类商品比价的信息；当用户移动到电子产品区时，手机、电脑、数码等新产品的推荐广告和旧产品的促销活动更为合适。

位置功能的转变与深化使得位置具有"灵性"，同时扩大了位置的概念内涵，"位置"定义不再局限于真实地理空间，而是扩展到虚拟地理空间。在泛在网络环境下，定位系统及定位网格、移动互联网、位置传感器网和社交网络中存在大量显示和隐式的位置数据。2013 年 7 月，美国科技博客下属研究机构 BI Intelligence 发表了一份题为《地理位置数据是如何被收集的》的报告。报告中提到，除了纯粹的 GPS 解决方案以及它所产生的经纬度标签是地理位置数据的公认标准之外，至少还有四种方法可以获取地理位置数据，包括手机信号塔数据、WiFi 连接、IP 地址、用户报告（地理位置和邮政编码）。谷歌公司的技术概述中同样提到旗下产品使用的位置信息类型各不相同，包括针对特定地点或感兴趣地点的隐式位置信息、IP 地址等互联网流量信息、各种基于设备的位置信息（GPS 信号、设备传感器、WiFi 接入点和基站 ID 等）。这些多源位置数据的获取方式和用途各不相同，采用的描述形式及其信息构建各不相同，例如，由定位设备产生的位置结果面向机器计算，主要使用数值坐标表达；而社交活动产生的位置信息更倾向于人类理解，主要使用自然语言进行描述。多样化的位置信息都能够指示用户在真实地理空间和虚拟网络空间的位置，综合利用这些位置数据能够更好地感知用户环境特征，建立更广泛的信息关联，有利于提供个性化、智能化、精细化的位置服务。下面按照位置数据的表现形式，从设备位置和地理位置两个角度对多源位置数据特点进行分析，并建立多源位置数据的认知分类。

2.1.1　设备位置信息描述

设备位置信息指借助于智能终端设备或者传感器获取目标对象的位置和移动轨迹。传统位置服务主要面向室外空间，使用卫星定位技术获取对象位置信息，当前移动通信技术和传感器技术的发展为位置服务提供了多样化的室内外定位技术（图 2-2），这些定位技术既可以独立完成定位，还能够相互融合进行混合定位以提高定位精度。

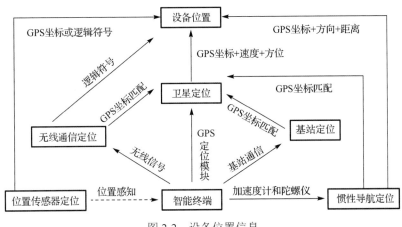

图 2-2　设备位置信息

1. 卫星定位信息

卫星定位是一种全球性的位置和时间测定系统，包括 GPS、全球导航卫星系统（GLONASS）、北斗卫星导航系统（COMPASS）、伽利略卫星导航定位系统（GALILEO）等。卫星定位是借助于智能终端 GPS 定位模块，测量多个已知位置的卫星到用户接收机之间的距离，采用空间距离后方交汇的方法确定终端位置。卫星定位结果采用地理坐标参考系下的经纬度坐标表示定位对象的空间位置，以及速度、方位、时间等，其描述为 $L=\{(lat, lon, v, \theta, t) \mid lat \in [-90°, 90°], lon \in [-180°, 180°], v \geqslant 0, \theta \in [0°, 360°], t \in datetime\}$。

2. 基站定位信息

基站定位是一种局部区域的位置测定技术，它是通过不同移动通信基站的信号差异来计算出智能终端所在的位置，包括 Cell-ID 定位、基于角度测量（angle of arrival，AOA）的定位技术、基于信号到达时间（time of arrival，TOA）的定位和基于信号到达时间差（time different of arrival，TDOA）定位等。

Cell-ID 定位是依据无线基站的位置和服务范围来估算移动终端的位置。每个基站的固定位置和服务范围构成一个蜂窝小区，并使用唯一的 ID 进行标识，覆盖移动终端的蜂窝小区近似表达终端位置，如图 2-3(a)所示。Cell-ID 定位精度依赖于通信基站的服务范围（即小区大小），通信基站服务范围越小，定位精度越高。

AOA 定位是通过两个或两个以上的基站信号角度信息，采用交汇法计算来估计终端的位置，如图 2-3(b)所示。AOA 定位精度受系统本身角度解析度和环境因素影响较大。由于接收端天线的角度解析度存在极限，当终端距离基站较远时，微小的角度偏差就会造成定位距离的较大误差，严重影响定位精度（胡可刚等，2005）。在障碍物较多的环境下，电磁波传输会产生多路径效应，导致定位精度低。

TOA 定位也称为圆周定位，通过移动终端信号到达基站的时间能够获取终端与基站的测量距离，则终端必然在以基站为圆心，测量距离为半径的定位圆上，如图 2-3(c)所示。当基站个数为 $M(M \geqslant 3)$ 时，M 个定位圆必然相交于一点，该交点即为待定位终端位置（黄亚萍，2012）。TOA 需要严格的时间同步，且基站个数至少需要三个以上，否则无法定位出终端位置，定位精度比 Cell-ID 高。

TDOA 定位技术也称为双曲线定位技术，如图 2-3(d)所示，是利用信号到达两个基站的时间差，获取终端到达两个基站的距离差，那么移动终端必然在以两个基站为焦点，点到两焦点的差值为传播距离差的双曲线上，通过多条双曲线的交点能够估计终端位置。TDOA 相比 TOA 定位精度更高，时间同步要求低，更具有实用性。

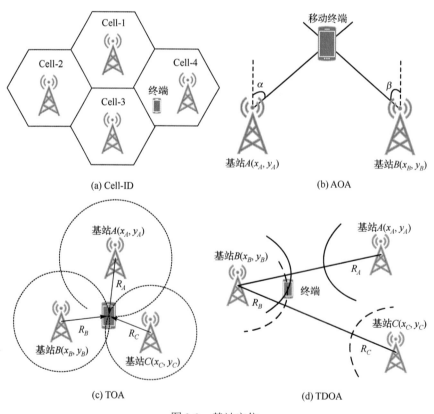

(a) Cell-ID

(b) AOA

(c) TOA

(d) TDOA

图 2-3　基站定位

Cell-ID 定位结果采用小区识别码表示，其描述格式形如 $L = \{\text{cell-id} \mid \text{cell-id} \in \mathbb{Z}^+\}$。Cell-ID 定位实际上将局部空间划分为若干网格，识别码可以看作每个网格的坐标索引，通过位置服务平台查询小区识别码能够获取相应的经纬度坐标。AOA、TDOA 和 TOA 的定位结果则是地理坐标系下的经纬度表示的绝对位置，描述格式为 $L = \{(\text{lat, lon}) \mid \text{lat} \in [-90°, 90°], \text{lon} \in [-180°, 180°]\}$。

3. 无线通信定位信息

在 GPS 信号和基站信号无法抵达的区域，如室外隐伏区域和室内空间，无线通信定位技术能够起到一定的定位效果。无线通信定位技术是通过对传感器接收的无线信号参数进行测量，从而确定移动终端相对于传感器的位置。目前基于无线射频的定位技术是无线通信定位技术的研究热点，包括射频识别定位（radio frequency identification，RFID）、WiFi 定位、蓝牙定位（bluetooth）、超宽带定位（ultra wide band，UWB）等，基于无线射频的定位技术利用无线电波信号，通过接收信号强度（received signal strength indicator，RSSI）原理获取目标位置。RSSI 定位原理如图 2-4 所示，是已知移动终端发射信号的强度，根据信号接入节点接收到的信号强度，利用信号传播模型计算两点的距离，从而推算终端位置。随着传感器技术和通信技术的发展，除了无线射频，可进行定位的无线信号越来越多并获得广泛应用，如利用可见光、红外和激光的光学定位（Want et al., 1996）、利用计算机视觉的视觉定位（吴俊君等，2013）、利用声音的超声波定位（Want et al., 1992）、面向机器人定位与导航的二维码定位（郑睿等，2008）、近距离无线通信（near field communication，NFC）接触定位（张芝华，2012）、基于智能手机摄像头的照片定位等。

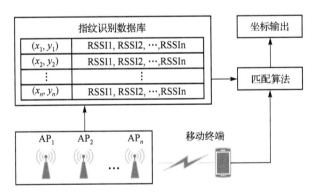

图 2-4　RSSI 定位原理

无线通信定位结果采用空间坐标的多元组或者指示型的变量或逻辑符号（张明华，2009）。空间坐标多元组说明移动终端在一定空间参考系下的绝对坐标和朝向等信息。例如，坐标元组 $L = \{(\text{lat, lon, } \theta) \mid \text{lat} \in [-90°, 90°], \text{lon} \in [-180°, 180°], \theta \in (\text{north, south, east, west})\}$ 表示用户在地球表面的经纬度坐标和方向；$L = \{(x, y, z) \mid x, y, z \in R^3\}$

表示用户在室内空间的三维坐标。$L=\{true, false\}$指示型变量是使用一个布尔型或者数值型变量表示移动终端是否位于某个特定的定位区域，例如，布尔型变量表示用户位于某个传感器的定位区域内或者定位区域外，这种变量无法直接描述位置，可以使用定位区域的坐标进行表达。逻辑符号是指具有位置指示作用的文字或符号，能够让人形成直观的位置认知，在室外空间一般使用地名地址，而在室内空间则使用建筑物的物理结构。如逻辑符号$L=\{Wuhan\ University\}$表示用户位于武汉大学内；$L=\{Room327\}$表示用户位于室内 327 房间。

4. 惯性导航定位信息

在无线通信网络和基站信号都瘫痪的情况下，惯性导航定位无需任何额外的基础设施或网络，利用终端自带的陀螺仪和加速度计等惯性敏感器件获取加速度和角速度等信息，与终端基准方向和初始位置信息相结合，就能够推导终端的位置、运动速度和方向。惯性导航定位产生的是相对位置信息，即通过初始点位置以及距离位移和方向位移表达目标位置。其中，距离位移在不同的空间参考系统下采用不同的距离计算模式，默认情况使用空间直线距离进行计算，如平面直角坐标系或三维空间坐标系；在球面坐标系中，如地理坐标系，距离位移按照经纬度之间的球面距离进行计算；在线性坐标系中，距离位移则按照线性距离进行计算，如路网距离。惯性导航定位结果是采用空间坐标元组表示的相对位置，包括参考位置的空间坐标、距离位移和方向位移，如四元组 $L=\{(lat, lon, dis, dir)\mid lat\in[-90°, 90°], lon\in[-180°, 180°], dis\in R^{+}, dir\in[0°, 360°]\}$表示室外空间中某个参考位置的经纬度坐标，以及目标位置与参考位置之间的距离和方向位移；五元组 $L=\{(x, y, floor, dis, dir)\mid x, y\in R^{2}, floor\in Z, dir\in[0°, 360°]\}$表示室内空间中起始位置的三维坐标（二维坐标+楼层），以及目标位置与起始位置的距离和方向位移。

5. 位置传感器信息

位置传感器信息是指具有固定位置的各种传感器，通过文本、照片、视频等方式能够感知目标对象及其状态，从而能够使用自身位置描述目标对象位置。在日常生活中，各种卡口类型的位置传感器最为常见，如公交卡口、地铁卡口、隧道卡口、银行卡刷卡处、路口摄像头监控、超市监控等。这些位置传感器在特定空间区域内感知对象，经过与数据库中存储的对象信息进行对比，能够确认具体目标对象及其位置。图 2-5 展示了道路卡口系统中的记录信息，包括卡口名称、识别的车辆信息以及车辆经过卡口的时间，单条记录实际上可看作具体车辆的瞬时位置信息。一般地，位置传感器都采用地理坐标记录位置信息，因而被感知对象位置可以采用位置传感器的地理坐标或者卡口名称进行表达。

号牌号码	号牌颜色	车辆类型	车身颜色	行驶方向	经过卡口时间	卡口名称	车道	车速
鄂□198□1	蓝	小型汽车	白	由西向东	2012-01-14 09:39:48.0	鄂□□□□卡口	2	74.0km/h
鄂□□□□□	蓝	小型汽车	白	由西向东	2012-01-14 09:39:07.0	鄂□□□□卡口	2	75.0km/h
鄂□0□0□	黄	大型汽车	白	由西向东	2012-01-14 09:38:59.0	鄂□□□□卡口	2	74.0km/h
冀□□□□11	蓝	小型汽车	其他	由西向东	2012-01-14 09:38:49.0	鄂□□□□卡口	2	71.0km/h
鲁□□□□□	蓝	小型汽车	其他	由西向东	2012-01-14 09:38:48.0	鄂□□□□卡口	1	75.0km/h
晋□□0□0□	蓝	小型汽车	白	由西向东	2012-01-14	鄂□□□□卡口	2	77.0km/h

图 2-5　卡口位置信息

2.1.2　地理位置信息描述

地理位置是根据人类社会需要，采用不同方法对地球表面某一区域定量或定性地描述，表达了该区域的人口统计、环境、历史、个性化特征以及商业价值。传统位置服务中使用的地理位置主要包括地理坐标、地名和地址，随着人类获取信息的手段越来越丰富，获取内容更加多源，移动互联网络和社交网络中更多形式的地理位置能够用于提供智能位置服务，如图 2-6 所示。

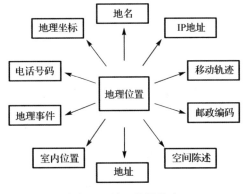

图 2-6　地理位置信息

1. 地理坐标

地理坐标（geographic coordinates）是以整个地球作为参考，使用地理经度和纬度表示地面上点的位置的球面坐标。地球上每个地方都有唯一的经纬度值，纬度值由赤道向两极递增，经度值由本初子午线向东西方向递增。地理坐标一般使用度分秒格式（或仅使用度），通过文字或符号进行描述，如度（°）、分（′）、秒（″）。此外，地理坐标通过正负号区分南北纬度和东西经度，例如，北纬和东经为正，南纬和西经为负；还可以使用文字或者符号直接指明，如北纬（N）、南纬（S）、东经（E）和西经（W）。

地理坐标描述地理位置的方式主要有三种：①使用单个地理坐标准确指示目标对象在地球表面上的地理位置，例如，武汉市人民政府的地理位置为"北纬 30°35′45″，东经 114°17′57″"；②使用地理坐标跨度粗略表示具有一定空间分布范围的地理位置，例如，武汉市的地理位置为"东经 113°41′～115°05′，北纬 29°58′～31°22′"；③使用若干地理坐标经纬度值构成点集表示具有任意几何形状的地理位置，以线特征和面特征的地理位置为例，如图 2-7(a)所示，一组经纬度坐标点 $L=\{P_1, P_2, P_3, P_4, P_5\}$ 按序排列可以表示多段线形状的地理位置，两个坐标点之间的连线构成多段线的一部分；若有序坐标点集的首尾点相同，则可以表示环状线特征的地理位置，如图 2-7(b)所示。

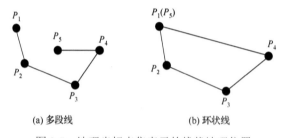

　　　　　　(a) 多段线　　　　　　　　　　　　(b) 环状线

图 2-7　地理坐标点集表示的线状地理位置

对于面特征的地理位置，地理坐标点集不仅能够表示具有明确边界范围的面状地理位置，还能够表示模糊的面状地理位置（Liu et al.，2010）。图 2-8 展示了几种基于地理坐标点集获取精确面状地理位置的方式，包括有序边界、最小外接矩形、凸包等。有序边界是按照坐标点的序列依次连接形成环状边界，边界内的区域即面状地理位置；最小外接矩形则是计算点集在经度和纬度方向上的最大最小坐标，形成包围所有坐标点的最小矩形，矩形区域即面状地理位置。

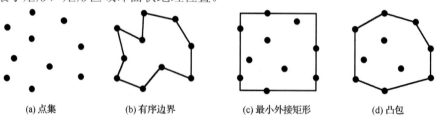

(a) 点集　　　　　　(b) 有序边界　　　　　(c) 最小外接矩形　　　　　(d) 凸包

图 2-8　地理坐标点集表示的面状地理位置

2. 地名

地名（place name）是人们对具有特定方位、地域范围的地理实体所赋予的专有名称（张雪英等，2010），如黄鹤楼、长江及武汉市等，是区别某一特定地理实体与其他地理实体的一种标志。地名来源广泛，既有官方公布的标准地名，也有民众偏好的方言别名，如"华中师范大学"和"华师"；会随时间而演变，同一地名指示的地理范围会发生变化，例如，"武汉大学"在 2000 年前后指示的范围不同；还存在一名多地和一地多名的情况，例如，武汉市和上海市都有"香港路"地名，而"武汉测绘科技大学"和"武汉大学信息学部"均是描述武汉大学第三校区的不同地名；地名包含的内容繁多，在国家标准《地名分类与类别代码编制规则》（GB/T 18521—2001）中，地名按照地理特征被划分成自然地理实体（海域、水系、陆地地形）和人文地理实体（行政区域及其他区域、居民点，具有地名意义的交通运输设施、水利、电力、通信设施、纪念地、旅游胜地、建筑物、单位及其他）两大门类（国家技术监督局，2001），涵盖了基础地理信息中不同类型的普通地名。此外，地名及其描述的地理事物都具有一定的要素类型，通过命名相对稳定的要素类型同样能够描述地理位置或范围（Keßler et al.，2009），如酒店、超市、水体、停车场等。

地名是地理空间知识表达的基本元素，相比于地理坐标，人类更倾向于使用易于认知与理解的地名描述位置，因而出现了基于地名的位置信息服务，如地理信息检索（黄雪萍，2012；Jones et al.，2009）。随着地名位置服务的深入应用，人类制定了更多类型的文本指示地球表面特定的位置或范围，如电话号码、IP 地址、兴趣点（point of interest，POI）等（Alvares et al., 2007）。有学者将这些能够起到地理参照作用的文本归属到广义地名的范畴，并从发生学的角度对广义地名进行分类（刘瑜等，2007），主要包括三个类别：①为了测绘或管理的目的为地球表面特定位置或范围命名（如全球或地方坐标、行政单元及管理区）；②为了指示表达与沟通目的，对一些地物或景观区命名（如自然或人造地物、居民点、一般命名区、人类活动区域等）；③为了通信目的，为特定区域及与特定区域相关的设备编码（IP 地址、邮政编码、电话号码等）。广义地名的发生学分类能够说明人类定义地名的社会需求和目的，而从语言学和逻辑的角度建立的地名分类则说明了各种地名概念蕴含的语义，具有地名概念的文本主要有四种语义分类：①可数名词（count nouns），包括各种物理对象（如"城市""房间""森林"等）、主要空间实体的类型（如"区域""地域"）、与位置相关的抽象可数名词（如"位置""地点""地方"）；②表示位置的属性短语（locative property phrases），例如，"位于武汉市""在武汉大学"等表语短语；③地名（place names），例如，"长江""黄河"等名词性词汇；④限定摹状描述（definite descriptions），如"走廊尽头的房间""武汉大学门口的商店"等。地名的发生学分类和语言学分类都对传统地名分类进行了扩展，融入了更多能够表达地名意义的文本描述，本书则将这些不同形式的文本描述纳入"地理位置"范畴并进一步扩展，在后续章节会详细分析这些文本描述的构成和描述方式。

3. 地址

　　邮政地址（postal address）是人类对某一特定空间位置上自然或人文地理实体位置的结构化描述，是城市居民通信交流中表达地理位置最常使用的方式，例如，城市中许多事件或现象都使用地址作为主要的地理参考。地址按照其描述范围的粒度主要包括三部分：行政区域地名、街巷名或小区名、门（楼）址或标志物名（国家测绘局，2008）。构成地址的多个部分能够形成一定的空间层次结构，且随着空间层次的增加，地址指示地理位置的精度逐渐递增。随着建筑物空间越来越大、室内结构变得越来越复杂，大型建筑物包含了大量具有独立位置的单元，如大型写字楼中的不同公司、大型商场中的不同商户等，这些单元的地理位置仅仅使用门（楼）址或标志物名称无法进行准确描述。在实际地址描述中，人们会使用一些辅助信息表达更详细的室内地址，包括建筑物编号、楼层、房间号和组织机构名称等，如"湖北省武汉市蔡甸区沌口街道东方花园小区 6 栋 1 楼韵达快递湖北武汉经济技术开发区公司东方园仓储分部"。本节将这些辅助信息称为二级门（楼）址，而已有门（楼）址则称为一级门（楼）址，并由此将地址划分为四个层次：行政区域地名、街巷名和/或小区名、一级门（楼）址和/或标志物名、二级门（楼）址。构成地址的多个部件能够形成一定的空间层次结构，且随着空间层次的增加，地址指示地理位置的精度逐渐递增。因此，地址描述的一般格式为 $L=\{<行政区域地名><街巷名|小区名><一级门楼址|标志物名><二级门楼址>\}$，详细的地址描述规则如表 2-1 所示。

表 2-1　地址描述规则

地址描述	规则	示例
行政区域地名描述	省级行政区域地名（省、自治区、直辖市、特别行政区）	湖北省、广西壮族自治区、重庆直辖市、澳门特别行政区
	市级行政区域地名（市、地区、自治州、盟）	湖北省武汉市、湖北省恩施土家族苗族自治州
	县级行政区域地名（县、县级市、自治县、旗、自治旗、市辖区、林区、特区）	湖北省武汉市武昌区、武汉市孝感市孝昌县
	乡级行政区域地名（乡、民族乡、苏木、镇、街道、政企合一单位）	湖北省孝感市孝昌县花园镇、湖北省武汉市江夏区安山街道
街巷名或小区名描述	<行政区域地名><街巷名>	湖北省武汉市洪山区|珞喻路
	<行政区域地名><小区名>	湖北省武汉市武昌区|梅园小区
	<行政区域地名><街巷名><小区名>	湖北省武汉市洪山区|珞南街|洪珞社区
一级门（楼）址和/或标志物名描述	<行政区域地名><街巷名><一级门（楼）址>	湖北省武汉市洪山区|珞喻路|129 号
	行政区域地名|街巷名|标志物名	湖北省武汉市洪山区|珞喻路|君宜王朝大酒店
	行政区域地名|街巷名|一级门（楼）址|标志物名	湖北省武汉市洪山区|珞喻路|78 号|长江传媒大厦
	行政区域地名|小区名|一级门（楼）址	湖北省武汉市武昌区|银海雅苑|1 号楼
	行政区域地名|小区名|标志物名	湖北省武汉市武昌区|洪山坊社区|武汉市第十五中学
	行政区域地名|小区名|一级门（楼）址|标志物名	湖北省武汉市武昌区|武汉大学信息学部|5 号楼|遥感信息工程学院

续表

地址描述	规则	示例
二级门（楼）址或/和组织机构名描述	行政区域地名|街巷名|一级门（楼）址|二级门（楼）址|	湖北省武汉市洪山区|珞喻路|78 号|长江传媒大厦 1302 武汉和雍浩宇科技有限公司
	行政区域地名|街巷名|标志物名|二级门（楼）址	湖北省武汉市武昌区|广八路|银海雅苑|B 座 18 楼 |802 室
	行政区域地名|街巷名|一级门（楼）址|标志物名|二级门（楼）址	湖北省武汉市武昌区|中北路|64 号|安顺星苑|2 栋 1 单元 803 室
	行政区域地名|小区名|一级门（楼）址|二级门（楼）址	湖北省武汉市江夏区流芳镇|鸿发市场|2 号楼|A9102
	行政区域地名|小区名|标志物名|二级门（楼）址	湖北省武汉市江夏区大桥镇|联投龙湾|联投大厦|1 楼
	行政区域地名|街巷名|小区名|一级门（楼）址|二级门（楼）址	湖北省武汉市江夏区庙山开发区|华师园北路|汤逊湖社区|18 栋|3 单元 102 室
	行政区域地名|街巷名|小区名|标志物名|二级门（楼）址	湖北省武汉市洪山区|珞喻路|广埠屯赛博电脑大世界 2 楼 2100 武汉鑫宇慧天科技有限公司
	行政区域地名|街巷名|一级门（楼）址|小区名|标志物名|二级门（楼）址	湖北省武汉市洪山区|珞喻路|131 号|广埠屯|电脑大世界|4 楼 439 号

4. 邮政编码

邮政编码（postal code）是结构化地址描述的一种简约表述方法，采用一组具有特定含义的符号表示邮件投送的地理范围。在国内（港澳台除外），邮政编码是由阿拉伯数字组成，采用四级六位编码制，其描述格式为 $L = \{X_1 X_2 X_3 X_4 X_5 X_6 \mid X_i \in N\}$。其中，前两位表示省（直辖市、自治区），第三位代表邮区，第四位代表县（市）邮电局，最后两位数字表示城市内投递区编号。例如，邮政编码"430079"，"43"代表湖北省，第一个"0"表示武汉邮区，第二个"0"代表武汉市邮电局，"79"代表武汉市洪山区投递区。邮政编码本身并非是地理位置信息，但是可以作为地址位置的合理近似表达（Bow et al.，2004），间接地指示较为粗略的地理位置。这种通过预先定义编码与地理位置之间的关系，使得编码能够指示地理位置的方式，可以看作地理位置的间接参考（Davis et al.，2007），这种间接参考的例子还有很多，如高速公路出口编号、地籍编码、电线杆编号、路灯编码等。

5. 电话号码

电话号码（telephone number）是使用阿拉伯数字组合代表和寻址不同用户的一种编码，能够间接地指示用户的位置，与邮政编码一样，电话号码也是属于编码类型的地理位置。电话号码由接入号、国家区号、地区号和本地号码等元素组成，其描述格式为 $L=\{<接入号><国家区号><地区号><本地号码>\}$。接入号是电话通信中连接国际和国内非本地电话号码需要输入的号码，无法指示地理位置，例如，中国国内接入号和国际接入号分别是"0"和"00"。国家区号是电话通信中连接其他国家电话需要输入的号码，由1～3个数字构成，每个国家在全球范围内都分配有唯一的识别编号，例如，中国国家区号为"86"，国家区号能够间接地表示国家层次范围的地理位置。地区号是电话通信中连接国内不同地区电话需要输入的号码，中国的地区号一般为 2～4 个数字，每个地区都有唯一的识别编号，例如，武汉市地区号"027"，地区号间接地表示了地区层次范围的地理位置。

上述三类元素都是连接非本地电话通信所需的信息，而本地号码则是与具体用户相关联的通信号码，分为固定电话号码和移动电话号码两种。固定电话号码采用不等位编号，国内一般为7～8位数字，例如，电话号码02785485038，前 3 位数表明小的地区或独立的电信交换局，能够间接地指示小区层次范围的地理位置，8548 表示武汉市地区（027）下辖的江汉区，后几位则是用户编号。若入网登记时，固定电话和具体的通信地址相关联，则能够指示更加精确的地理位置。移动电话号码每个国家使用的位数和格式不一样，国内采用 11 位数字，例如，移动电话13412347704，前三位表示网络的运营商（134 表示中国移动运营商），中间四位表示地区编码（1234 表示广东省东莞市），后面四位则是用户编号。由于移动电话入网时只与用户身份而非地址相关联，所以移动电话号码只能指示地区层次范围的地理位置。

6. 空间陈述

在地理空间知识表达中，通常以文本方式描述位置。除了地名、地址、室内位置，许多位置描述是根据与参照地物的空间关系来表达一个目标地物的位置，称为空间陈述（spatial assertion）（张毅等，2013）。例如，空间陈述"武汉大学位于华中师范大学对面"，目标地物"武汉大学"的位置通过参考地物"华中师范大学"和两者的空间关系"对面"进行描述。空间陈述本质上是描述了利用参考地物对象确定某个目标地物位置的场景（Dini et al.，1995），并且能够使人类进行场景的认知重建，其中参考地物（reference object）、目标地物（target object）和空间关系（spatial relation）是空间陈述的三个组成要素（Guo et al.，2008）。

首先，参考地物是对目标地物位置具有参考指示作用的空间实体，一般地，任意空间实体都可以作为描述某个位置的参考地物。但是从位置认知和共享的角度来看，作为指示目标地物位置的参考物，空间实体通常需要具备一些显著性、代表性的特征。这些显著性特征包括以下几方面。①语义显著性：影响人们对该类别实体的熟悉程度，一般具有文化和历史重要性、功能性、独特性以及其他语义属性的实体类别容易被认知（龚咏喜等，2010）。②视觉独特性（Duckham et al.，2010；Sorrows et al.，1999）：影响空间实体的识别度和吸引力，相比于周边实体在形状、大小、面积、颜色、可见性以及其他视觉属性方面更加突出的空间实体能够快速被识别。③结构显著性：如果空间实体的位置在空间环境的结构中具有显著性，容易被作为地标构建空间知识。④尺度匹配性特征：人们对地理空间的认知过程符合从大范围过渡到小范围，从粗略逐步精细的规律，因而常选择范围大、较为粗略的空间实体辅助定位范围小、更为精细的空间实体（余建伟等，2009）。在一定的空间认知范围内，参考地物和目标地物要体现出尺度匹配性，例如，空间陈述"河北省在黄鹤楼北面"存在尺度不匹配的现象，河北省是大尺度的空间范围，而黄鹤楼处于相对较小的认知尺度，两者的认知尺度并不匹配，这种与人类认知不符的位置描述在日常生活中不会被使用。⑤空间关系约束特征：参考地物与目标地物两者之间应该具有直接或者间接的空间关系，直接空间关系包括距离、方向、拓扑等二元空间关系，间接空间关系包括沿着、斜对面等以线要素为约束的空间关系（郑玥等，2011）。判断空间实体是否作为参考地物往往以单一特征为主、兼顾多种特征进行综合考虑，而由于空间实体的显著性主要指在人类思维中的突出程度，不同人类对于同一实体显著性的认知与评价准则并不一致。

其次，空间关系是空间实体之间存在的具有空间特性的关系，在空间陈述中能够粗略描述目标地物相对于参考地物的空间分布范围。地理学、语言学、心理学、制图学、测绘学、符号学、认知科学、计算机学以及数学等多个学科都对空间关系进行了探索研究。在地理信息科学（geographic information science，GIS）领域，人们习惯将各种空间关系按照其所反映的空间特性进行归类，最常见的是度量关系、方向关系和拓扑关系三类二元空间关系，一些特殊空间关系也逐渐受到重视，如"沿/沿着……""包围/环绕……""在……之间"等。人们产生空间陈述时，通常采用自然语言表达空间关系的认知结果，一般称为自然语言空间关系。与空间关系相比，自然语言空间关系具有一些不同的特点。①由于人的认知和语言本质上是符号的和定性的，自然语言描述的空间关系大多是定性或者半定量的、模糊的；空间关系在地理信息科学领域通常是定量的形式化表达，且同一空间关系存在多种计算模型。②一些空间关系很少在自然语言中使用，例如，人们很少使用"不在……里面""离……很远"形容目标地物的位置。③很多自然语言空间关系事实上是多种类型空间关系的组合，如"武汉大学在华中师范大学对面"，语句中的"对面"是方向关系和距离关系的组合，仅仅使用方向关系、距离关系或者拓扑关系是无法描述这种自然语言空间关系的。自然语言空间关系是空间关系在更高层次上的概念化，它比空间关系更接近于人们的使用习惯（杜世宏等，2005），本节将实际空间陈述经常使用的自然语言空间关系分为五类。

（1）空间度量关系。空间度量关系主要采用距离度量或者顺序度量进行表示。距离度量关系可以采用定性（离武汉大学很近）或者定量（距武昌火车站 100m）的距离进行表示，对于定性距离，可以使用一系列具有距离差异的自然语言进行表示，如"近""附近""很近"等，但是很少使用"远"描述位置；对于定量距离，主要使用数值和距离单位组合表示，距离单位可以是长度单位（如"米"）或者时间单位（如"小时"），而且距离的度量方式可能是按照空间直线距离计算或者沿着线性地物计算线性距离。顺序度量是采用目标地物在一组线性排序的空间实体集合中的序列号进行表示，例如，"小明位于 302 教室第三列第二排""李老师在你右手边第三个房间"。由于室内空间结构复杂，视域受到限制，在描述室内位置时，人们更倾向于使用顺序度量而非距离度量。

（2）空间方位关系。空间方位关系依据参考框架的不同，可以分为绝对方位关系和相对方位关系。绝对方位关系是以整个地球作为绝对参考框架的，描述目标地物相对于参考地物的绝对方位，一般将物理空间划分为八个原子方向，包括东、南、西、北、东南、西南、东北、西北。绝对方位可以是参考地物外部的方位，例如，"武汉大学以北"，称为主方向关系；也可以是参考地物内部的方位，例如，"湖北省东部"，称为"细节方向关系"（杜世宏等，2004）或者"内方向关系"（Liu et al.，2005）。相对方位是以观察者自身或者背景物作为参考框架，描述目标地物与参考地物的方位关系，一般采用"上、下、左、右、前、后"或者时钟方位进行描述，例如，"武汉大学在电脑大世界左边""3 点钟方向"。此外还可以使用空间实体作为特定方向进行描述，如"往武商量贩方向"。

（3）空间拓扑关系。空间陈述中使用的拓扑关系包括相离、相交、相接和包含/被包含关系。相离关系很少直接用于位置描述，而是使用距离关系、方向关系或者两者组合提供更加精确的描述。相接关系在非线性参考系下的自然语言描述没有隐含方向限定，例如，空间陈述"与武汉大学相接"，指武汉大学在所有方向的邻接对象；而在线性参考系下时则具有沿某一线状特征线性的方向限定，例如，语句"302 房间隔壁"指沿着走廊与302 房间同侧的相邻房间。对于相交关系，通常采用自然语言描述空间实体的相交结果，如道路相交的"路口"、河流汇集的"交汇处"。包含/被包含关系只能粗略地表示目标地物位置限定在参考地物内，例如，语句"位于武汉大学内"，更多时候可以通过内方向关系或者结构关系表示更加精确的位置，例如，语句"位于武汉大学东北角"、"武汉大学西门"。

（4）潜在空间关系。除了三种基本二元空间关系，人们还经常使用一些潜在空间关系描述扩展对象之间的位置，包括沿着（along）关系、环绕（surround）关系、之间（between）关系、结构关系等。"沿着"关系描述了目标地物在线状参考地物上的空间分布，例如，语句"沿武珞路"说明目标地物分布于武珞路上。"环绕"关系主要用于描述面状空间实体之间的位置关系，表示目标地物呈现包围或者半包围参考地物的空间分布，例如，语句"武汉大学环抱珞珈山"。"之间"关系描述了目标地物位于多个空间实体之间的区域，例如"位于古田四路与古田五路之间"。空间结构关系主要指目标地物属于参考地物空间结构的一部分，是对包含关系的一种精化，例如，语句"珞珈山山腰""武汉大学门口"。

（5）组合空间关系。由于人类语言的高度概括性，很多自然语言空间关系隐含了多种空间关系的组合。最常见的是距离方向组合，能够提供比较精确的位置描述，如"位于武汉大学以北5km"。在描述线状特征的目标地物位置时，经常使用多种拓扑关系组合形成一种路径关系，并隐式描述了线状位置的空间走向，例如，"起于武汉大学，途径卓刀泉，止于鲁巷广场"；而在描述面状特征的目标地物位置时，主要使用方位拓扑关系组合描述区域的空间范围，例如，"东到昌盛路，南到文博路，西至秀水学院用地，北至新桥港"。

最后，目标地物是空间陈述中待确定位置信息的空间实体，可以采用隐式或者显示的描述，例如，语句"位于武汉大学北部"的目标地物隐含于空间陈述中，整个语句表达对象就是目标地物；而语句"武汉大学在华中师范大学对面"的目标地物则显示描述为武汉大学。在目标地物隐式描述中，人们还会使用空间实体属性对目标地物进行限定，包括地理类型、形状、颜色等，例如，语句"武汉大学旁边的五星级酒店"限定了目标地物的地理特征为五星级酒店；语句"广八路与珞喻路路口的红房子"限定了目标地物的颜色和地理类型。

上述三个组成要素相互组合能够形成不同描述形式的空间陈述，其描述格式为 $L = \{(\mathrm{RO}_m, \mathrm{RO}_n, \mathrm{RO}_k) \mid m \geq 1, n \geq 1, k = \{0,1\}\}$，学者刘瑜等（2009）给出了空间陈述的几种基本类型的概念图（图 2-9）。人们对描述场景的熟悉程度会影响空间位置描述的方式（龚咏喜等，2008），在比较陌生的环境中，人们通常使用最邻近的单个参考地物和单个空间关系描述目标地物位置，例如，"位于洪山广场附近"，这种描述形式可以抽象为如图 2-9（a）所示的图解。当人们对场景逐渐熟悉后，一方面在单个参考地物的情况下，能够使用多种空间关系描述目标位置（图 2-9（b）），如"位于洪山广场以北 50m"；另一方面，更多的空间实体能够被作为参考地物指示目标地物的位置。既可以直接描述目标地物与多个参考地物之间的多元空间关系（图 2-9（c）），如"台湾海峡位于东海及南海之间"；还可以独立地描述目标地物与每个参考地物之间的空间关系（图 2-9（d）），如"北极星花园位于敦煌路以北，港田路以南"；若参考地物之间的存在空间关系约束，则能够产生比较复杂的空间陈述（图 2-9（e）），在线性空间参考系下的空间位置描述大多属于这一类，例如，语句"沿 107 国道往南距离武汉 2km"，目标地物与 107 国道是"沿着"关系，107 国道则呈南北走向并穿过武汉，而目标地物则距离武汉 2km 且距离是沿 107 国道线性度量。

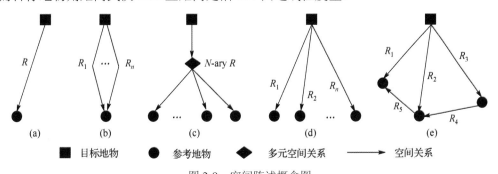

图 2-9　空间陈述概念图

这五种概念图是空间陈述的基本类型，涵盖了绝大部分的空间位置描述，包括简单描述和复杂描述。这几类空间陈述的一个基本假设是作为参考地物的空间实体具有具体的名称表示，如地名、地址。然而，在现实中一些缺少具体命名的地点同样可以作为参考地物，这些地点通过嵌套的空间陈述进行描述，能够形成更加复杂的空间位置描述。例如，语句"广八路与珞喻路交叉口往北 100m"，在第一层次的位置描述中，参考地物是嵌套位置描述"广八路与珞喻路路口"，空间关系是方向关系"北"和定量距离"100m"；在第二层次的位置描述中，参考地物则是广八路和珞喻路两个线性地物，空间关系则是相交。

7. 室内位置

上述几种类型的地理位置大多属于室外空间，但是室内空间却是人们进行各种活动的主要场所，城市居民每天大约花费 80%～90%的时间在室内空间（Goodchild，2011a；Jenkins et al.，1992）。室内位置主要通过室内空间结构及其具有的功能语义进行描述。

室内位置的空间结构表达取决于室内空间建模方法，在已有研究中，室内空间结构主要有几何表达、符号表达、拓扑表达以及混合表达四种。几何表达使用全局或者局部空间参考系下的空间坐标表示室内位置，空间坐标既可以是几何空间对象（点、线、面、体等），也可以是使用不同形状网格（如栅格、不规则三角形、六边形）剖分物理空间获取的网格坐标，随着基于网格的空间划分模型在室内智能信息服务方面的应用，使用空间网格表达的室内位置越来越受重视（Coronato et al.，2009）。几何表达常用于各种室内空间定位技术的结果描述，其描述形式与基于设备的位置描述相同。几何表达的室内位置定位精确，但是缺少位置语义表达。拓扑表达主要是依据室内空间结构之间的连通关系，将室内空间抽象为拓扑图，主要用于室内导航应用。符号表达是采用室内空间结构的文字符号表达室内位置，如"楼层""房间""楼梯"等，其描述形式一般通过数字编号与空间结构类型组合表达，如"302房间""5 楼"。对于室内空间结构的划分，开放地理信息系统协会推出的城市地理标记语言标准中（city geography markup language，CityGML）提供了三维城市建筑物空间结构的标准模型（Gröger et al.，2008）。然而随着建筑物越来越大，并且室内空间从封闭变为半封闭，从地上延伸至地下，室内空间结构变得越来越复杂。符号表达的室内位置只能粗略定位，具有有限的位置语义，但是能够让人快速认知。鉴于上述几种表达方式的优缺点具有互补性，混合表达则是综合利用空间坐标和空间结构符号表示室内位置。

室内位置除了空间表达，更多的是利用室内空间结构在不同场景的功能和认知进行语义表达。在城市环境中，不同类型的建筑物构成了人们社会生活的多样化场景，并赋予室内空间结构相应的功能满足人类需求，因而室内空间结构语义随着场景变化而不同。例如，一个实验室的 202 房间，其功能可以是一个中型会议室或者"当代 GIS"课程的授课点，也可能是国际学术研讨会的发生地等。由于人工建筑物类型多种多样，且缺少统一的分类和描述，难以枚举，在室内位置模型研究中，大多选取室内空间具有相对固定的区域和功能划分的大型公共建筑作为室内位置语义的研究对象，如火车站、机场、博物馆、大型商场等。

8. 地理事件

地理事件是指在地表空间内发生的各种自然和社会现象，其主要特征是具有明确的时空印记。以突发事件为例，国家应急平台包含的重大突然事件有 97% 都与空间位置直接或者间接相关（蒲鹏先等，2008），因而地理事件能够作为具有地名意义的文本指示地理位置，提供不同访问形式的位置信息服务，例如，基于地理事件的地理信息检索（王振峰，2009）。

地理事件主要通过地理事件名称和事件属性两类元素描述地理位置，其描述格式为 $L=\{<地理事件名称><事件属性>\}$。地理事件名称指人们对各种自然、人文事件的文本命名，自然地理事件来自于自然界的突然变化，如气候变化、环境变化、地球结构变化等；而人文地理事件来自于政治领域、经济领域、军事领域、生活领域等社会生活的变化，例如，"房姐"事件、第 29 界奥林匹克运动会、"汶川"地震等。事件属性指事件的空间属性和专题属性，空间属性指事件发生的地点，如"发生地""举办地"等，在地理事件空间位置信息较为单一的情况下，事件名称与空间属性组合能够间接指示事件发生的地理位置，如"9·11 恐怖事件发生地"。在地理事件信息中，事件发生地的位置描述主要有四种方式：①采用地名或者地名加上距离和方向偏移描述，例如，某市西北方 50km 处发生山体滑坡事件；②采用地名别名描述，例如，京津冀地区遭遇强霾污染；③采用事件发生地的坐标描述，例如，东经 113°24′32″，北纬34°53′14″发生森林火灾；④采用行政区划描述，例如，湖北、湖南、安徽等地普降暴雪。而专题属性是不同类型地理事件所特有的专题特征，某些类型地理事件（如自然灾害事件）的地理空间信息往往具有多重性，需要结合专题属性才能指示具体的位置。以地震灾害事件为例，一般包含三类位置信息：①地震的震中或震源，例如，汶川大地震的震中位于中国四川省阿坝藏族羌族自治州汶川县映秀镇与漩口镇交界处；②灾害命名中的地名，例如，汶川大地震中的汶川；③地震的实际受灾区域，例如，汶川大地震的极重灾区包括汶川县、北川县、绵竹市、青川县等。具有多种位置信息的地理事件名称必须与部分专题属性相结合才能指示较为具体的地理位置。

9. IP 地址

IP 地址，又称互联网协议地址，是依据 IP 提供的一种统一的地址格式，用于互联网上网络和主机编址，这种唯一的地址是用户在互联网中进行各种活动的基础。在全球范围内，IP 地址被唯一分配到不同的区域，通过具体 IP 地址能够获取所属的地理位置，例如，IP 地址"27.23.41.84"隶属于湖北省武汉市。

IP 地址分为 IPv4 和 IPv6 两大类，其中，IPv4 地址按照 TCP/IP 协议规定采用32 位二进制整数表示，例如，IPv4 地址"00001011000000000000000000000001"。为

了方便人们使用，IPv4 地址经常被写成十进制的形式，即将 IPv4 地址分为 4 个 8 位域，每个 8 位域之间使用英文句点分开，表示一个 0～255 的十进制数据，上面的二进制 IP 地址可以表示为"11.0.0.1"。因此，IPv4 地址描述格式形如 L={A.B.C.D|A, B ,C D∈[0, 255]}。IPv6 地址长度为 128 位，采用 4 位十六进制整数表示，格式为 L={xxxx: xxxx: xxxx: xxxx: xxxx: xxxx: xxxx}，每个 x 表示一个十六进制整数。

10. 移动轨迹

移动轨迹是各种移动对象随着时间的变化在地理空间中留下的印迹，是一组有序空间位置的集合（袁晶，2012）。随着 GPS 设备在移动终端的广泛使用，大量的轨迹数据在日常生活中不断积累，例如，在 Fousquare、新浪微博等移动社交网络上，用户在超市、酒店、旅游景点的签到（check-in）序列可以看作人类的移动轨迹；在城市交通网络中，出租车和私家车配备的 GPS 设备记录了这些车辆的行车轨迹，而公交线路、火车线路等可以看作公共交通的轨迹。移动轨迹分为几何轨迹和语义轨迹，几何轨迹由 GPS 设备记录的移动对象空间位置序列，采用一组带时间标签的 GPS 坐标点表达。语义轨迹则是在几何轨迹的基础上，通过移动参数（速度、方向、时间等）变化检测和密度聚类方法将完整轨迹分割为移动点和停留点（Buchin et al.，2011），并结合地理背景数据（如地名）对停留点进行语义注记（张波，2011；Alvares et al.，2007），从而采用一组语义注记的停留点集合表达轨迹。如图 2-10 所示，通过手机 GPS 模块记录了某用户移动轨迹坐标 (x_i, y_i, t_i)，经轨迹分割后提取 4 个停留点，利用停留点所在位置的地名进行语义标注，得到用户的语义轨迹描述为"银海雅苑小区—小米公司—王朝大饭店—家乐福超市"。移动轨迹属于一种动态的地理位置，通过分析和挖掘这种动态位置能够获取许多潜在的位置知识，例如，居民出行行为（童晓君，2012）、人类活动热点区域（桂智明等，2012）、出租车欺诈行为（Chen et al.，2012；Zhang et al.，2011)、城市兴趣点（Zheng et al.，2009；Palma et al.，2008）等，因而在位置服务中越来越受到重视。

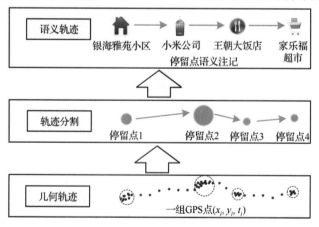

图 2-10 移动轨迹

2.1.3　基于位置认知的多源位置描述分类

在空间认知科学中，位置的认知概念是由其空间扩展和语言学扩展组成的（Vasardani et al.，2013b）。空间扩展是位置在地理空间中的覆盖范围，可以通过点、线、面等抽象几何要素来表示，指示了位置的定位特征；语言学扩展则是位置在认知空间中的概念表达，可以通过具有位置意义的文本或者符号表达，指示了位置的地理特征、经济特征等位置语义；然而，随着人们在移动互联网络、通信网络、社交网络等虚拟网络中的活动越来越频繁，虚拟网络位置在位置服务中扮演着越来越重要的角色，位置的网络扩展同样是位置认知概念的组成部分，如图 2-11 所示。位置空间扩展是位置认知概念的基本特征，而语言学扩展和网络扩展则是基本特征的语义延伸，并且存在从语言学扩展和网络扩展到空间扩展的映射。

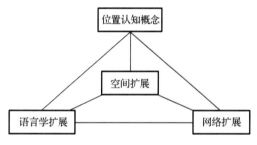

图 2-11　位置认知概念

多源位置信息实际上是位置概念在不同方向扩展的具体体现，如表 2-2 所示。在设备位置信息中，采用空间坐标表示的定位结果均属于位置认知概念的空间扩展，而部分采用逻辑符号表示的定位结果则属于语言学扩展。在地理位置信息中，地理坐标和 GPS 移动轨迹属于位置空间扩展，采用文本表示的地名、地址、室内空间结构、地理事件、语义移动轨迹都属于语言学扩展，电话号码、邮政编码、IP 地址等编码类型的位置信息则属于网络扩展。

表 2-2　多源位置信息认知分类

位置认知	位置类型	说明
空间扩展	卫星定位信息	经度纬度值+速度+方向+时间戳
	基站定位信息	经度纬度值
	无线通信定位信息	Cell-ID、室内外空间坐标
	惯性导航定位信息	室内外空间坐标+距离位移+方向位移
	位置传感器信息	地理坐标
	地理坐标	经纬度点及点集、经纬度范围
	GPS 移动轨迹	一组经纬度点序列

续表

位置认知	位置类型	说明
语言学扩展	地名	地名分类、地理要素类型
	邮政地址	行政区划+街巷名/小区名+门楼址/标志物名+二级门楼址（单元号+楼栋号+楼层号+户号）
	室内空间	建筑物空间结构及其场景语义
	空间陈述	空间实体+属性限定+空间关系
	地理事件	地理事件名称+事件属性
	语义移动轨迹	一组地名序列
	无线通信定位	逻辑符号
网络扩展	邮政编码	四级六位编码，前两位表示省，第三位表示邮区，第四位表示县（市），最后两位代表投递区位置
	电话号码	固定电话：接入号+国家区号+地区号+本地号码（3~4位服务商代码+4位用户号码）
		移动电话：接入号+国家区号+本地号码（3位网络识别号+4位地区编码+4位用户号码）
	IP地址	IPv4地址：4个十进制整数使用英文句点分开
		IPv6地址：采用4位十六进制整数，每4个十六进制整数采用英文冒号分割

本节对不同角度的位置认知进行了语义分层，将位置在表达内容上区分为几何位置和语义位置，几何位置侧重位置空间扩展的认知表达，而语义位置侧重于位置语言学扩展和网络扩展的认知表达。结合多源位置数据描述特点分析可知，几何位置主要通过不同空间参考系统下的空间坐标以及距离、方向、速度等元素描述位置；语义位置描述主要采用各种具有位置意义的文字或者符号描述位置，如地名、地址、邮政编码等。

在日常描述习惯中，人们采用绝对或相对方式表达位置信息，例如，"武汉大学"是绝对位置表达，"华中师范大学对面"则是相对位置表达，从空间认知的角度来看，相对位置表达更符合人类的认知习惯（Wang et al.，2008）。实际上，绝对位置可看作相对位置的一种特例，其空间关系可看作"in"关系，说明目标位置位于参考位置处，例如，语句"武汉大学"等于语句"武汉大学位于武汉大学"。基于人们的日常表达习惯，位置描述形式化采用式（2-1）进行表达。LD表示位置描述语句（location description），Locatum表示位置描述中待确定的目标位置，$Locator_n$表示用于指示目标位置的参考位置集合，SR_n则是两者之间的空间关系集合，目标位置可以通过与一个或者多个参考位置之间的空间关系进行描述。

$$LD = \{SR_n(Locatum, Locator_n), n \geq 1\} \tag{2-1}$$

在式（2-1）中，可以采用几何位置或者语义位置进行描述，在内容上采用相同的表现形式。因此，结合位置表达内容与描述习惯，位置描述可以进一步细分为四大类型，如图 2-12 所示。

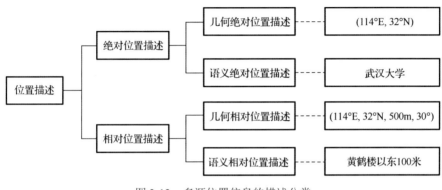

图 2-12 多源位置信息的描述分类

2.2 空间数据表达模型

在泛在信息和大数据环境下，信息彼此之间分散孤立，传统电子地图难以承载和综合利用泛在信息为用户提供智能化、个性化服务。与此同时，大数据改变了人们对传统电子地图服务功能的思维模式，从要求地图的精确性转向精确与模糊共存，从对因果关系的追问转而追求相关关系（孟小峰等，2013）。地图功能的丰富、拓展与演变需要一种新型的地图产品以满足现代社会人类的位置信息服务需求。周成虎等（2011）将这种新型电子地图称为"全息位置地图"，并描述了全息位置地图的特征和涉及的一系列理论与技术。朱欣焰等（2015）进一步明确了全息位置地图的概念内涵，即泛在网环境下以位置为纽带动态关联事物或事件的多时态、多主题、多层次、多粒度的信息，并且提供个性化的位置和位置相关的智能服务平台。

泛在信息、语义位置和多维动态场景是构成全息位置地图的三大要素。泛在信息是全息位置地图的数据来源，涵盖地球表面的基础地理信息、独立地理实体（如建筑物）的结构信息、地理实体间的关联信息、各行业的信息、人的自身及其喜好信息等（Stoffel et al.，2007）。语义位置是全息位置地图关联与融合泛在信息的手段，根据具体应用在时态、主题、层次、粒度等方面的需求，泛在信息能够直接或间接地与语义位置关联形成特定事物或事件的总体信息。在现实世界中，语义位置既可以是坐标、地名、地址等表达的直接位置，也可以是结合距离、方位、拓扑等空间关系描述的间接位置；在虚拟空间中，电话号码、IP 地址、URL 等同样可以指示用户登录或者发表信息的位置（Thill et al.，2011）。多维动态场景是以位置为核心，关联、分析、传递和表达泛在信息的多维地图承载，可以是影像图、全景图、三维模型、激光点云以及其他信息表达形式，为全息位置地图提供位置及位置相关泛在信息的自适应表达。从三大要素的作用可知，多维动态场景是构建全息位置地图的基础（Li，2008），而由于人类80%~90%的时间处于室内环境（Wallgrün，2005），室内环境的场景建模更加迫切和重要。

在室内空间场景建模研究中，CityGML（OGC，2008）、KML 2.2 of OGC（Wernecke，2008）、IFC（industrial foundation classes）of building SMART（Stefanakis et al.，2008）三个国际标准提供了建筑物组成部分几何表达、属性和可视化所需的数据模型，但缺少室内空间语义以及与室内空间相关联对象的信息表达（Khan et al.，2008）。面向室内导航应用的地理空间标准 indoorGML 侧重表达了室内空间的拓扑关系和简单的语义信息（Afyouni et al.，2012），如"包含""连通"等，但缺少空间语义属性以及"对面""楼上""楼下"等复杂空间语义关系的表达。随着室内空间逐渐变得更加庞大和复杂（Becker et al. 2009），已有数据模型对室内空间的语义划分无法满足室内空间精细表达的需求，需要更细粒度的室内空间语义划分（Geraerts，2010）。因此，已有室内空间场景建模难以作为位置与位置相关泛在信息的基础承载。

针对这些不足，本书提出面向全息位置地图的室内空间本体建模。充分利用CityGML 和 IndoorGML 已有成果，提出了一种新的室内空间语义划分，定义了室内空间的语义概念、概念属性以及概念之间的关系集合，并采用本体进行形式化表达。

2.2.1　全息位置地图室内空间语义划分

本节从功能和结构两个方面对建筑物室内空间进行语义划分，如图 2-13 所示。在空间功能层面，结合人们对室内空间的认知，将室内空间语义划分为四类：出入口、容器、连接、障碍物。

1.　出入口

出入口分为连接室内外出入口、连接室内出入口和虚拟门三种，如图 2-14 所示。连接室内外出入口指位于室内外过渡空间的节点对象，负责连接室内外空间，例如，建筑物的出入口和窗户；连接室内出入口指连接室内不同功能空间的节点对象，如房间的门、窗户等；虚拟门是人为设置的连接不同室内空间的虚拟节点，在现实世界不存在相应的建筑结构，例如，室内大厅中黄色分割线。

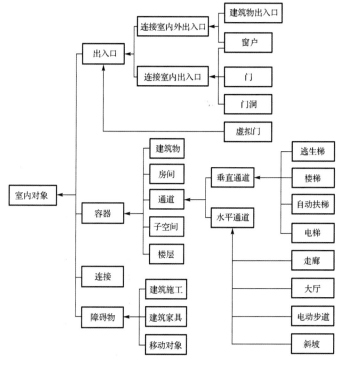

图 2-13 室内空间语义划分

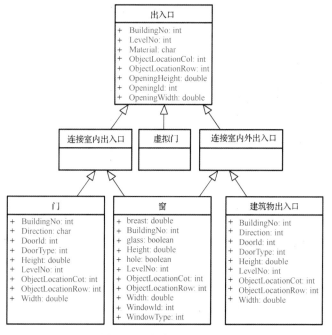

图 2-14 室内出入口组成

2. 容器

　　容器是室内的功能空间对象，主要功能是包含其他对象，包括建筑物、楼层、房间、通道和子空间五类，如图 2-15 所示。其中，建筑物是最大的容器，包含其他四类功能空间；房间是楼层中完全封闭的功能空间，属于楼层的一部分；子空间则是半封闭的功能空间，例如，学生机房的机位、办公室的隔间；通道则是完全开放的功能空间。按照空间延伸方向，通道可以分为水平通道和垂直通道。水平通道包括走廊、大厅、电动步道、斜坡；垂直通道跨越多个楼层，包括逃生梯、楼梯、自动扶梯和电梯。

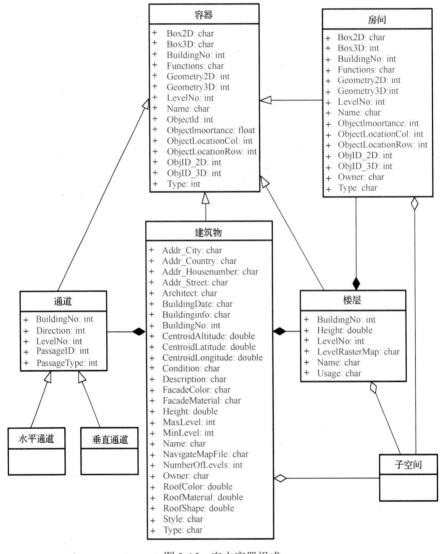

图 2-15　室内容器组成

3．连接

连接指两个室内空间之间的连通，例如，楼梯是两个楼层之间的连接，门是房间和走廊之间的连接。

4．障碍物

障碍物包括建筑家具、建筑施工和移动对象三类，如图 2-16 所示。障碍物语义主要应用于室内导航，是能够阻碍用户在室内通行的对象或者结构。对于不同的导航对象而言，同一对象既可能是障碍物，又可能是非障碍物，例如，室内建筑施工产生的"小沙堆"，对于身体健康的导航用户是可以跨越的非障碍物，但是腿脚不便的导航用户则是无法通行的障碍物，因此障碍物的定义需要结合具体的室内导航上下文，以便在路径规划时考虑是否需要避让。

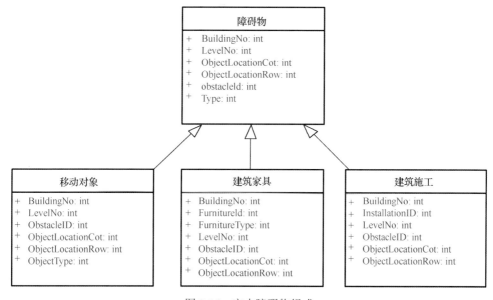

图 2-16　室内障碍物组成

2.2.2　全息位置地图室内空间本体建模

本体是在某个知识领域中明确规范的概念和关系的描述（Brown et al.，2013），考虑本体在语义和关系表达方面的优势，本节采用 OWL（web ontology language）对室内空间语义进行形式化表达，进而获取了一组室内空间本体概念集合。针对本节所提出的室内空间本体概念，设计了本体概念属性集合，包括室内空间的几何表达（矢量和栅格）、形状、材质、用途、权属等属性。例如，房间的属性有：房间的 ID（包括二维和三维）objID_2d 和 objID_3d、房间名称 name、房间所在的建筑物编号 buildingNo、房间所在的楼层编号 levelNo、房间的用途 usage、房间的权属信息 owner、房间的类型 type、房间标注点的栅格行号 objectLocationRow、房间标注点的栅格列号 objectLocationCol，如表 2-3 所示。

表2-3 室内空间对象本体的属性集合

属性名称	类型	说明
objID_2d	32 位无符号整数	室内对象在二维空间中的 ID
objID_3d	32 位无符号整数	室内对象在三维空间中的 ID
name	字符串	室内对象名称
objectType	8 位无符号整数	室内对象类型
levelNo	16 位有符号整数	楼层编号
buildingNo	32 位无符号整数	建筑物编号（可能是不同建筑物之间的连接体，也看作建筑物）
usage	字符串	该对象的用途
owner	字符串	权属信息
functions	字符串	用途
height	单精度浮点型	高度
width	单精度浮点型	宽度
levelRasterMap	字符串	楼层的栅格图，用字符串表示文件名
box2D	32 位无符号整数	二维几何对象 MBR
box3D	32 位无符号整数	三维几何对象 MBR
objectLocationRow	32 位无符号整数	标注点的栅格行号
objectLocationCol	32 位无符号整数	标注点的栅格列号
objectImoortance	8 位无符号整数	同一类对象的粒度（重要性），缺省为 0
2DGeometry	32 位无符号整数	二维几何对象——Geometry（点线面）
3DGeometry	32 位无符号整数	三维几何对象——3Dgeometry（体/组）
houseNumber	16 位有符号整数	空间对象所对应的房间号
doorDirection	8 位无符号整数	开门方向（出、入、出入、应急）
breast	单精度浮点型	窗户底部到地面的高度
hole	布尔值	窗户没装玻璃，只有洞
glass	布尔值	窗户已装玻璃
connectRelation	字符串	垂直通道楼层间的连接关系
stairwayDirection	8 位无符号整数	楼梯方向（上、下，上下）

在建筑物、地下等室内空间中，人们很难分清"东、南、西、北"的具体方位，因而方向关系在室内空间起到的作用有限。针对提出的室内空间语义划分，本节主要定义了室内空间概念的拓扑关系，包括相邻（adjacent）、垂直（vertical）、对面（opposite）、相交（intersect）和包含（contain）五种，如表 2-4 所示。在室内空间，相邻关系主要是房间、子空间和水平通道三种本体概念类及其子类之间的关系，例如，"202 房间"与"204 房间"相邻，"5 号机位"与"7 号机位"相邻。包含关系主要是容器概念及其子类的自我嵌套，以及容器概念与入口概念之间的关系，例如，"1 楼"包含"101 房间""102 房间"包含"3 号机位""203 房间"包含"4 号门"等。垂直关系是任意两个室内空间本体概念在垂直方向上的序列关系，包括楼上和楼下两种。例如，"202 房间"在"302 房间"楼下，"1 号大厅"楼上是"5 号会议

室"。对面关系主要描述房间、子空间、障碍物三类本体概念之间的关系，如"202 房间"在"203 房间"对面等。相交关系主要描述垂直通道与容器之间的关系，如"1 号楼梯"与"2 楼、3 楼"相交。

表 2-4　室内空间对象本体的空间关系

空间关系名称	描述
opposite	两个本体实例的空间结构与同一水平通道相连，且位于水平通道两侧，相互之间位于直观可视范围
vertical	两个本体实例位于不同的楼层空间，且在同一平面的几何投影相交
adjacent	两个本体实例空间结构位于同一楼层，并且几何上至少有一个公共边
contain	一个本体实例空间结构在另一个本体实例的空间结构内
Intersect	两个本体实例的空间结构存在交叉

2.3　全息位置地图场景概念模型

全息位置地图场景概念模型由三个层次组成：几何对象层、多尺度表达层和专题语义层，如图 2-17 所示。其中，多尺度表达层反映了各种应用需求中人类对三维地理空间对象的多个尺度的抽象和多种细节层次的理解，因此是整个集成表示模型的核心；三维空间几何对象模型作为几何层，完整地涵盖了三维空间中多个维度的几何对象的表达，是多尺度三维空间对象能够统一表示的基础；在几何与多尺度表达的基础上，基于开放地理空间信息联盟（OGC）标准模型 CityGML 扩展定义了建筑、道路、管线、地质等四种专题语义信息模型。通过将专题语义和空间对象的拓扑关系与三维对象直接映射，基于该数据模型能够实现各类空间语义和空间关系的查询，进而支持通用以及专业的空间分析应用。

全息位置地图隐含了一个空间尺度概念，实体对象类型涵盖从全局范围内的宏观区域目标一直到单个复杂实体最详细的三维内部结构组件的描述。同时，人类对现实世界的认识也是具有层次性的，空间对象在不同的认知尺度下会表现出不同的结构信息。例如，将多个部件所组成的建筑物理解成为一个建筑物对象，将一定空间范围内的多个建筑物理解为一个小区等。因此，现实世界中存在的地上、地下、室内、室外错综复杂的三维目标，其本身构成了自然意义上的空间语义层次关系，不同语义层次间意味着宏观上的尺度差异；此外，由于每个语义层次的地理实体对象不同，实体所对应的自然与人文属性、结构组成以及应用需求也各自不同，即针对同一层次的语义对象，其自身含有微观细节层次需求差别，可采用不同的数据格式（如结合 BIM/CAD 等建筑信息模型），表示为不同维度的抽象模型（如可以表现为零维点、一维线、二维面、三维体、四维动态行为模型等）。由于空间对象模型由几何和纹理所组成，在空间尺度增加，模型分辨率与重要性下降的过程中，几何和纹理都需要根据需求降低其信息量，这就需要模型具有多个几何细节层次和纹理细节层次。

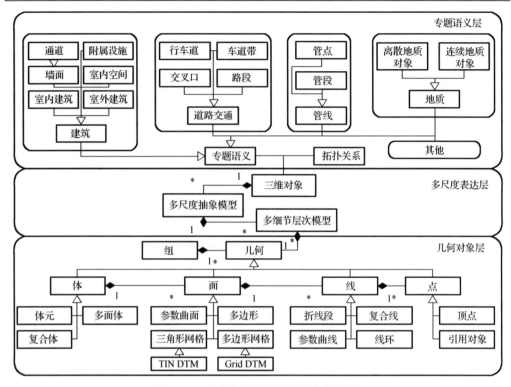

图 2-17　全息位置地图场景概念模型图

　　地上地下三维空间实体的多尺度表达具体描述为两个层次：宏观尺度语义，即地上与地下、室内与室外目标的统一表示；组件/部件层次语义，即物理结构层次。详细说明如下。

2.3.1　宏观尺度语义：地上与地下、室内与室外目标的统一表示

　　2.5D 地表层次：面向完整的 2.5D 地表空间管理，从水平空间层次上确保合理的空间划分与区域识别，主要包括表达地形起伏的数字高程模型（DEM）和各种地块表面区域划分。

　　地上、地下立体层次：基本的立体层次描述三维空间，如地上与地下建筑的三维立体划分，包含地上建筑、地下设施与地质体等，主要用于地理实体在二维抽象表示中产生地上下交叠问题的解决，满足三维立体空间层面的实体精确表达与分析需求。

　　3D 内部空间层次：为精细分析与表达建筑内部、交通设施等的精细结构以及地质体的复杂内部特征，基于语义层面进一步详细划分相关专题的内部空间层次，从而建立完整的三维内部空间表示。

2.3.2　组件/部件层次语义：物理结构层次

从语义层次角度出发，现实世界实体由其特征标识，如建筑、墙、窗户或房间等，特征与组件之间的关系可以通过语义层次来表达，而弱化考虑几何层次。通过语义与几何的一致性建模，如建筑的外墙包含语义层面上的两个窗户和一扇门，指导并约束外墙的几何表达包含窗户和门的相应几何表达部分。

此外，如建筑层内部由多个房间组成，房间有其自己的几何表达且包含内部的内墙、地板、天花板等结构组件，类似的建筑内部结构表达的空间分析对象，是对建筑内部组件的进一步划分与分析，可用于三维房产空间分析、动态变化表达需求。该层次将直接服务于三维内部空间的未来应用如三维空间分析以及动态变化操作等。

2.3.3　多尺度表示模型数据模型

在不同的语境下，三维对象可根据对地理空间的抽象建立多种维度的表达。其中多个维度的地物均可转化为多面体对象和由多个多面体聚合的复杂多面体对象进行表达，线状地物可直接利用线对象进行表达。其中多面体对象以及复杂多面体对象和线对象均可包含其多个细节层次的模型，对于包含纹理数据的多面体对象还可包含其多个分辨率的纹理，如图 2-18 所示。该多尺度模型数据结构一方面可以满足各类应用中对空间对象的多个尺度的表达，另一方面可以支持在可视化应用中对合适的对象表达的调用，降低对象信息以及对象空间关系的冗余，从而提高空间分析应用的性能以及空间认知的效率。

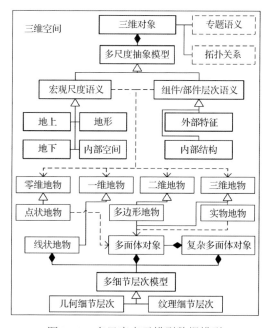

图 2-18　多尺度表示模型数据模型

2.3.4　三维空间几何对象模型

1. 几何对象模型说明

根据多尺度模型对整个三维空间中对象的抽象，设计基本的几何对象如下。

点类：包括多种类型的顶点，例如，表达空间位置的点、表达空间位置以及材质等属性的点；也可以表达抽象意义上的点对象，通过关联注记、CAD 或 BIM 等外部格式的形式引入特定格式的数据。

线类：由顶点索引构成，包括几何模型中的边以及抽象意义上的面对象。泛化为折线、线环、参数化曲线和组合线四类，折线和参数化曲线可以表达具体的边和线状要素，通过线宽属性可以表达管线段；线环为封闭的折线，用于表达空间中有限平面的边界；组合线对象可以表达一组线对象的集合。

面类：由顶点所构成的边界组成，可表示几何模型中的面以及抽象意义上的面对象，泛化为平面多边形/三角形、多边形/三角形网格、参数曲面和组合面等类。平面多边形/三角形主要作为基本图元或者二维面要素；多边形/三角形网格可以用来表达地形和封闭的实体对象表面；参数曲面用来表达隐式表达的空间曲面；组合面可以表达一组面对象的集合。

体类：泛化为体元、实体和组合体三大类。体元可以进一步泛化出四面体、立方体和三棱柱等基本体元类型，用于表达离散三维实体对象；实体表达三维空间中由面构成封闭的区域，基于组合面可以表达复杂的几何实体；组合体可以表达一组体对象的集合。

由于三维空间对象常常由多个子几何对象集合而成，所以设计聚合对象组对象如下。

组类：实现了相关层面的每个原始类型的递归聚合模式。这种聚合模式允许嵌套聚合的定义。例如，一个建筑几何（组合实体）可以由房屋几何（组合实体）和车库几何（实体）组成，其中房屋几何可以进一步分解为屋顶几何（实体）和房屋主体几何（实体）。

在基本几何对象的基础上，为了实现统一高效的可视化应用，设计了灵活的几何对象转换关系。

多边形网格与三角形网格：实现多边形以及多边形网格与三角形网格之间的互相转换，支持根据应用需要对两种基本图元的优化选择。

离散实体与实体：实现离散实体和由连续网格模型构成的实体之间的互相转换，支持对实体数据的高效绘制和分析应用。

线与点：实现连续的空间线对象与离散点集的转换，支持线状抽象地物和点状抽象地物的表达的转换。

2. 几何对象数据模型

为了保证几何对象模型的统一性，几何对象均派生自抽象的 C3DGeometry 类。C3DGroup 为多个几何对象所组成的几何对象类，由 C3DGeometry 聚合而成。其余的几何对象均相应派生于：点类 C3DPoint、线类 C3DCurve、面类 C3DSurface 和体类 C3DVolume，如图 2-19 所示。

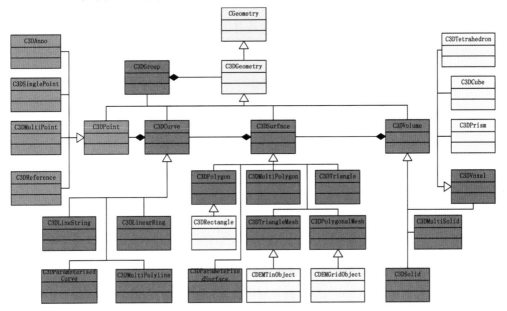

图 2-19　几何对象模型数据模型

2.3.5　三维空间数据拓扑、语义集成表示模型

1. 拓扑语义关系的描述说明

地上地下、室内室外的三维空间目标具有丰富的语义信息以及语义关系，是三维 GIS 区别于常规二维 GIS 的最重要的特性之一。三维空间实体间的连通关系、邻接关系、包含关系等拓扑关系也是三维 GIS 必须表达的内容。我们在专题语义信息模型的基础上，通过对语义关系和拓扑关系的进一步抽象表达，建立了地上地下三维空间实体的语义与拓扑关系模型，表达三维空间实体间复杂的语义关系和拓扑关系。

通过对三维空间实体语义与拓扑关系的归纳与抽象，将语义与拓扑关系模型归纳为以下几个基本关系类型。

（1）组成关系。三维空间实体之间的组成关系是指一个三维空间实体由若干个三维空间实体组成，属于语义关系描述。例如，一个房间由一个门、若干个窗、若干面墙等组成。

（2）连通关系。三维空间实体之间的连通关系是指三维空间实体间可以组成连通的网络，连通网络可以不指定方向，也可以指定明确的方向。例如，建筑室内可以建立连通的网络以进行应急寻径的应用，但连通网络没有固定的方向，流通介质（行人或传输的资源）可以自行决定方向、速度和目的地；而管线建立的连通网络，介质（水流、电流等）会根据网络本身的规则在网络中进行流动。

（3）邻接关系。三维空间实体之间的邻接关系是指一个三维空间实体与其他三维空间实体是相邻连接的。例如，地层之间具有邻接关系。

（4）包含关系。三维空间实体之间的包含关系是指一个三维空间实体内部包含其他的三维空间实体。例如，一个房间中包含桌子、椅子等；地层体包含多个透镜体等。

（5）关联关系。三维空间实体之间的关联关系是指一个三维空间实体与其他三维空间实体具有一定的关联关系，如地层体与地层界面之间具有关联关系。

（6）相交关系。三维空间实体之间的相交关系是一个三维空间实体与其他三维空间实体相互交叉的。如地层与矿体之间存在相交的关系，以及在隧道开挖时，隧道要穿过地层，隧道与地层体是相交的。

2. 拓扑、语义集成表示框架

为了灵活而又高效地处理空间要素的拓扑、语义，提出图 2-20 所示的框架，对拓扑和语义关系进行抽象：利用上面六种基本关系对专题模型进行定义，支持其自定义扩展；在拓扑、语义和地物模型的几何之间建立映射关系。这样一方面可以根据应用需求灵活选择不同的专题拓扑、语义模型组合；另一方面可以支持专题模型的扩展以满足未来的应用需求。

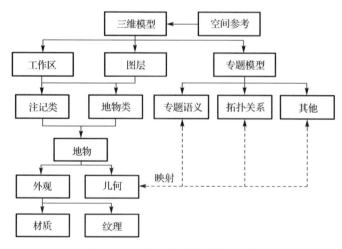

图 2-20　拓扑、语义集成表示框架

2.3.6　三维空间对象的建筑专题语义信息模型

1. 多层次三维建筑模型

随着城市建设向空中和地下不断延伸，形态各异的建筑物日益呈现出立体化（地上、地下空间）、精细化（内部空间复杂）、高动态（日新月异）特征，三维 GIS 及其他领域应用所关注的焦点从整体、宏观、抽象正在逐步转到室内局部、微观、细致，并呈现出室内外一体化的发展趋势。针对日渐增多的地上、地下、室内、室外的三维复杂建筑物实体的三维表示，充分结合建筑物抽象特征和空间三维精确表达，建立了顾及语义、拓扑和几何的多层次三维建筑模型。多层次三维建筑模型设计如图 2-21 所示。

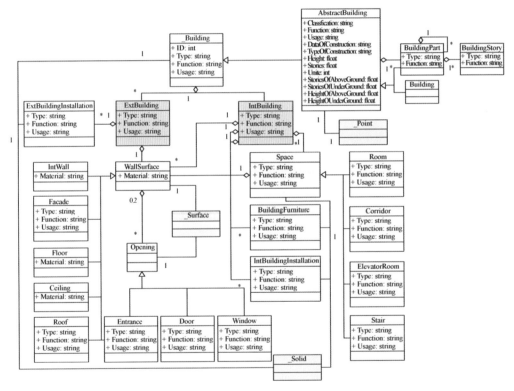

图 2-21　多层次三维建筑模型设计

2. 语义层面

建筑模型分为三层语义结构，主要使用"位于"和"部分-组成"语义关系来表达建筑的内部逻辑构成。其中，以_Building 和 AbstractBuilding 为顶级语义层次，其中以"位于"关系表达建筑的地理特征，如坐标、地址和建筑与地块之间的关系；对于多功能的综合建筑，需要体现内部结构与空间分布来明晰建筑构造，以"部分-组成"语义关系来表达建筑内部空间的逻辑组成。图 2-21 中 AbstractBuilding 由 BuidingPart（描述垂直空间分割）构成，BuidingPart 又可以由 BuidingPart 和 BuidingStory（描述水平空间分割）构成；在第三个层面上，建筑外部空间分别由 Facade（外墙面）、Roof（屋顶）、Floor（底面）和 ExtBuildingInstallation（外部实体）组成，其中，外部实体主要包含烟囱、阳台挑廊、外部楼梯（电梯）等。

3. 拓扑层面

除了表达建筑内外空间和实体的"所属关系"，建筑内部空间之间具有明确的纽带作用，表现为空间的拓扑关系。如图 2-21 所示，建筑物的内部空间如走廊、楼梯、电梯、出入口等，以抽象的 Entrance（入口）进行连接；而房间与其他空间之间则以 Door（门）和 Window（窗）进行连接。由此，各个内部空间的连接关系可以清晰地表示为一个三维网络，进而支持应急响应中的室内外一体化寻径。

4. 几何层面

用于实现建筑单元的几何表达、空间分析以及内部空间的几何语义表达，包含四种对象要素：点对象、面对象、实体对象和组对象。点对象除具备基本的点特征，与建筑信息模型和注记模型进行关联集成，辅以语义信息实现多层次复杂三维建筑对象的一体化表示。面对象由组合面、三角面、纹理面以及规则矩形面共同泛化而来，最重要的特征为组合面的引入与表达，同时组合面也是构成实体对象的基本元素，如对建筑内部的层、户空间的表达。组对象主要表现为多个对象的聚类关联，如空间上离散的多个房间（或层）通过组合为一个组对象归属为同一部分（裙楼、塔楼等），从而保证建筑语义层级的完整性与唯一性。

2.4 语义位置模型

位置模型表达了现实世界静态（如建筑物、道路）和移动对象（如行人、车辆）的位置、距离、方位、拓扑等信息，通过位置模型可获取物理世界丰富的位置语义并使得位置知识变得可以理解。现有位置模型分为几何位置模型、符号位置模型和语义位置模型三类。几何位置模型是采用空间坐标元组表达位置信息，能够方便准确地定位位置和进行空间计算，但是在空间关系表达和与人交互方面存在局限性；符号位置是采用文字或符号表达位置信息，侧重于表达位置的地理特征，且易于人类交流与理解，但是无法表示不确定的位置；语义位置则是在地理位置的基础上，进一步考虑了位置属性、位置关系等的语义位置表达。相比几何位置与符号位置，语义位置提供的位置语义更加丰富完整，而位置的语义特征是位置服务的关键（周成虎等，2011），对于智能化位置服务而言，语义位置更能满足人们不断增长的位置信息服务需求。

多源位置数据具有描述格式差异、空间基准多样、语义异构的特点，能够从不同角度反映位置不同层次的语义特征，以武汉大学所在位置为例，存在"北纬 30°32′07″，东经 114°21′08″""武汉大学"和"湖北省武汉市珞喻路 129 号"三种不同描述形式的位置数据，其中，前者描述了位置的空间特征，而后两者则描述了位置的地理特征，且反映的位置尺度特征比前者更大。然而，现有位置模型无法满足多源位置数据的表达需求，主要表现：①现有位置描述方法主要面向简单位置数据进行建模，描述位置的概念元素有限，部分新型位置数据（IP 地址、室内位置、电话号码等）缺少相应的描述概念和方法；②现有位置描述方法只能表达有限的位置语义，无法完整表达多源位置数据蕴涵的丰富位置语义（如尺度语义、移动语义）。本节针对多源位置数据的描述特点及其蕴涵的位置语义，提出了全息位置地图语义位置模型，旨在采用适合人类认知理解和机器计算的方式对位置的多种特征进行多样化描述，以满足多样化的机器计算需求以及适应不同人的认知能力和对空间场景的熟悉程度和表达习惯的差异。全息位置地图语义位置模型（PLM_LocationModel）包括位置描述（PLM_LocationDescription）和位置语义（PLM_LocationSemantic）两部分。PLM_ LocationDescription 负责建立位置描述框架，提供多种形式的位置描述方法；PLM_LocationSemantic 定义位置关联、位置融合与位置估算所需的位置语义特征，这些特征是从不同形式的 PLM_LocationDescription 数据中计算推理得到。

2.4.1 位置描述

在地理信息科学领域，存在多种能够表达与共享地理空间信息的标记语言，如地理标记语言 GML、锁眼标记语言 KML 等，这些标记语言主要面向结构化的地理信息描述、表达和保存，具有较好的兼容性。位置是一种比较特殊的地理空间信息，已有的标记语言只能表达位置的基本信息，如几何坐标或者地理命名实体，且描述位置的样式有限。在基于位置认知的多源位置描述分类基础上，本节从多源位置数据中提取了不同位置表达所需的概念元素，并对所有概念进行语义层次的归类与合并，建立了多源位置信息描述模型。

位置描述（PLM_LocationDescription）旨在对位置的多种特征采用易于人类认知理解和机器计算的方式提供多样化的描述方法，以满足多样化的机器计算需求（包括不同的空间基准、数据结构等）和人类理解需求（包括不同的认知能力、表达习惯和空间场景熟悉程度等）。构成位置描述的具体内容来自于全息位置地图场景模型（PSM_SceneModel）中多尺度时空对象和事件所记录的与位置有关的数据，例如，地理实体的地理坐标、名称、地址、网址等。例如，武汉大学的位置可以采用"（30.234°N，114.132°E）""武汉大学""湖北省武汉市武昌区珞喻路 129 号"等表达。位置描述分为绝对位置描述（PLM_AbsoluteLocationDescription）和相对位置描述（PLM_Relative
LocationDescription）两种类型（图 2-22）。

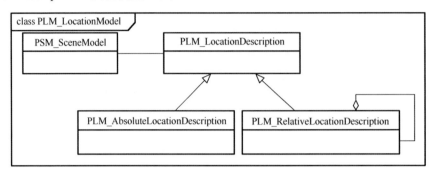

图 2-22　全息位置地图位置描述

1. 绝对位置描述

绝对位置描述（PLM_AbsoluteLocationDescription）定义为采用几何或语义方式直
接表达目标对象所在地理空间及其含义的位置描述方式（图 2-23）。属性项 locatedTime
记录目标位置的时间特征，可以是生命周期、时间戳或者时间序列，通过场景模型的
PSM_LifeTime 定义。根据描述内容的不同，绝对位置描述细分为几何位置表达和语义
位置表达两类。一个目标对象的绝对位置至多采用一个几何位置表达（PLM_Geometric-
LocationRepresentation）描述位置所占空间范围，但可以采用多个语义位置表达（PLM_
SemanticLocationRepresentation）描述位置的不同含义。

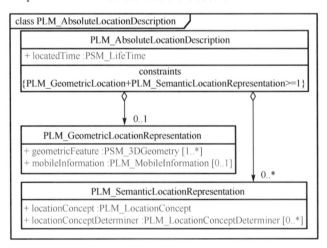

图 2-23　绝对位置描述

以位置"武汉测绘科技大学"为例，目标位置仅有唯一的多边形覆盖（几何位置
表达）表示所占空间范围，但是具有"武汉大学信息学部""测绘高等教育基地""全

国大学英语等级考试武汉大学考点"等多种语义描述（语义位置表达）表示位置的不同含义。

1）几何位置表达

几何位置表达（PLM_GeometricLocationRepresentation）采用一定空间参考系下的有序坐标元组精确表达位置所在空间（图 2-24），以便于机器计算。PLM_Geometric LocationRepresentation 包括 geometricFeature 和 mobileInformation 两个属性。

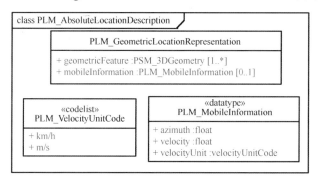

图 2-24　几何位置表达

geometricFeature 属性记录位置空间范围的坐标元组及空间参考系，在几何特征上表现为点、线、面、体以及复合要素，通过场景模型中的 PSM_3DGeometry 概念定义。每个几何位置表达都包含一个空间参考系，常用的空间参考系统包括地理坐标系、笛卡儿坐标系、网格坐标系、线性坐标系等。根据参考系统的不同，坐标元组可以是栅格坐标和矢量坐标两种。

mobileInformation 属性记录移动地理实体当前所在位置的移动特征，通过 PLM_MobileInformation 概念定义。PLM_MobileInformation 包括 velocity、velocityUnit 和 azimuth 三个描述属性。velocity 属性描述移动对象当前所在位置的瞬时速度，采用浮点数进行表示；velocityUnit 属性描述度量速度快慢的单位，如"m/s"和"km/h"，通过 PLM_VelocityUnitCode 类进行枚举，支持扩展；azimuth 属性描述移动对象当前所在位置的瞬时方位，一般以正北作为参考方向。mobileInformation 属性仅在描述移动地理实体的绝对位置时使用。

示例：Location=[114°17′49.48″E, 30°32′41.41″N, 43m, 0.001°, WGS84]，描述了WGS84 空间参考系下的一个点位置的经纬坐标及其精度。

2）语义位置表达

几何位置表达采用数值坐标元组描述目标位置，人类难以形成具体位置的空间认知。语义位置表达（PLM_SemanticLocationRepresentation）采用具有位置意义的文字或符号描述特定场景下空间位置的特征和含义，更易于人类认知、理解与交流（图 2-25）。

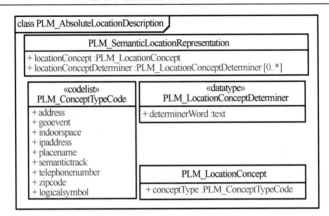

图 2-25　语义位置表达

示例："武汉市珞喻路 129 号""黄鹤楼""430079"，这些文字或符号表示的位置都能够在现实空间获取对应的地理空间范围。

语义位置表达的认知和理解与位置内容和位置交流的双方有关。如果信息接收方不了解位置信息描述的特定场景特征，则无法获取和正确理解位置的语义。例如，如果接收方不了解某个地名描述的地理区域所在地，那么就无法获取该地名传递的位置信息；如果接收方不了解某个建筑物的具体位置和内部空间结构，则无法准确定位其内房间号的实际位置。PLM_SemanticLocationRepresentation 包括 locationConcept 和 locationConceptDeterminer 两个属性。

（1）PLM_LocationConcept。

locationConcept 定义文本或者符号表达的位置概念，用于描述空间位置在该场景中的特征或含义，通过 PLM_LocationConcept 概念进行定义。PLM_LocationConcept 具有唯一的属性 conceptType 定义位置概念类型，通过 PLM_ConceptTypeCode 进行枚举，包括地名（placename）、地址（address）、邮政编码（zipcode）、室内空间（indoorspace）、电话号码（telephonenumber）、地理事件（geoevent）、IP 地址（ipaddress）、语义轨迹（semantictrack）和逻辑符号（logicalsymbol）八种类型。因此，PLM_LocationConcept 包括八个子类，分别表示八种类型的位置概念，如图 2-26 所示。

（2）PLM_PlaceName。

PLM_PlaceName 定义地名概念，描述在共同理解的地名系统下人们对特定自然或人文地理实体的认知。PLM_PlaceName 包括 placenameVocabulary 和 placenameType 两个属性。placenameVocabulary 记录地理实体的名称，如"武汉大学"，用于表示有具体名称的地理实体；placenameType 记录地理实体的要素类型，如"水体""酒店"，用于表示无具体名称的地理实体。在定义 PLM_PlaceName 时，至少需要定义 placenameType 属性和 placenameVocabulary 属性中的一项。

示例："武汉大学""珞珈山""广八路"表示地名类型的位置信息。

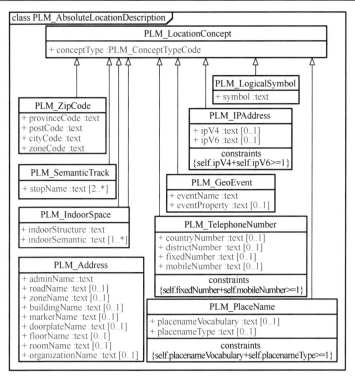

图 2-26　位置概念

（3）PLM_Address。

PLM_Address 定义地址概念，描述人们对特定地理区域通信功能的认知，是一种结构化描述的位置概念。PLM_Address 包括 adminName、roadName、zoneName、buildingName、doorplateName、markerName、floorName、roomName 和 corpName 九个属性。adminName 记录行政区域名，如"湖北省武汉市"；roadName 记录街巷名，如"珞南街"；zoneName 记录小区名，如"广埠屯社区"；buildingName 记录建筑物楼牌，如"B 座"；doorplateName 记录建筑物门牌号，如"158 号"；markerName 记录标志物名称，如"华中数码城"；floorName 记录楼层号，如"4 楼"；roomName 记录房间号，如"4012"；corpName 记录组织机构名，如"新胜科技"。其中 adminName 是必需项，其他八个属性都是可选项，这些属性相互组合能够形成不同层次、不同类型的地址，详细的组合方式可以参见表 2-1。

示例："湖北省武汉市武昌区八一路 299 号""武汉市洪山区广埠屯珞喻路 205 号洪山商场 B1 楼"表示地址类型的位置信息。

（4）PLM_ZipCode。

PLM_ZipCode 定义邮政编码概念，描述人们对特定地理区域通信功能的认知，是一种数字编码类型的位置概念。PLM_ZipCode 包括 provCode、postCode、cityCode 和

zoneCode 四种属性，provCode 记录省级行政区划编码，采用 2 位数字表达，如"52"表示省级行政区"广东省"；postCode 记录行政区划下的邮区编码，采用 1 位数字表达，如"9"表示邮区"江门"；cityCode 记录市县级行政区划编码，采用 1 位数字表达，如"0"表示"市"；zoneCode 记录市县行政区划中的投递区编码，如"00"表示投递区"蓬江区"。因此，PLM_ZipCode 定义了一个四级六位制编码表示一个位置，如"529000"表示广东省江门市蓬江区投递区。

示例："430072""430079"表示邮政编码类型的位置信息。

（5）PLM_TelephoneNumber。

PLM_TelephoneNumber 定义电话号码概念，描述人们对特定地理区域通信功能的认知，是一种数字、字母组合类型的位置概念。PLM_TelephoneNumber 包括 countryNumber、districtNumber、fixedNumber 和 mobileNumber 四种属性，countryNumber 记录国家区号，通常由字母或数字组成，如"+86"表示"中国"；districtNumber 记录地区号，采用 1～3 位数字表达，如"027"表示"武汉市"；fixedNumber 记录本地固定号码，采用 7～8 位数字表达，如"87622254"；mobileNumber 记录本地移动号码，采用 11 位数字表达，如"13485742342"。使用 PLM_TelephoneNumber 定义一个电话号码时，固定号码属性或者移动号码属性至少需要描述一项。

示例："027-68752602"表示电话号码类型的位置信息。

（6）PLM_IndoorSpace。

PLM_IndoorSpace 定义室内空间概念，描述在共同理解的室内场景下人们对特定室内空间区域特征和功能的认知，是对室外空间"地名概念"的延续和补充。室内空间主要通过建筑物空间结构划分为不同空间区域，如房间、走廊、楼梯灯，而且随着建筑物类型和应用场景的不同，这些空间结构具有多种形式功能语义，例如，房间结构可以是会议室、办公室或洗手间。因此，PLM_IndoorSpace 包含 indoorStructure 和 indoorSemantic 两个属性，indoorStructure 记录建筑物室内空间结构，如"走廊""房间"等；indoorSemantic 记录室内空间结构具有的功能语义，如"会议室""培训中心"等。使用 PLM_IndoorSpace 定义一个室内位置时，只能定义一个 indoorStructure 属性值表示空间结构，但可以定义多个 indoorSemantic 属性值表示空间结构具有的不同语义。

示例："1 号教学楼传达室""富华大厦 3 号会议室"表示室内空间类型的位置信息。

（7）PLM_GeoEvent。

PLM_GeoEvent 定义地理事件概念，描述人们对于发生在特定时间和空间中的自然或者人文活动的认知。地理事件中的活动并非直接描述位置，但是固有的时空印记使得地理事件可以指示事件发生的地理区域。PLM_GeoEvent 包含 eventName 和 eventProperty 两个属性，eventName 记录发生事件的名称，如"9·11 事件"；eventProperty 记录与空间相关的事件属性，指示更加精确的事件发生区域，如地震事件的"震中""受灾区"等。

示例："武汉大学 120 周年校庆开幕地点"表示地理事件类型的位置信息。

（8）PLM_IPAddress。

PLM_IPAddress 定义 IP 地址概念，描述了人们在虚拟网络空间中进行活动所在区域的认知，属于虚拟空间的位置概念。PLM_IPAddress 包括 IPv4 和 IPv6 两个属性，IPv4 记录 32 位长度的 IP 地址，IPv6 记录 128 位长度的 IP 地址。使用 PLM_IPAddress 定义 IP 地址时，IPv4 属性和 IPv6 属性至少需要定义一个。

示例："202.114.13.58""2001:0DB8:0000:0000:0000:0000:1428:0000"表示 IP 地址类型的位置信息。

（9）PLM_SemanticTrack。

PLM_SemanticTrack 定义语义轨迹概念，描述人们对移动对象随时间变化留下的地理空间印记的认知。PLM_SemanticTrack 具有唯一属性 stopName，记录移动对象运动轨迹中的停留点位置名称。使用 PLM_SemanticTrack 表示移动对象语义轨迹时，至少需要定义 2 个 stopName 属性值表示轨迹的起点和终点。

示例："北京、武汉、长沙、广州"表示语义轨迹类型的位置信息。

（10）PLM_LogicalSymbol。

PLM_LogicalSymbol 定义逻辑符号概念，描述一定地理空间区域的逻辑映射，如基站 Cell-ID 映射基站信号覆盖的地理区域。PLM_LogicalSymbol 具有唯一属性 symbol，记录位置符号内容。

示例：基站定位结果"cell-245"即是一种逻辑符号类型的位置。

在语义位置表达中，使用一定数量限定词约束位置概念的部分属性，能够表达更加精确的位置。PLM_SemanticLocationRepresentation 的 locationConceptDeterminer 属性即是记录对位置概念起特指、类指以及表示确定数量和非确定数量等限定作用的词汇。locationConceptDeterminer 属性通过 PLM_LocationConceptDeterminer 概念进行定义，一个位置概念可以拥有多个限定词约束不同属性。

示例："30 年前的武汉大学"中的"30 年前"限定了位置概念"武汉大学"的时间属性；"五星级酒店"中的"五星级"限定位置概念"酒店"的等级属性；"中山公园在一排红色房子后面"中"一排"和"红色"限定了位置概念"房子"的确切数量和颜色属性。

2. 相对位置描述

在缺少或者无法直接使用位置概念直接描述目标地物位置时，借助于一个参考地物的位置及其与目标地物之间的空间关系来间接地确定目标地物位置，称为相对位置描述（PLM_RelativeLocationDescription）。例如，位置描述"华中师范大学对面"表示目标地物位置与参考地物"武汉大学"位置是"对面"空间关系。PLM_RelativeLocation-Description 包括 referenceLocation 和 spatialRelation 两个属性，如图 2-27 所示。

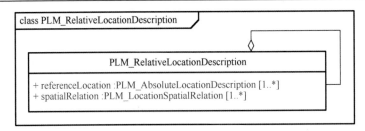

图 2-27　相对位置描述

referenceLocation 属性记录采用绝对方式描述的参考地物位置信息，通过 PLM_AbsoluteLocationDescription 概念定义。在一个相对位置描述中，作为参考地物的地理实体可能是 1 个或者多个，因此 referenceLocation 属性至少具有一个描述值。

示例："武汉中央文化区位于东湖和沙湖之间"中，目标地物"武汉中央文化区"位置通过两个参考地物"东湖"和"沙湖"确定。

spatialRelation 属性定义参考地物位置与目标地物位置之间的空间关系，通过 PLM_LocationSpatialRelation 定义。在一个相对位置描述中，目标地物与参考地物的空间关系可能是 1 个或者多个。例如，语句"武汉大学以北 5 公里"中，参考地物为"武汉大学"，目标地物与"武汉大学"的空间关系为方向关系（"北"）和距离关系（"5 公里"）；位置描述"Location=[114.234°E，30.461°N，43m，0.001°，WGS84，6km，N25E]"中，参考地物为 WGS84 坐标系下的经纬点（114.234°E，30.461°N，43m），目标地物与参考地物的空间关系为方向关系"25°"和距离关系"6km"。

单个相对位置描述语句往往无法提供目标地物的准确定位，如语句"武汉大学附近 100m"，只能获取"环形"的可能区域。PLM_RelativeLocationDescription 可以通过自身嵌套构成复杂的相对位置描述，能够提供更加精确的目标位置定位，即一个目标地物的位置通过若干个 PLM_RelativeLocationDescription 进行表示。

示例："武汉大学位于华中师范大学对面，邻近武汉电脑大世界，毗邻东湖"中，目标地物为"武汉大学"，其位置通过三个子相对位置描述确定，包括"华中师范大学对面""邻近武汉电脑大世界"和"毗邻东湖"。

3. 位置空间关系

位置空间关系（PLM_LocationSpatialRelation）采用定性或定量的方式描述目标地物位置相对于参考地物位置的空间分布。如图 2-28 所示，PLM_LocationSpatialRelation 包括 spatialRelationVocabulary 和 spatialRelationType 两个属性。spatialRelationVocabulary 属性记录定性描述空间关系的术语，spatialRelationType 属性记录位置空间关系的类型，通过 PLM_SpatialRelationTypeCode 进行定义，包括位置度量关系、位置方位关系、位置拓扑关系、位置顺序关系、特殊空间关系和路径关系六大类共 16 种子类型，并支持扩展。

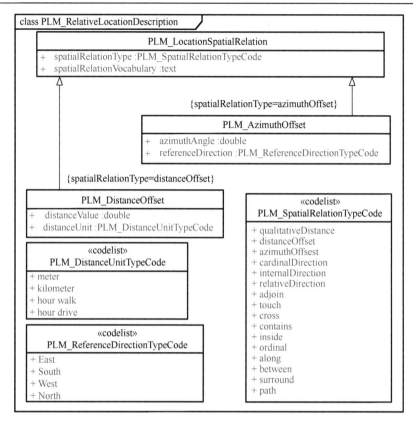

图 2-28　位置空间关系

1）位置度量关系

位置度量关系描述一定空间参考系统中目标地物位置与参考地物位置的远近程度，包括定性距离关系（qualitativeDistance）和距离偏移（distanceOffset）两种类型。

（1）定性距离关系。

定性距离关系采用定性距离术语描述位置之间的远近程度，如"近""不远"等，是度量关系的定性表达。定性距离的表达依赖于一定的距离参考系统，基于距离参考系统人们能够从空间认知上判断目标位置与参考位置的远近程度。典型的距离参考系统划分为两级，即"远"和"近"，但是人们很少使用"远"形容位置之间的距离关系。

示例："武汉大学距离群光广场很近"，表示目标地物"武汉大学"与参考地物"群光广场"之间的位置关系是定性距离"很近"。

（2）距离偏移。

距离偏移采用精确或者近似的距离值以及距离单位表达位置之间的距离关系，如"30m""半小时车程"等，是度量关系的半定量表达或定量表达。当 PLM_Spatial

RelationTypeCode 取值 distanceOffset 时，采用 PLM_DistanceOffset 概念定义位置之间的距离偏移关系。

PLM_DistanceOffset 包括 distanceUnit 和 distanceValue 两个属性，distanceValue 记录距离测量值，distanceUnit 记录距离度量单位。其中距离度量单位可以使用长度单位，如"米（meter）""千米（kilometer）"等，也可以使用时间单位，如"小时路程（hour walk）""小时车程（hour drive）"等，distanceUnit 属性通过 PLM_DistanceUnit TypeCode 概念进行枚举和扩展。

位置之间的距离偏移度量依赖于具体的空间参考系统，在笛卡儿坐标系中，距离偏移采用欧氏距离计算；在线性坐标系中，距离偏移采用线性距离计算；在地心坐标系中，距离偏移采用球面距离计算；在网格坐标系中，距离偏移采用棋盘距离计算。

示例："武汉大学距离鲁巷广场约 4km"，表示目标地物"武汉大学"与参考地物"鲁巷广场"之间距离偏移"4km"。

2）位置方位关系

位置方位关系描述一定方向参考框架下目标地物位置与参考地物位置的相对角度，其中，方向参考框架分为内部参考框架、外部参考框架和观测参考框架，或者绝对参考框架和相对参考框架。依据相对角度的表达方式划分，方位关系包括方位偏移（azimuthOffset）、主方位关系（cardinalDirection）、内方位关系（internalDirection）和相对方位关系（relativeDirection）四种类型。

（1）方位偏移。

方位偏移采用数值描述目标地物位置与参考地物位置相对于某一参考方向的角度偏移，是绝对参考框架下的方位关系定量表达。当 PLM_SpatialRelationTypeCode 取值 azimuthOffset 时，采用 PLM_AzimuthOffset 概念定义位置之间的方位偏移。

PLM_AzimuthOffset 包括 azimuthAngle 和 referenceDirection 两个属性。azimuthAngle 记录以参考方向为基准，目标地物位置相对参考地物位置的偏转角；referenceDirection 记录参考方向的指向，通过 PLM_ReferenceDirectionTypeCode 概念进行枚举和扩展，一般地选择正北方向作为参考方向。

示例："A 岛在 B 岛北偏东 30°方向"，以正北作为参考方向，目标地物"B 岛"位置相对参考地物"A 岛"位置方位偏移"30°"角。

（2）主、内方位关系。

主方位关系和内方位关系均属于绝对方位关系，是以整个地球作为外部参考框架，定性地描述位置之间的相对角度，如"东""南""西""北"等。两种绝对方位关系的区别在于：目标地物处于参考地物外部的方位关系，称为主方位关系，如"长江以北""淮河以南"；目标地物处于参考地物内部的方位关系，称为内方位关系，如"中国东部""武汉大学东南角"等。

（3）相对方位关系。

相对方位关系是在内部参考框架或者观测参考框架下，定性地描述位置之间的相对角度，如"前""后""左""右"等。一般地，相对方位关系描述以参考地物作为内部参考框架或者观测参考框架描述位置之间相对方位关系，如位置描述"电脑大世界在武汉大学左边"，参考地物"武汉大学"作为参照。除参考地物，背景地物能够作为观测参考框架描述位置之间的相对方位关系，如位置描述"武汉大学往武商量贩方向"，背景地物"武商量贩"作为参照。

3）位置拓扑关系

在拓扑关系形式化模型中，拓扑关系的种类非常多，例如，RCC8 模型区分 8 种基本面-面拓扑关系；9 交模型描述了 8 种简单面-面关系、33 种简单线-线关系和 19 种点-线关系。然而，部分类型在表达位置拓扑关系时很少被使用，例如，"不在……内"很少用于描述一个目标地物的位置，而相离关系往往通过距离关系、方向关系或者距离方向组合进行精化描述。位置拓扑关系主要包括相邻（adjacent）关系、相接（touch）关系、相交（cross）关系、包含（contain）关系和包含于（inside）关系五种类型。

（1）相邻关系。相邻关系描述目标地物在空间上分布于参考地物位置一定距离范围的邻域内。如位置描述"武汉大学靠近东湖"，目标地物"武汉大学"位置与参考地物"东湖"位置是相邻关系"靠近"。

（2）相接关系。相接关系描述目标地物位置在空间上与参考地物位置具有公共边界且不重叠。如位置描述"汉口江滩与江汉路步行街相连"，目标地物"汉口江滩"位置与参考地物"江汉路步行街"位置是相接关系"相连"。

（3）相交关系。相交关系描述目标地物位置与参考地物位置存在部分空间重叠。如位置描述"广八路与八一路交叉口"，目标地物"路口"位置与参考地物"广八路"和"八一路"位置是相交关系"交叉"。

（4）包含与包含于关系。包含关系描述目标地物位置在空间上覆盖参考地物位置，如位置描述"武汉江滩囊括汉口江滩、武昌江滩、汉阳江滩和青山江滩"；包含于关系描述目标地物位置在空间上位于参考地物位置的区域范围内，如位置描述"珞珈山位于武汉大学内"。

4）位置顺序关系

位置顺序（ordinal）关系是采用定性方式描述目标地物位置与参考地物位置之间沿一定线性方向形成的序列关系。顺序关系可以是水平方向上的序列，如公交线路站点的顺序关系；也可以是垂直方向上的序列，如室内空间同一单元各层房间在垂直方向上的顺序关系等。

5）潜在空间关系

度量关系、方位关系、拓扑关系和顺序关系均是采用空间词汇定性地描述位置之间的相互关系，位置潜在空间关系则是采用非空间词汇描述目标地物位置与参考地物位置的空间关系，主要包括"沿着"（along）关系、"包围"（surround）关系、"之间"（between）关系三种。

（1）沿着关系。沿着关系描述了线状特征位置之间的潜在空间关系，一般参考位置为线状特征，例如，位置描述"沿珞喻路以西"，目标地物位置与参考地物位置"珞喻路"是"沿着"空间关系。

（2）包围关系。包围关系描述面状特征位置之间的潜在空间关系，例如，位置描述"武汉大学环绕珞珈山"，表示目标地物位置与参考地物位置"珞珈山"是"包围"空间关系。

（3）之间关系。三元空间关系"之间"描述目标地物位置分布于两个或者多个参考位置之间的区域，例如，位置描述"湖北位于湖南和河南之间"，表示目标地物位置与参考地物"广八路"和"珞狮北路"位置是"之间"空间关系。

6）路径关系

路径（path）关系同时使用多个二元空间关系描述若干参考位置构成的线状目标位置，例如，线状位置描述"西起于广埠屯，途径卓刀泉、鲁巷，东至光谷广场"。

2.4.2　位置语义

位置语义提供位置信息融合、位置计算和位置关联所需的语义特征。依据多源位置数据的描述特点与认知分类，位置的语义内涵主要包括位置个体特征和位置关系两方面，如图 2-29 所示，位置个体特征是指单个位置本身所固有的各种语义特征，位置关系指不同位置在空间和语义上的相互关系。

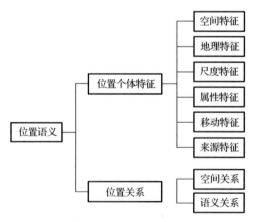

图 2-29　位置语义内涵

1. 位置个体特征语义

位置作为位置对象的一种固有属性，其特征语义应该全面包含位置本身及其相关对象、特征、环境的各种特性。具体来说包括以下几方面。

1）空间特征

物理空间是表达位置信息的基础，空间特征是最基本的位置特征，描述了位置所处或者所占有的空间范围。位置的空间特征可能是具有精确边界的地理区域，也可能是具有模糊边界的不确定区域，例如，位置"北京市"具有明确的行政边界，而位置"中关村"则无法准确界定其地理范围。对象模型和场模型是两种广泛用于地理现象概念化和建模的方法（Goodchild，1992），由于场模型能够表示边界范围内不同点的概率变化（Couclelis，1996；Goodchild，1989），所以更适合用于表达具有模糊边界的不确定区域。因此在描述位置空间特征时，可以采用置信场的概念进行精确或者模糊表示，如图 2-30 所示。

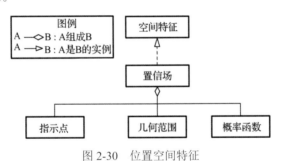

图 2-30　位置空间特征

置信场由指示点、几何范围和概率函数三个部分构成，其中指示点和概率函数是两个可选部分。当置信场表示精确空间位置时，采用置信场的几何范围表示空间位置的边界范围；当置信场表示模糊空间位置时，则需要采用三个部分进行概率表达。指示点是用于指示位置对象在置信场中位置的采样点，指示点可以是位置对象内部或者边缘上的点，也可以是具有几何、物理等意义的点，例如，几何意义上的圆心、重心、垂心，物理意义上的质心等。几何范围是置信场覆盖的有限空间，由具有不同置信度的空间坐标点或者空间栅格构成。概率函数描述了几何范围内的置信度分布及其变化，能够指示位置对象指示点在不同空间点出现的置信度，一般采用连续分布函数或者离散分布函数描述，图 2-31 展示了一种梯形概率分布函数表示的置信场。

为了进一步说明置信场概念，图 2-32 给出了一个置信场的具体示例，给定位置描述"水杯在桌子上"，桌面所占空间即位置对象水杯的置信场，即桌面边界指示了置信场的地理范围，黑色圆点则指示位置对象在置信场中的位置指示点，在没有任何辅助信息的情况下，桌面上每个点都可能是水杯所在的"真实"位置，因而置信场的概率函数可以设定为均匀分布函数。

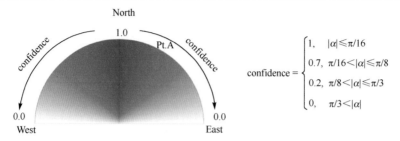

$$confidence = \begin{cases} 1, & |\alpha| \leq \pi/16 \\ 0.7, & \pi/16 < |\alpha| \leq \pi/8 \\ 0.2, & \pi/8 < |\alpha| \leq \pi/3 \\ 0, & \pi/3 < |\alpha| \end{cases}$$

图 2-31　梯形概率分布的置信场

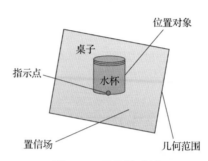

图 2-32　置信场示例

2）地理特征

地理特征描述了位置具有的主题语义、功能语义或者认知语义，这些语义能够满足人们社会、经济、政治、文化等不同方面的需求。例如，为了满足定位需求，可以采用不同类型的地名或者地理要素类型表示；为了满足通信需求，可以采用地址和邮政编码表示；为了满足通信的需求，可以采用电话号码进行表示等。地理特征采用描述性的文字或者符号表达，包括地名、地址、邮政编码、电话号码、室内空间等多种概念类型，若这些概念无法直接描述地理特征时，还可以结合一定的空间关系进行间接表示，形成关于地理特征的空间陈述，如"武汉大学附近"。

3）尺度特征

尺度特征描述了位置细节表达的详细程度，是进行多尺度位置推理所需的关键特征。不同层次的尺度限定了位置对象表达的最小单位，以建筑物为例，在大尺度下只能表达细节特征，往往抽象为点状地物；而在小尺度下则可以表达整体特征，抽象为面状或者体状地物。尺度是一种抽象的认知概念，是人对位置特征变化的时间和空间范围的认知与理解，因而很难用定量化的方法来区分不同的尺度。在本研究中尺度特征的描述通过一组尺度参考概念来实现，如分辨率、地图比例尺等，如图 2-33 所示。

在无法直接量化地描述尺度的情况下，借用具有尺度意义的概念作为一种参考来确定位置对象的尺度是一种有效方法。尺度参考概念是用于标识尺度的参考单位，通过与具体的参考单位比较，来判断目标的尺度。对于尺度概念的语义，不同的社会和科学领域有着不同的认知与理解。在地理信息科学领域，尺度主要有三种不同类型的解释，包括地图比例尺、空间分辨率和地理范围（Goodchild，2011）。

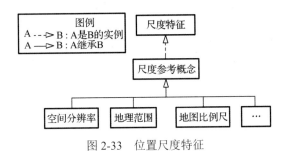

图 2-33　位置尺度特征

地图比例尺面向纸质地图而非数字化空间数据，它定义了地球表面空间到纸上地图的缩放比例。地图比例尺定义了地图的内容、细节层次、定位精度以及地图距离和地表距离的映射关系。例如，在 1∶10000 的比例尺地图上，1cm 图上距离代表实际100m 的距离，而在 1∶100 比例尺的地图上，1cm 图上距离代表实际 1m 的距离，即在同样的图幅情况下，1∶10000 比例尺地图需要表达的真实地理范围更大，内容更多，因而前者属于大尺度而后者属于小尺度。空间分辨率和地理范围则主要面向数字化空间数据，地理范围表示了研究区域的大小和最大可分解的单元，覆盖的地理范围越大，表示尺度越大，反之尺度则越小，例如，全国级别的研究区域比城市级别的研究区域具有更大尺度。而空间分辨率则表示了像素的大小和最小可分解的单元，空间分辨率越小，表达的细节越丰富，尺度就越小，反之尺度则越大。例如，1m 空间分辨率的IKONOS 卫星影像比 30m 空间分辨率的 Landsat 卫星影像的像素单元更小，提供的细节更丰富，因而尺度更小。

4）来源特征

随着人们位置感知能力的增强，用户能够从不同来源获取某个位置及其周边的信息，例如，用户能够通过 WiFi 信号定位、RFID 定位、商场服务员提供的自然语言位置描述来获取自己在大型商场中的位置。受人类认知能力、对位置熟悉程度、位置应用需求等因素的影响，不同方式获取的同一位置信息往往存在差异，因而对于某个位置信息的理解需要知道获取来源，例如，用户 A 描述某个地点为"我的母校"，只有在知道位置信息来自于用户 A 及其教育背景的前提下，其他用户才能理解该位置表示的地点。来源特征即提供位置信息的对象特征，是正确理解位置信息、进行多源位置信息融合计算等位置应用的关键特征，包括位置信息的提供者和提供时间，如图 2-34所示。

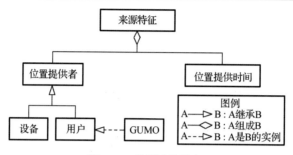

图 2-34　位置来源特征

位置提供者指产生位置信息的对象，既可以是位置传感器、智能终端等能够感知位置的设备，也可以是能够认知位置的用户。对于定位设备或者传感器，主要采用定位方式、定位精度、误差分布等参数信息描述，这些参数能够有效支持多源定位信息的语义融合，提供更加精确的位置信息；对于位置用户特征，引入广义用户模型本体（general user model ontology, GUMO）（Heckmann et al.，2005）进行描述，GUMO 将用户特征划分为十二个信息维度，包括联系信息特征（contact information）、人口统计信息特征（demographics）、能力与水平特征（ability and proficiency）、个性偏好特征（personality）、性格特征（characteristics）、情绪状态特征（emotional state）、生理状态特征（physiological state）、精神状态特征（mental state）、动作特征（motion）、角色特征（role）、营养学特征（nutrition）、面部表情特征（facial expression），其中大部分信息维度都会影响用户对位置的理解与表达。位置信息的提供时间指产生位置描述的时间标记，与位置提供者相结合标识某一位置的获取来源。例如，几何位置描述"Location=(114.38N，30.81E，0.01°，WGS84，2014-02-12 14:23:34)"来自 GPS 定位设备在某一时刻的记录时间；语义位置描述"武汉大学东南角"来自张三在某一时刻的口语化描述。

5）属性特征

语义位置描述的核心是一系列不同的位置概念，这些位置概念是对具有共同本质特征的一类事物抽象、普遍的想法或观念。位置概念都具有一定的内涵和外延，并且随着人类主观世界和现实客观世界的发展而变化。位置概念内涵即属性特征，反映位置本身的几何、物理等属性以及一些常识性的位置认知，包括形状、大小、高度、结构、状态等；位置概念外延则是位置在不同场景中的角色功能及其约束条件等，是由位置属性引申而来的附加信息，能够用于实现更加智能化和人性化的位置服务。不同的位置概念具有不同的内涵和外延，且能够动态变化，概念属性也不尽相同，因此无法采用单一的属性集合描述所有位置的全部属性，但是互联网任务工程组（Internet Engineering Task Force，IETF）推出的富呈现信息数据格式（rich presence information data，RPID）草案中提供的一些常用位置属性值得借鉴参考，例如，位置的类型和隐私状态等。事实上，位置的属性的定义需要结合具体应用需求和位置对象，例如，在通信决策应用中，当用户处于公共场所时，位置隐私的安静属性往往会拒绝来电声音提示。

6）移动特征

移动特征描述某一时刻移动对象在所处位置的运动状态，包括速度、加速度、方位、记录时间等信息，是移动对象特有的位置语义。移动特征蕴涵了位置在移动对象轨迹中的停留或者移动语义，透过这些语义能够分析、计算、挖掘移动对象轨迹中的潜在知识，从而提供更加符合用户需求的位置信息服务。例如，利用速度、加速度的均值、方差、分位数等统计量能够获取位置的移动语义，并判别移动对象的交通方式，从而智能地提供不同交通工具相关的信息服务；利用速度、方位在一定时间内的变化以及辅助信息能够获取位置的停留语义，并发现用户活动兴趣点，进而提供兴趣点相关的商品折扣、广告促销等信息服务。

2. 位置关系语义

在已有位置模型研究中，位置关系主要指空间关系，包括拓扑关系、方位关系和度量关系。例如，Hu 等定义了基于空间拓扑和距离语义的语义位置模型；Ye 等提出了基于格子和图混合结构的语义位置模型，定义了语义位置之间的包含、连通等拓扑关系；Li 等提出了格子结构和拓扑结构的语义位置模型，定义了语义位置的拓扑和距离关系（Li et al.，2008）；Liang 等提出了基于地名本体的语义位置模型，并考虑了拓扑、方向、邻近三种基本语义。然而，这种位置关系定义只是描述了两个位置对象之间的简单空间关系，忽略了位置对象之间的非空间语义关系以及多个位置对象之间的相互关系。

本节将位置关系分为空间关系和语义关系两类，空间关系包括个体空间关系和群体空间模式，如图 2-35 所示。个体空间关系描述位置对象个体与个体之间的局部空间分布特征，包括拓扑关系、方位关系、度量关系等；群体空间模式描述了多个位置对象作为群体呈现的全局空间分布特征，如空间聚类、空间同位、空间异常等。随着社交网络、移动通信与位置信息服务的不断融合，位置之间的群体关系发挥着越来越重要的作用，例如，通过历史社交数据分析得知用户 A 出现地点的邻域内往往存在用户 B，反之亦然，就是用户 A 的位置和用户 B 的位置具有空间同位关系，因此通过其中一个对象的位置往往可以获取另外一个对象的位置。又如在出租车轨迹数据分析中，通过一系列出租车历史打车位置往往能够预测下一时刻的用户打车，这些历史位置和预测位置之间就属于趋势预测。

考虑到语义位置的完整性，越来越多的位置语义关系在位置应用中发挥着重要作用，包括连通语义、隶属关系、因果关系、部分-整体语义等。以连通语义为例，几何连通的两条道路广八路与八一路，由于施工封路导致两者在语义上非连通，而在位置导航应用中道路的语义连通性往往比几何连通性更重要。此外，位置之间的非空间关系也应该纳入语义关系中进行考虑，如地震灾害事件中的震源与受灾区，属于非空间关系的因果关系；某个游客的一次长途旅行经过的各个风景点，属于时序关系等。

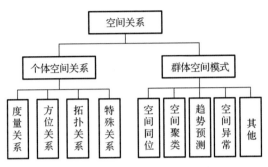

图 2-35　语义位置的空间关系

本节针对当前面向单一位置数据的语义位置建模存在研究内容不明确，语义理解与表达存在差异等问题，面向多源位置数据建立了多源位置描述模型，从位置特征和位置关系两方面着重探讨了语义位置内涵，位置特征反映了位置本身以及相关对象、环境的特征，包括空间特征、地理特征、尺度特征、来源特征、移动特征和属性特征，位置关系则反映了多个位置之间在局部空间或者全局空间的分布关系以及语义上的关联关系。

第 3 章　全息位置地图场景建模

3.1　全息位置地图室内外大规模数据的集成

全息位置地图场景数据包含两个方面：一类是室外大规模场景数据；另一类是室内精细场景数据。其中室外场景数据又包括全球多分辨率的遥感影像、地形数据、矢量图形和地名标注以及室外城市三维模型数据。室内三维场景数据包括精细三维模型、全景图、激光点云数据（LiDAR）等数据。

3.1.1　室内外场景数据集成模式

全息位置地图场景数据的集成方案改变单一的经纬度坐标集成模式，采用多种坐标系数据混合集成方案，建立同时支持直接经纬度表达为核心的全球数据集成、支持高斯局部坐标系表达的局部精细三维模型集成和支持用户自定义相对坐标系表达的室内三维模型数据集成的方案，根据全球、局部（室外）、室内的空间变换规律，动态实现不同坐标系之间的数据快速过渡策略，保证在不改变数据坐标与组织模式的前提下，直接进行不同坐标系数据的一体化集成。

室外场景数据采用瓦片金字塔结构存储多分辨率的地形数据和纹理数据，采用四叉树来构建瓦片索引和管理瓦片数据。瓦片金字塔模型是一种多分辨率层次模型，地形场景绘制时，在保证显示精度的前提下为提高显示速度，不同区域通常需要不同分辨率的数字高程模型数据和纹理影像数据，数字高程模型金字塔和影像金字塔则可以直接提供这些数据而无需进行实时重采样。尽管金字塔模型增加了数据的存储空间，但能够减少完成地形绘制所需的时间。四叉树是一种每个节点最多只有 4 个分支的树型结构，也是一种层次数据结构，其特性是能够实现空间递归分解（杜莹等，2006）。

室内场景数据采用"Object-Region-Portal"（Object 称为对象，Region 称为区域，Portal 称为入口）的索引机制。Object：相对独立的三维模型单体，如桌子、椅子、计算机等。Region：根据从属关系人为划定的空间范围以及其包含的模型单体的集合，如房间、走廊、大厅等。Portal：是指区域（Region）之间的连通对象，如房间与走廊通道之间的门、房间与室外之间的窗户等。对室内场景进行空间剖分，剖分网格与房间一致，每个网格为封闭的多边形，且与房间范围及大小一致，其中过道也认为是特殊的房间。这样可以将室内建模数据划分为实体对象和区域对象。将模型中每个语义相对独立的三维实体对象（如桌子、椅子等）作为 Object 提取出来，并且将各 Object

按照区域从属关系按区域进行整合，建立 Object-Region 结构，从而实现室内场景的快速绘制与数据的有效集成。

3.1.2　室内外数据无缝集成

对于全息位置地图室内外大规模数据集成的研究方法是以全球 360°金字塔数据模型为基础，构建多场景统一网格划分、多种坐标系集成的数据组织方式，并且实现不同坐标系场景数据基于不同的可视化调度机制的三维调度与渲染方法，建立相应的三维场景管理与调度机制（翟巍等，2003）；然后在全球场景、局部区域室外场景和室内场景三种场景调度的机制基础上，建立球面与局部室外和室外与室内的连续调度与绘制机制，最终实现符合空间漫游规律的全球至室内的连续无缝漫游。

全球多源多分辨率基础数据的存储已经成熟，在研究中直接采用北京天地图公司的全球地理数据服务，"天地图"的全球数据组织是按照球面四叉树进行划分和组织，符合课题数据组织的方案。城市局部区域的三维场景数据拟采用平面四叉树索引进行组织，这种方法相对成熟，可以直接利用普通的三维建模数据进行索引的自动构建和数据处理。

基于"Object-Region-Portal"的室内三维模型组织方法利用室内建模小组提供的武汉大学测绘遥感信息工程国家重点实验室室内三维模型数据，对设计的存储方法进行完善和实验，同时不断地修正室内三维模型数据的语义表达，编写处理工具软件基于语义建模的室内三维模型数据实现 Portal 提取、Region 分割、Region-Portal 关联及数据打包发布工作。

搭建了一套网络环境下的虚拟地球基础平台，对全球多源、多尺度的卫星遥感影像、地形数据和矢量数据以及城市三维模型等基础数据进行有效的集成、组织、管理。实现了球面坐标系和局部平面坐标系之间的对应转换与可视化过渡。实现海量数据的动态加载和快速浏览，并支持大规模三维模型数据的可视化。提出了一种顾及几何与语义关系的"Entity-Region-Portal"室内场景数据索引方法。有效组织了室内多尺度三维模型数据，从空间和语义两个层次满足室内漫游、导航、定位等各种需求，同时，基于这种组织体系，能够有效地结合室外四叉树索引机制，将室内场景与室外场景符合客观现实世界认知的方式融合起来，使室内外场景融为一体，如图 3-1 所示。

图 3-1　场景数据集成与场景平滑过渡

3.2　全息位置地图场景数据组织

3.2.1　全息位置地图场景数据模型

全息位置地图场景模型是以多尺度空间信息为基础，结合场景空间描述和场景语义描述，支持构建顾及时间特征的地上下、室内外一体化空间数据模型，实现全息位置地图场景的综合表达。如图 3-2 所示。

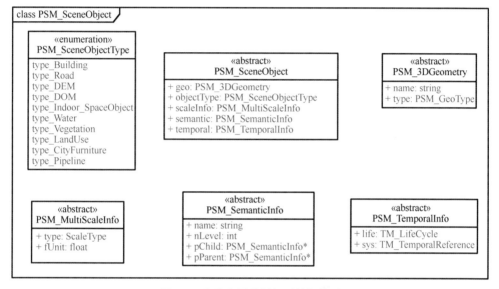

图 3-2　全息位置地图场景数据模型

场景模型（PSM_SceneObject）包括 5 个属性：geo 描述场景空间特征（PSM_3DGeometry），objectType 指定场景对象类型（PSM_SceneObjectType），scaleInfo 给出尺度信息（PSM_MultiScaleInfo），semantic 描述场景语义信息（PSM_SemanticInfo）和 temporal 给出场景动态变化的时间信息（PSM_TemporalInfo）。

场景空间描述（PSM_3DGeometry）是用于建立复杂三维地理环境中的地上下、室内外一体化场景对象的空间描述框架，包括名称（name）和类型（type）两个属性。

场景对象类型（PSM_SceneObjectType）包括建筑物（type_Building），道路（type_Road），DEM（type_DEM），DOM（type_DOM），室内空间对象（type_Indoor_SpaceObject），水体（type_Water），植被（type_Vegetation），土地利用（type_LandUse），城市小品（type_CityFurniture）和管线（type_Pipeline）等。

尺度信息（PSM_MultiScaleInfo）描述场景对象的空间粒度信息，包括类型为尺度类型（type）和粒度（fUnit）等属性。

场景语义信息（PSM_SemanticInfo）包括语义名称（name），语义层级（nLevel），父节点（pParent）和子节点（pChild）等属性。

时间信息（PSM_TemporalInfo）包括生命周期（TM_LifeCycle）和时间参考系（TM_TemporalReference）等属性。

场景空间描述基于点、线、面、体元、实体和地形瓦片 6 种基本几何对象描述全息位置地图场景对象的空间特征，如图 3-3 所示。

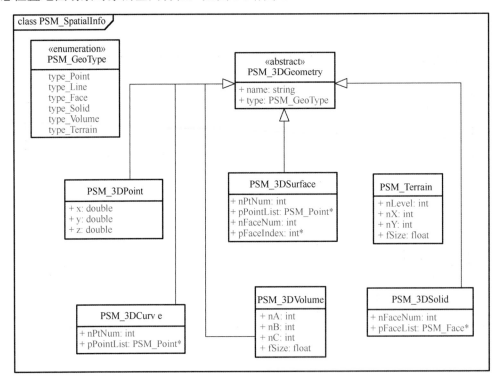

图 3-3　全息位置地图场景空间特征数据模型

（1）点对象（PSM_3DPoint）采用抽象几何点表示全息位置地图场景对象，采用（X, Y, Z）三元组的形式来描述其具体的场景位置。

（2）线对象（PSM_3DCurve）采用几何线表示全息位置地图场景中的道路及管线等对象，采用点串的形式来描述其具体的场景位置，具有点数量（nPtNum）和点集合（pPointList）2 个属性。

（3）面对象（PSM_3DSurface）采用几何面表示全息位置地图场景中的水体和土地划分等对象，采用闭合多边形的形式来描述其具体的场景位置，具有点数量（nPtNum）、点集合（pPointList）、面数量（nFaceNum）和面索引（pFaceIndex）4 个属性。

（4）体元对象（PSM_3DVolume）采用体元的方式对室内空间进行表达，包括体元索引（nA，nB，nC）和体元大小（fSize）4 个属性。

（5）实体对象（PSM_3DSolid）采用实体的方式对场景中的建筑物、水体和城市小品等对象进行表达，包括面数量（nFaceNum）和面集合（pFaceList）两个属性。

（6）地形瓦片对象（PSM_Terrain）采用瓦片的方式对场景中的地形进行表达，包括层级（nLevel）、行号（nX）、列号（nY）和瓦片大小（fSize）4 个属性。

场景尺度信息包括空间尺度信息和时间尺度信息两类尺度框架。其中，空间尺度信息描述了全息位置地图场景对象在空间维度上的分布粒度和几何层级等信息；时间尺度信息描述了全息位置地图场景对象在时间维度上记录的粒度和时间参考等，如图 3-4 所示。

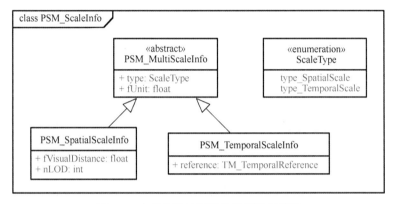

图 3-4　全息位置地图场景尺度数据模型

空间尺度信息（PSM_SpatialScaleInfo）包括可视距离（fVisualDistance）和几何层级（nLOD）两个属性。

时间尺度信息（PSM_TemporalScaleInfo）包括时间参考（TM_TemporalReferencc）属性。

场景语义描述是全息位置地图场景对象的语义划分框架，在此基础上可定义不同专题类型的专题语义，专题语义是对场景语义描述的进一步细化，定义对专题语义的操作规则，如图 3-5 所示。

专题类型（ThemeType）包括建筑物（type_Building）、道路（type_Road）、室内空间（type_Indoor）、水体（type_Water）、植被（type_Vegetation）、土地利用（type_LandUse）、城市小品（type_CityFurniture）和管线（type_Pipeline）等属性。

专题语义（PSM_ThemeSemantic）是针对具体专题类型的语义定义，包括专题类型（type）和专题语义规则（rule）两个属性。

专题语义规则（PSM_SemanticRule）是针对专题语义的操作，包括所绑定的专题语义（pSemantic）属性和判断语义有效性（Judgement）、推理父节点（InferenceParent）、推理子节点（InferenceChild）以及推理相邻节点（InferenceNeighborhood）4 种方法。

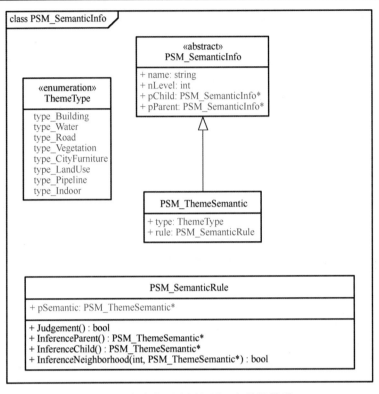

图 3-5　全息位置地图场景语义数据模型

时间信息是全息位置地图场景对象的时态描述框架，包括位置变化和环境变化两种事件类描述拓展，如图 3-6 所示。

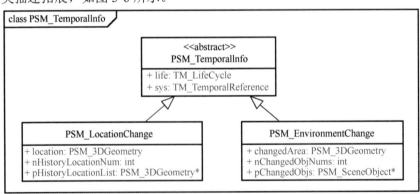

图 3-6　全息位置地图场景时间数据模型

位置变化（PSM_LocationChange）指场景中多维对象的位置变化信息，包括当前位置（location）、历史位置数量（nHistoryLocationNum）和历史位置集合（pHistoryLocationList）3 种属性。

环境变化（PSM_EnvironmentChange）指场景中数据更新导致的变化，包括变化区域（changedArea）、更新对象数量（nChangedObjNums）和更新对象集合（pChangedObjs）3 种属性对象。

3.2.2　矢栅一体化室内导航数据组织

针对室内导航的实时特征，且同时需要兼顾三维可视化的要求。采用矢栅一体化的全息位置地图场景数据存储方案，通过矢栅混合存储的特点，以全息位置地图场景对象为关联核心，提供了完整的矢栅一体化的室内外导航数据组织解决方案，如图 3-7 所示。

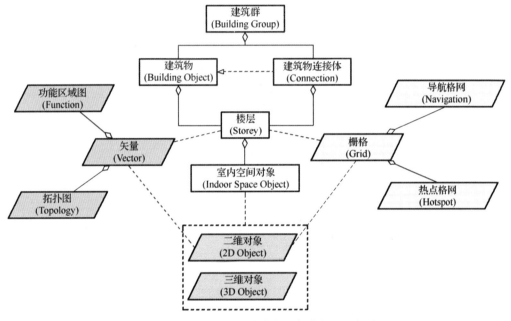

图 3-7　矢栅混合的室内空间对象数据组织策略

按照矢栅混合的数据组织策略，对于室内空间对象及楼层信息而言，均可以采用矢量和栅格两种形式进行数据组织和存储，并通过室内空间对象或楼层进行二者之间的关联，从而实现矢栅一体化的室内外导航数据组织。其中，矢量数据包括有功能区域图及拓扑图，栅格数据包含导航网格图及热点格网图。

3.3　全息位置地图场景语义建模

全息位置地图场景建模的目的是为全息位置地图应用提供空间数据基础，它的作用是在多源异构的三维空间数据与全息位置地图应用之间搭建一座桥梁。由图 3-8 可以看出，全息位置地图场景多源数据整合输入端为多源异构的空间数据，输出端为统一的数据集，全息位置地图应用即搭建于统一数据集之上。输入端的多源三维空间数据之间存在着明显差异，主要表现在以下 4 个方面。

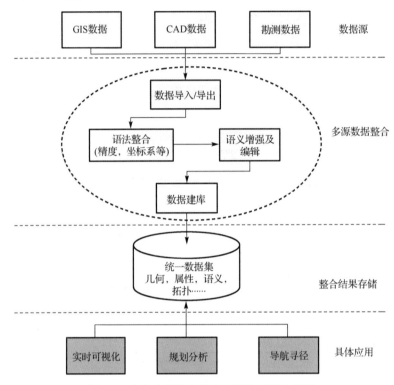

图 3-8　全息位置地图场景多源数据整合流程

（1）空间基准不一致性。空间基准涉及参考椭球、坐标系统和水准原点、地图投影、分带等多种因素，多源三维模型集成中，缺乏统一的空间基准将无法保证数据质量，也无法进行数据共享和应用。

（2）存储格式多源性。三维模型数据的存储格式多种多样，包括标准交换格式 KML、DAE，通用交换格式，如 Stanford 的 PLY、3ds Max 的 3DS、MAYA 的 OBJ、MultiGen Creator 的 FLT、AutoCAD 的 DXF、DirectX 的 X，以及国产 GIS 软件的三维模型数据格式，如 SuperMap 的 SDB、GeoStar 的 CGS、GeoGlobe 的 DMO 等，几乎每一款软件都会定义一种三维模型数据存储格式。

（3）多时空性和多尺度。GIS 数据具有很强的时空特性。一个 GIS 系统中的数据源既有同一时间不同空间的数据系列，也有同一空间不同时间序列的数据。不仅如此，GIS 会根据系统需要而采用不同尺度对地理空间进行表达，不同的观察尺度具有不同的比例尺和不同的精度。

（4）多语义性。对于同一个地理信息单元（feature），在现实世界中其几何特征是一致的，但是却对应着多种语义，如地理位置、海拔高度、气候、地貌、土壤等自然地理特征；同时也包括经济社会信息，如行政区界限、人口、产量等。三维模型不会只存在一个孤立的地理语义，不同系统解决问题的侧重点也有所不同，因而会存在语义分异问题。

概括来讲，多源三维模型数据整合主要是对多源异构数据进行语法及语义的整合。

3.3.1　全息位置地图场景语法整合

任何一种自然语言的语法规律（或语法现象），是指该语言中的句子、短语、词汇的逻辑、结构特征以及构成方式，而语法包括对语法规律进行的总结描述或对语言使用的规范或限定；在不同的语境中，这种规律或规则也称作语法规范、语法规则等。三维建模中的语法规律，是指在建模过程中所采用及遵守的数据语法、参考系、精度等，数据语法是指数据的构成规律，特别是数据的构成方式、结构特征、内部要素之间的逻辑关系。

多种数据源和多种建模工艺构建的三维模型数据在数据语法、参考系、精度等多方面的不同，都会造成语法的异构。语法的异构主要表现为数据格式的多样性，采用不同的建模工具生产的三维模型数据的存储格式多样，在建模过程中考虑到建模的方便性以及模型的应用场合，也会采用不同的参考系及精度。

传统的语法层面的数据整合，是通过将多种数据格式转换为统一的数据格式来实现的，该方法是目前 GIS 软件数据集成的主要方法。数据格式转换主要存在 3 个问题。一是由于缺乏对空间对象统一的描述方法，不同数据格式描述空间对象时采用的数据模型不同，转换后不能完全准确表达源数据的信息。二是转换过程复杂。例如，从 DGN 文件格式转换到 MapInfo 的 TAB 文件，首先需要使用 AutoCAD 软件把 DGN 文件输出为 DXF 交换格式，然后运行 MapInfo 把 DXF 文件转换为 MapInfo 的 TAB 数据。如果数据需要不断更新，为保证不同系统之间数据的一致性，需要频繁进行数据格式转换。三是这种模式需要将数据统一起来，违背了数据分布和独立性原则，如果数据来源是多个代理或企业单位，这种方法涉及所有权的转让问题。并且由于非 OpenGIS 标准的空间数据格式仍然占据已有数据的主体，所以基于 OpenGIS 的数据互操作规范的多源三维模型数据集成模式并不适用于目前的环境。

因此，多源三维模型数据整合的语法整合，需要建立三维空间信息统一表示模型，并在此基础上，解析及表达国内外通用的三维数据格式，实现各三维空间数据在语法层面的无缝整合。

3.3.2　全息位置地图场景语义整合

语义是指数据的"含义"，即在人类认知过程中数据所对应的现实世界中的事物所代表的概念及其含义，以及这些含义之间的关系，是数据在某个领域上的解释和逻辑表示。

目前，针对多种数据源和多种建模工艺构建的三维模型数据，加上专业领域术语的限定，导致常出现同一事物在语义解释上出现不同，或者出现针对专题模型在语义信息不足或者缺乏语义信息的情况，因此以数据源是否具有语义信息为分类标准，将现有三维模型数据分为语义模型数据与传统模型数据。

传统三维模型数据往往只带有几何与属性信息，本身并不带有计算机可识别的语义信息，因此，传统三维模型数据的语义整合注重语义的增强。传统三维模型数据语义建模与编辑功能需要依次实现模型的几何组件化处理，几何外观信息的集成整合，模型对象的分类语义编辑，各类型层级语义信息的编辑，以及基于语义的部件管理与组织和基于语义的拓扑关系半自动化生成等内容。具体而言，首先需要将三维图形学模型进行组件化处理。因为传统三维图形学模型为满足可视化等需要，往往在几何建模时未考虑几何对象的概念信息，从而导致几何与含义无法对应的问题。因此，实施几何组件预处理，就是要面向语义应用，对传统模型进行组件分割与对象拆分，从而得到可匹配的几何组件对象，便于交互式查询及语义编辑等操作。

综上所述，全息位置地图场景语义建模可以概括为异构语义统一以及语义增强。针对以上描述的语义的异构以及缺失问题，需要综合基于本体的语义异构消解方法以及语义增强方法，因此本书提出基于本体的语义增强方法，立足于多源语义的语义增强的角度，达到多源三维模型数据在语义上的集成。

从全息位置地图应用需求出发，具体解决思路是：首先引入本体中关于地物分类及其层级概念的描述，并从语义增强和数据集成的角度，重点关注语义信息的映射与表达，实现对三维模型的通用语义模型数据的集成以及对传统三维图形学模型数据的语义编辑功能。

3.3.3　全息位置地图场景语义增强方法

以数据源是否具有语义信息为分类标准，可以将现有三维模型数据分为语义模型数据与传统模型数据。多源三维模型数据整合工具中的语义整合功能主要分为两部分：一是对语义模型数据中的语义信息的解析与向统一表示模型的语义表示结构的映射；二是对传统模型数据的语义增强功能。在生产实践中，不带语义信息的传统模型数据往往占据更大的比重，因此对这一类模型进行语义增强就成为全息位置地图场景语义建模的关键。

全息位置地图场景语义建模提供两个层次的语义增强功能：第一层次是几何所代表的对象整体向地物类型映射的语义增强；第二层次是精确到几何部件级别的语义增强。几何对象向地物类型的映射适用于对语义信息要求不高的对象，例如，仅需要判断对象所属的类型，类似于对象分层，大部分可以由计算机自动化处理。精确到几何部件级别的语义编辑功能则能区分出几何对象内部部件级别的语义，例如，区分出建筑物的门窗等，主要依赖于人工交互式编辑。

1. 地物类型映射的语义增强

地物类型映射的语义增强，首先利用分类语义词汇表，构建具有层级结构的地物类语义节点。如图 3-9 所示。

图 3-9　分类语义的地物集、地物类词汇信息图

其次，利用知识库中语义节点与对象名称的对应关系，将各对象归入各地物类中。此处的知识库是指建模规范中对各类地物命名的规则，例如，建模规范中规定建筑物模型在命名时会带 JZ_ 的前缀，因此可以将有此类命名规则的对象归入建筑这一地物类中。通过选择知识库中的不同规则，可以进行不同标准的分类，更灵活地适用于各种场合。在模型的命名符合规范的情况下，这一过程将由计算机自动完成，不需要人工干预，如果出现模型命名不规范的情况，需要进行人工判读地物类型，并将对象进行归类。

2. 几何部件级别的语义增强

几何部件级别的语义增强过程如下。

（1）传统三维模型的组件化预处理。组件化预处理的目的是建立几何-语义一致性，几何层面最小单元能够关联语义信息，从而便于后续选取、编辑及映射、查询等操作。该过程一般在外部几何建模软件（如 3ds Max）中完成。将传统几何模型导入该工具，并按照几何部位所对应的概念进行分割处理及对象塌陷操作，即可将三维模型转化为几何组件集，并导出到上述介绍的通用数据格式文件中。

（2）对象地物分类语义编辑及其层级语义编辑。层级语义是指精确到部件级别的语义信息，例如，建筑的层级语义信息包括内部建筑、外部建筑。内部建筑又可以展开为门、窗、地板等，因此把这种具有层级关系的语义称为层级语义。首先，需要交互式编辑对象的地物分类语义信息，即指定对象的语义分类。并据此在语义词汇表中查找其层级语义定义，例如，确定对象地物类信息为建筑后即查找到建筑的层级语义，构建层级语义内存结构。随后，基于该内存结构对各个几何组件进行对应的语义编辑，同时生成对应的语义内存节点，并构建起组织关系，完成基于几何组件的语义部件编辑与组合操作，得到层次化的语义模型数据。

（3）基于语义的半自动拓扑关系生成。经过语义编辑得到的语义部件，利用其聚合、组成等关系得到了各级语义概念对象，如编辑得到的窗户、门及墙面构成了房屋节点。而显示记录这些节点之间的拓扑关系，对后续拓扑查询与导航具有基础性作用。实验设计了拓扑应用具体包括基于语义的最短路径搜索与室内外一体化寻径导航分析。针对该应用，在语义编辑过程中，对语义节点交互式编辑连通关系，并根据语义层级天然所具有的组成关系，半自动显式生成语义节点的拓扑关系信息，并存储拓扑路径及节点，从而满足后续查询与分析的要求。

3.3.4　全息位置地图场景语义建模动态更新方法

针对室内外一体化导航的需求，由地形数据、室内外模型数据以及传感器数据共同组成全息位置地图的整合要素，经过完整的整合流程，整合出全息位置地图所需要的场景数据，以供室内外一体化导航、紧急事件决策数据支持所用，如图 3-10 所示。

（1）针对地形数据，需要建立地形金字塔库的整合步骤；

（2）针对室外非建筑模型数据，需要根据需求与模型所在地形进行融合，并进行语义编辑操作，建立模型库；

（3）针对建筑物模型数据，需要根据需求进行空间提取及生成拓扑操作，并进行语义编辑和属性编辑操作，建立模型库；

（4）针对传感器数据，需要进行空间提取、生成拓扑、语义编辑和属性编辑操作，建立模型库；

（5）最后，将地形库及模型库进行全息位置地图场景数据成果入库操作，将成果数据录入到文件系统数据库，以供应用端使用。

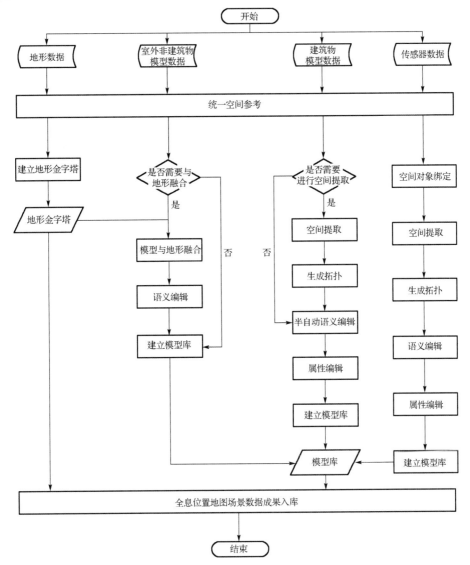

图 3-10　全息位置地图场景语义建模动态更新流程

3.4　全息位置地图导航数据组织

　　全息位置地图的数据主要包括地理空间信息叠加专题数据、互联网数据以及传感网数据等泛在信息，通过语义位置模型关联各种信息，在室外地图服务基础上提供室内外一体化服务，用于支撑室内外一体化的应用，自适应满足用户需求，提供智能化的交互方式，包括可视化浏览、室内外一体化导航、拦截分析等。

面向全息位置地图的室内外一体化数据组织主要包括建筑物数据组织、POI 数据组织、导航数据组织以及室内外拓扑数据组织。其中，建筑物数据组织是指建筑物与建筑物之间的关联关系以及建筑物自身的数据组织，包括建筑物结构、功能区和出入口；POI 数据组织主要是典型建筑物设施，如摄像头、消防栓、报警器等；导航数据组织是针对室内外一体化导航需求，通过室内外三维模型生成的栅格导航地图；拓扑数据组织包括对室内、室外以及室内楼层间，出入口节点拓扑连通关系的建立及动态存储与管理。

3.4.1 建筑物数据组织

1. 建筑物连接数据组织

建筑物连接数据组织用于描述建筑物之间的连接关系，主要指建筑物之间的连接部分，在全息位置地图中，建筑物连接同样表示为一个建筑物对象，其数据存储结构如表 3-1 所示。

表 3-1　建筑物连接表

属性	类型	说明
connectionID	32 位无符号整数	连接对象 ID
connectionName	字符串	连接名
firstBuildingNo	32 位无符号整数	建筑物 1 编号
firstBuildingLevel	16 位有符号整数	建筑物 1 楼层号
secondBuildingNo	32 位无符号整数	建筑物 2 编号
secondBuildingLevel	16 位有符号整数	建筑物 2 楼层号

2. 建筑物结构数据组织

1）建筑物信息

建筑物数据表用于表达单个建筑物的信息，其属性如表 3-2 所示。其中，字段 buildingInfo 保存了整栋建筑物的语义信息，包括以下内容。

（1）楼层信息：使用键/值对的方式进行存储。

（2）建筑物对象信息：通过 ID 进行区分，不包括对象的几何信息。

（3）对象关系信息：包括对象连接关系和出入口关系。

（4）2D/3D 对象 BOX 文件名：从建筑物对象数据表中提取对象的最小外包矩形（minimum bounding rectangle，MBR）。

表 3-2　建筑物数据表

属性	类型	说明
buildingNo	32 位无符号整数	建筑物号
name	字符串	建筑物的名称
owner	字符串	建筑物的权属

续表

属性	类型	说明
numberOfLevels	16 位有符号整数	建筑物的楼层数
maxLevel	16 位有符号整数	建筑物的最高楼层
minLevel	16 位有符号整数	建筑物的最低楼层
description	字符串	建筑物的描述信息
height	16 位有符号整数	建筑物的高度
addrCountry	字符串	地址：所属国家
addrCity	字符串	地址：所属城市
addrStreet	字符串	地址：所属街道
addrHouseNumber	32 位无符号整数	地址：门牌号
centroidLongitude	双精度浮点型	建筑物中心点经度
centroidLatitude	双精度浮点型	建筑物中心点纬度
centroidAltitude	双精度浮点型	建筑物中心点高度
facadeColor	字符串	建筑物表面颜色
facadeMaterial	字符串	建筑物表面材料
roofShape	字符串	建筑物屋顶形状
roofColor	字符串	建筑物屋顶颜色
roofMaterial	字符串	建筑物屋顶材料
buildingDate	32 位无符号整数	建筑物建造时间
architect	字符串	结构
style	字符串	风格
type	字符串	设施用途
condition	字符串	建筑物状况（0-建成、1-正在建设、2-装修）
navigateMapFile	字符串	整栋建筑物的导航图
buildingInfo	字符串	整栋建筑物语义信息

2）楼层信息

楼层信息表达了每层的不同区域，如图 3-11 所示。其中，虚拟连接区为走廊两头增加的连接区域，或者是地铁、火车等上下车的区域；每个楼梯的上下楼处有两个连接区，分别表示向上和向下连接。

楼层数据组用于描述具体的楼层信息，其属性如表 3-3 所示，其中，楼层编号与建筑物编号共同作为 Key。

表 3-3　楼层数据表

属性	类型	说明
name	字符串	楼层名称
level	16 位有符号整数	楼层编号
buildingNo	32 位无符号整数	楼层所在的建筑号
usage	字符串	该楼层的用途
height	16 位有符号整数	高度
levelRasterMap	字符串	楼层的栅格图

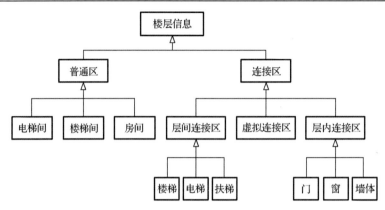

图 3-11　楼层信息表达示意图

3）建筑物对象

室内对象主要表示建筑物内部各类实体，包括普通区对象、连接区，以及各种专题对象（如传感器、学生机房座位、消防设施等）。专题对象的属性通常设计为一种分类对应一张表，通过对象的 ID 进行关联，建筑物对象的数据属性如表 3-4 所示。

表 3-4　建筑物对象数据表

属性	类型	说明
ID	32 位无符号整数	对象 ID
objectType	8 位无符号整数	类型（0-普通区对象、1-层内连接区对象、2-层间连接区对象、3-虚拟连接区对象、4-墙体、5-专题对象）
functions	字符串	用途
buildingNo	32 位无符号整数	建筑物号
levelNo	16 位有符号整数	楼层号
box2D	字符串	二维几何对象 MBR
box3D	字符串	三维几何对象 MBR
objectLocationRow	32 位无符号整数	标注点的栅格行号
objectLocationCol	32 位无符号整数	标注点的栅格列号
objectImoortance	8 位无符号整数	同一类对象的粒度

其中，建筑物几何对象存储结构如表 3-5 所示。

表 3-5　建筑物几何对象数据表

obj2dID	32 位无符号整数	对象在二维中的 ID
2dGeometry	字符串	二维几何对象（点线面）
obj3dID	32 位无符号整数	对象在三维中的 ID
3dGeometry	字符串	三维几何对象（体/组）

4）建筑出入口信息

建筑物出入口信息属于建筑物对象中的一种，表达了建筑物内部以及建筑物与建筑物之间的出入口信息，其属性如表 3-6 所示。

表 3-6　建筑物内部对象（门）数据表

属性	类型	说明
ID	32 位无符号整数	门 ID
houseNumber	16 位有符号整数	门所对应的房间号
doorType	8 位无符号整数	门类型（0-手动、1-自动）
height	单精度浮点型	门高度
width	单精度浮点型	门宽度
buildingNo	16 位无符号整数	建筑物号
levelNo	16 位有符号整数	楼层号
direction	8 位无符号整数	开门方向（0-出、1-入、2-出入、3-应急）
objectLocationRow	32 位无符号整数	标注点的栅格行号
objectLocationCol	32 位无符号整数	标注点的栅格列号

5）建筑物窗户信息

建筑物窗属于建筑物对象中的一种，表达了建筑物内部窗的属性信息，如表 3-7 所示。

表 3-7　建筑物内部对象（窗）数据表

属性	类型	说明
ID	32 位无符号整数	窗户 ID
houseNumber	16 位有符号整数	窗所对应的房间号
windowType	8 位无符号整数	类型（0-花格窗、1-毛玻璃、2-净片玻璃）
buildingNo	32 位无符号整数	建筑物号
levelNo	16 位有符号整数	楼层号
objectLocationRow	32 位无符号整数	标注点的栅格行号
objectLocationCol	32 位无符号整数	标注点的栅格列号
height	单精度浮点型	窗户高度
width	单精度浮点型	窗户宽度
breast	单精度浮点型	窗户底部到地面的高度
hole	布尔值	窗户没装玻璃，只有洞
glass	布尔值	窗户已装玻璃

6）障碍物

建筑物障碍物信息表达了阻碍用户在室内通行的对象或者结构，其属性信息如表 3-8 所示。

表 3-8　建筑物内部对象（障碍物）数据表

属性	类型	说明
ID	32 位无符号整数	障碍物 ID
type	8 位无符号整数	类型（0-可移动、1-固定）
functions	字符串	用途
buildingNo	32 位无符号整数	建筑物号
levelNo	16 位有符号整数	楼层号
objectLocationRow	32 位无符号整数	标注点的栅格行号
objectLocationCol	32 位无符号整数	标注点的栅格列号

7）通道

建筑物通道包括楼梯、电梯以及扶梯等信息，其属性如表 3-9 所示。

表 3-9　建筑物楼层间连接对象数据表

属性	类型	说明
ID	32 位无符号整数	楼梯 ID
stairwayType	8 位无符号整数	类型（0-楼梯、1-电梯、2-扶梯）
buildingNo	32 位无符号整数	建筑物号
levelNo	16 位有符号整数	楼层号
connectRelation	字符串	建筑物不同楼层的连接关系，使用楼层号集合（$L1, L2, \cdots, Ln$）表示
objectLocationRow	32 位无符号整数	标注点的栅格行号
objectLocationCol	32 位无符号整数	标注点的栅格列号
direction	8 位无符号整数	楼梯方向（0-上、1-下、2-上下）

8）对象连接关系

对象连接关系表用于描述多个对象之间的连接关系，它是以矢量对象形式表达连接关系的，其表格属性如表 3-10 所示。对于一个区域，可以直接查到门、窗、走廊等对象，根据对象 ID 可以找到所有可通达的区域，通过墙体连接区可以找到区域周围相邻的区域。

表 3-10　对象连接关系表

属性	类型	说明
buildingNo	32 位无符号整数	建筑物号
level	16 位有符号整数	楼层号
object1No	32 位无符号整数	对象 1 编号
object2No	32 位无符号整数	对象 2 编号
connectObjectNo	32 位无符号整数	连接对象编号

9）出入口连接关系

出入口连接表用于描述从一个出入口可以到达其他出入口的关系，其用途是为了在栅格导航时楼层或者建筑物之间的切换，其属性如表 3-11 所示。

表 3-11　建筑物或楼层栅格出入口连接表

属性	类型	说明
exitBuildingNo	32 位无符号整数	出口建筑物号
exitLevel	16 位有符号整数	出口楼层
exitRasterRow	32 位无符号整数	出口栅格行号
exitRasterCol	32 位无符号整数	出口栅格列号
entranceBuildingNo	32 位无符号整数	入口建筑物号
entrancelevel	16 位有符号整数	入口楼层
entranceRasterRow	32 位无符号整数	入口栅格行号
entranceRasterCol	32 位无符号整数	入口栅格列号

10）POI 信息

POI 信息主要是指建筑物内部设施 POI 信息，其属性如表 3-12 所示。

表 3-12　建筑物 POI 数据表

属性	类型	说明
ID	32 位无符号整数	POI 的 ID
type	32 位无符号整数	POI 的类型
functions	字符串	用途
buildingNo	32 位无符号整数	建筑物号
name	字符串	名称
floor	16 位有符号整数	楼层号
cellRow	32 位无符号整数	标注点的栅格行号
cellCol	32 位无符号整数	标注点的栅格列号
X	双精度浮点型	经度
Y	双精度浮点型	纬度
Z	双精度浮点型	高度
belongToArea	32 位无符号整数	POI 所属的功能区域
personInCharge	字符串	POI 的负责人
shape	字符串	地理对象类型-点线面
description	字符串	描述
scale	32 位无符号整数	POI 的级别
direction	字符串	POI 的方向

11）虚拟门信息

在室内外一体化功能区域数据组织中，将室内建筑物对象分为普通区、连接区。普通区分为办公室、机房、工作室等房间类功能区对象，因此室内建筑物的普通区对象具有实际存在的出入口，如门。连接区是连接不同室内空间的室内对象，包括水平连接区，如坡道、走廊、大厅和自动人行道；垂直连接区是一个连接不同楼层的垂直连接器，包括电梯、楼梯和自动扶梯。因此，连接区对象不具有实际存在的出入口。

在室内外一体化数据组织中，定义水平连接区对象与其他功能区域对象的连接处为虚拟门节点。对于垂直连接区，楼梯、扶梯的上下行处，以及直梯的出入口处均被定义为虚拟门节点。

室内连接区对象对应的虚拟门信息的属性如表 3-13 所示。

表 3-13　建筑物虚拟门数据表

属性	类型	说明
ID	16 位无符号整数	出入口的唯一标识
type	16 位无符号整数	出入口的类型
direction	16 位无符号整数	方向
toLevels	字符串	该出入口可以到达的楼层
openOrNot	布尔值	该出入口是否开启
X	双精度浮点型	X 坐标
Y	双精度浮点型	Y 坐标
description	字符串	文字描述

3.4.2　功能区域数据组织

功能区根据语义信息对建筑物区域对象进行划分。室内建筑物对象包括普通区、连接区等。建筑物实际上是在室内空间的最大的容器。它是由几个楼层构成的。楼层是由房间、通道和分区组成的。相比完全封闭的房间，分区是水平方向和垂直方向的半封闭空间，如立方体隔间、服务柜台等。通道是连接不同室内空间的过渡区域，并分为水平通道和垂直通道。水平通道是连接水平方向上不同室内空间的过渡区域，如坡道、走廊、大厅和自动人行道；垂直通道是连接垂直方向上不同室内空间的过渡区域，包括电梯、楼梯和自动扶梯。普通区代表室内建筑物中如办公室、机房、工作室等的房间类功能区。

将室内区域对象按照上述方式进行划分，并最终以面要素构成的矢量图形在 PostGIS 数据库中进行动态存储与管理。描述功能区域的属性字段如表 3-14 所示。

表 3-14　功能区域的属性字段表

属性名称	字段	说明
ID	16 位无符号整数	功能区的 ID
type	16 位无符号整数	类型
description	字符串	对该语义区域的描述
floor	16 位无符号整数	所在楼层
hasNode	字符串	与其对应的出入口的 ID

属性字段 type 根据室内区域对象的划分类型描述某一功能区属于何种区域对象类别。属性字段 hasNode 代表了某一个功能区域所拥有的出入口节点在数据库中存储的唯一标识 ID，该属性字段描述了功能区域与出入口节点之间的对应关系。

3.4.3　室内外导航数据组织

面向全息位置地图的导航服务，采用栅格导航地图进行室内精细化导航。通过研究室内外一体化定位与导航的需求分析，制定了栅格导航地图的生产标准，导航栅格图以 GEOTIFF 格式存储，每个栅格单元采用两个字节表示：Cell_Byte1 和 Cell_Byte2。

字节 Cell_Byte1 用于区分不同的导航对象能否通行，字节定义如表 3-15 所示。

表 3-15　栅格单元的 Cell_Byte1 定义

BIT 0	BIT 1	BIT 2	BIT 3	BIT 4	BIT 5	BIT 6	BIT 7
行人类别		扩充					通行标志

在 Cell_Byte1 中，前两个比特位 BIT0 和 BIT1 描述行人类别，最后一个比特位 BIT7 描述通行标志，分为通行（字符 1 表示）和不可通行（字符 0 表示）两种。Cell_Byte1 中未定义的比特位可以采用 0 或者 1 进行描述，定义为 X。在栅格地图导航中，行人类别和通行标志决定了栅格单元的可通行性，表 3-16 展示了不同场景下 Cell_Byte1 描述的栅格单元通行能力。

表 3-16　Cell_Byte1 的通行能力定义

BIT0	BIT1	BIT2	BIT3	BIT4	BIT5	BIT6	BIT7	描述
0	0	X	X	X	X	X	1	表示普通行人可以通行
0	0	X	X	X	X	X	0	表示普通行人不可通行
0	1	X	X	X	X	X	1	表示盲人可以通行
0	1	X	X	X	X	X	0	表示盲人不可通行
1	0	X	X	X	X	X	1	表示轮椅可以通行
1	0	X	X	X	X	X	0	表示轮椅不可通行

字节 Cell_Byte2 用于描述栅格单元的语义类别和连通关系，其定义如表 3-17 所示。字节 Cell_Byte2 定义的前提条件是字节 Cell_Byte1 的最后一个比特位 BIT7 设置为 1，即栅格单元可通行的情况。

表 3-17　栅格单元的 Cell_Byte2 定义

BIT0	BIT 1	BIT 2	BIT 3	BIT 4	BIT 5	BIT 6	BIT 7
层间切换位	单向标志	上下标志	栅格类别				

在 Cell_Byte2 中，前 3 个比特位 BIT0～BIT2 描述栅格单元的连通特征，是否为不同楼层的连通单元及其可通行方向，如表 3-18 所示；后 5 个比特位 BIT3～BIT7 描述栅格单元的语义特征，如表 3-19 所示。

表 3-18　Cell_Byte2 的通行特征定义

BIT0	BIT1	BIT2	BIT3	BIT4	BIT5	BIT6	BIT7	描述
0	X	X	X	X	X	X	X	同层通行区，非楼层切换区
1	0	X	X	X	X	X	X	楼层切换区，可双向通行
1	1	1	X	X	X	X	X	楼层切换区，单向通行，只能上楼
1	1	0	X	X	X	X	X	楼层切换区，单向通行，只能下楼

表 3-19　Cell_Byte2 的语义特征定义

BIT0	BIT1	BIT2	BIT3	BIT4	BIT5	BIT6	BIT7	描述
X	X	X	0	0	0	0	0	墙
X	X	X	0	0	0	0	1	建筑物出入口
X	X	X	0	0	0	1	0	电梯出入口
X	X	X	0	0	0	1	1	楼梯出入口
X	X	X	0	0	1	0	0	扶梯出入口
X	X	X	0	0	1	0	1	门
X	X	X	0	0	1	1	0	窗
X	X	X	0	0	1	1	1	走廊功能区
X	X	X	0	1	0	0	0	房间功能区
X	X	X	0	1	0	0	1	大厅功能区
X	X	X	0	1	0	1	0	电梯功能区
X	X	X	0	1	0	1	1	楼梯功能区
X	X	X	0	1	1	0	0	扶梯功能区
X	X	X	0	1	1	0	1	虚拟门
X	X	X	0	1	1	1	0	天井

3.4.4　室内外拓扑数据组织

在室内外出入口节点信息以及功能区域数据组织的基础上，利用 GDAL、OGR 开源库所提供的对矢量文件进行数据转换和处理的支持，根据一定的原则动态生成室内、室外出入口节点的拓扑连通关系，室内外拓扑数据代表了室内各个功能区域出入口、室内层间出入口以及室内外出入口的连通关系。最终利用 PostGIS 数据库将室内外一体化拓扑数据进行动态存储与管理，为室内外一体化的拦截分析、导航等提供数据基础。

室内外一体化的拓扑连通图生成流程如图 3-12 所示，首先需要根据功能区域信息进行出入口节点信息的提取，其次以包含出入口节点信息的点要素文件、包含功能区域信息的面要素文件、功能区域与出入口节点的对应关系作为数据基础，针对实际应用，形成一系列出入口节点拓扑连通关系的生成原则，最后，根据生成原则，编写程

序自动生成室内外一体化拓扑连通数据。下面分别对出入口信息提取、拓扑连通关系
生成原则、拓扑连通图生成结果、拓扑连通数据存储 4 个方面进行详细说明。

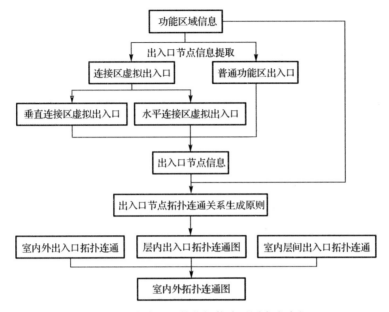

图 3-12　室内外一体化拓扑连通图生成流程

1. 出入口信息提取

建立出入口拓扑连通关系，首先需要根据功能区域提取出入口信息，构成描述出
入口节点信息的点要素文件，作为拓扑连通关系生成的数据基础。

在室内外一体化功能区域数据组织中，将室内建筑物对象分为普通区、连接区。
普通区代表室内建筑物中如办公室、机房、工作室等房间类功能区对象，因此室内建
筑物的普通区对象具有实际存在的出入口，如门。连接区是连接不同室内空间的室内
对象，并分为水平连接区和垂直连接区。水平连接区，如坡道、走廊、大厅和自动人
行道；垂直连接区是一个连接不同楼层的垂直连接器，包括电梯、楼梯和自动扶梯。
因此，连接区对象不具有实际存在的出入口。在室内外一体化数据组织中，定义水平
连接区对象与其他功能区域对象的连接处为虚拟门节点。对于垂直连接区，楼梯、扶
梯的上下行处，以及直梯的出入口处均被定义为虚拟门节点。

因此，根据室内功能区域信息，提取以下两类出入口节点：

（1）普通功能区出入口节点；

（2）连接区虚拟出入口节点。

同时，将出入口节点信息以点要素文件的形式存储在 PostGIS 数据库中，并定义
如表 3-20 所示的字段信息对出入口节点进行描述。

表 3-20　出入口节点信息属性表

属性名称	字段	说明
ID	16 位无符号整数	出入口的唯一标识
type	16 位无符号整数	出入口的类型
direction	16 位无符号整数	方向
toLevels	字符串	该出入口可以到达的楼层
openOrNot	16 位无符号整数	该出入口是否开启
X	双精度浮点型	X 坐标
Y	双精度浮点型	Y 坐标
description	字符串	文字描述
toUndergroundTwo	16 位无符号整数	可到达的地下二层的出入口的 ID
toUndergroundOne	16 位无符号整数	可到达的地下一层的出入口的 ID
toSquare	16 位无符号整数	可到达的地面广场的出入口的 ID
toStationOne	16 位无符号整数	可到达的火车站一楼的出入口的 ID
toStationTwo	16 位无符号整数	可到达的火车站二楼的出入口的 ID

2. 拓扑连通关系生成原则

根据出入口节点属性信息以及功能区域信息，生成出入口节点拓扑连通关系应当遵循以下原则：

（1）起点、终点出入口状态均为可通行；

（2）起点、终点属于同一功能语义区域；

（3）房间类功能区域的出入口节点，在拓扑连通线段只能作为入度不能作为出度（双向属性为否）；

（4）对于只能上行/下行（direction 属性字段为 1 或者 2）的扶梯虚拟门节点，同层内，拓扑连通线段中只能作为出度，不能作为入度；

（5）对于扶梯出入口（direction 为 5）到达节点，在同层内，拓扑连通线段中只能作为入度，不能作为出度；

（6）层间拓扑关系的生成，在室内外一体化数据组织中，楼梯、扶梯的上下行处，以及直梯的出入口处均被定义为虚拟门节点，与相应其他楼层楼梯、扶梯、电梯的虚拟门之间建立层间拓扑连通关系。

除上述原则，以下少数情况需要手动处理：

（1）当某一个功能区域必须要通过其他功能区的出入口与外界相连通时；

（2）当某一个功能区域含有室内外出入口或者层间连接出入口，则该区域的所有出入口节点都可以当作节点间拓扑连通线段的出度；

（3）部分特殊的室内空间，如卡口、检票口，双向信息为单向，需要修改其双向属性字段值。

3. 拓扑连通图生成结果

首先，生成包含出入口节点信息的出入口节点点要素文件；其次，在出入口节点信息的基础上，根据拓扑连通关系生成原则生成室内外一体化的拓扑连通图，并对拓扑连通关系的起点、终点、长度、是否为双向等属性进行描述。

图 3-13 和图 3-14 分别是某火车站室内二楼空间的出入口节点提取结果及其拓扑连通图。图中灰色节点为普通功能区域的出入口节点；三角节点为水平连接区即走廊、大厅等功能区域的虚拟出入口节点；而白色节点则代表垂直连接区，即楼梯、扶梯的上行/下行虚拟出入口以及直梯的虚拟出入口。

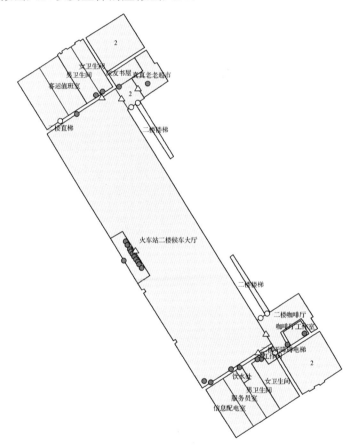

图 3-13　火车站二层出入口信息提取结果

4. 拓扑连通数据存储

利用 Post GIS 将自动生成的拓扑连通关系动态存储与管理。拓扑连通关系的属性字段及其意义如表 3-21 所示。

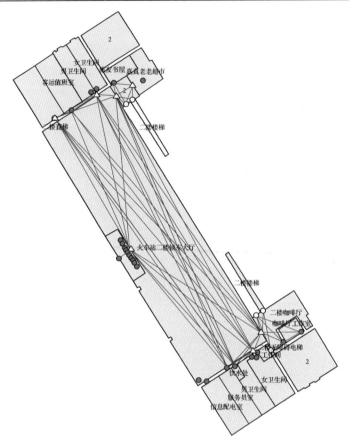

图 3-14　火车站二层拓扑连通生成结果

表 3-21　拓扑连通关系的属性字段表

属性名称	字段	说明
ID	16 位无符号整数	线要素的唯一标识
sPoint	16 位无符号整数	起点 ID
ePoint	16 位无符号整数	终点 ID
type	16 位无符号整数	类型（层内、层间、室内外）
twoWay	16 位无符号整数	是否双向
lenth	双精度浮点型	距离
floor	16 位无符号整数	所在楼层
available	16 位无符号整数	是否可通行

第4章　全息位置地图语义位置建模

4.1　泛在信息的位置抽取与空间配准

4.1.1　泛在信息的位置抽取

近年来，位置信息的重要性在针对公众位置信息服务和针对专业领域的时空数据分析日益凸显，泛在信息中蕴含的位置对于人们生活已十分常见。随着 GPS 等定位技术的不断发展和完善，基于位置的服务（location-based service，LBS）的应用领域不断扩充，例如，各种电子地图服务平台（百度地图、谷歌地图、Bing 地图等）、旅游信息查询系统、日常生活兴趣点查询系统、交通查询系统、社交网络等。在专业领域，以 PGIS 为例，实现案件"准确上图，提前预警"就需要充分利用案件中蕴含的地理信息。而 PGIS 中累积的大量历史案件报案文本信息就是一种典型的泛在信息。案件种类多样，而其中口语化、非标准的自然语言地址描述是当前案件处理过程中最普遍的描述形式。在自然语言的案件地址描述中蕴含了丰富的时间及位置信息，进行自动、准确的自然语言案件地址提取与分析，可有效提高案件上图效率，节省办案时间，并从数据源头上为后期案件分析提供精度保障；以此为基础，进一步计算分析空间区域上某类案件（如入室盗窃）发生的可能性，可为警力部署和案件预警提供决策支持。在其他需要针对多来源的泛在信息进行空间定位的行业领域中，如工商、城市管理、应急救援等，位置的准确解析和快速匹配都是有效融合多源非结构化泛在信息以及后续时空分析的先决任务和重要挑战。

位置描述作为一种语言交流方式，反映了双方在交流情境中对彼此所拥有的空间知识作出合理估计的前提下，对位置作出的一种简洁、得当、相关的逻辑表达。这种语言特性也导致位置描述往往形式多样。举例而言，"京汉大道与三阳路口以东 100m 处"就涉及拓扑关系（以某方向）和距离关系（100m 处）的空间运算。而空间关系词汇的表达多种多样，且由地名的种类不同而相异，因此需要针对位置描述中位置概念的层次及在描述中的组合方式进行建模，并对拓扑、方位、距离等各类空间关系谓词建立起合适的结构和计算模型。位置描述理解还必须结合位置概念的语义层次结构，结合空间关系的计算逻辑来准确地对位置概念进行定位。例如，"古田二路与三路之间，轻轨站对面的诊所"，对于其中的位置概念"三路""轻轨站""诊所"的理解，都需要结合整体概念的层次结构及"之间""对面"等空间词汇对应的计算方法。

泛在信息的位置抽取是地理信息检索领域的核心任务之一。地理信息检索是从互联网资源中抽取地理信息的一种检索技术，是自然语言处理和地理信息技术的交叉领域，近年来已成为信息检索的一个重要分支（Jones et al., 2008）。相比地址匹配和地名服务而言，地理信息抽取一般针对篇章级文本进行处理，基本问题包含地理信息的抽取和消歧、文档的索引与排序、检索结果的可视化展现（黎志升，2009）。其也被广泛运用到医疗卫生（Guralnick et al., 2006; Lash et al., 2012; Lieberman et al., 2008）、生态环境（Snoussi et al., 2012）、人文历史（Murphey et al., 2004）、区域经济（Lin et al., 2011）、城市管理（Li et al., 2012）、搜索引擎（Christoforaki et al., 2011; Lieberman et al., 2007; Samet et al., 2007; Sankaranarayanan et al., 2009）等领域的制图、文档搜索和空间分析。

从处理流程上来说，地理信息在文档中的发现过程由文本预处理、命名实体识别、地名消歧以及空间推理4个步骤组成。其基本思路是利用自然语言处理的一些通用工具如命名实体识别、词性标注等对文本进行处理，由于这些通用工具并不针对位置提取领域，需要进行大量的后期处理对前期提取的地理实体进行修正，常用的方法包括边界扩张、元规则地名重构、词性判别、类型传播（Lieberman et al., 2011）。对于空间关系的抽取研究还较为少见，一般为基于机器学习如 SVM 的算法，将空间关系简化为<地点 A，空间关系词汇，地点 B>三元组的形式，进行空间关系实例的训练与抽取（Khan et al., 2013; 蒋文明，2010）。在经过前期地名和空间关系的抽取后，需要对提取出的可能地名进行消歧，这也是地理信息检索的热点所在。

消歧从本质来讲依赖于位置实例之间的空间关系、语义关系、文档中的上下文关系，因此可以归纳为按照地图、知识的方法以及两者的结合（Buscaldi et al., 2008）。相关的模型包含基于文档特征的启发式计算、同现模型（Overell et al., 2008; Overell, 2009）、自适应上下文特征（Lieberman et al., 2012）、机器学习消歧模型（Agrawal et al., 2010; Martins et al., 2010）。语义关系一般还是使用地名的层次关系或行政从属信息（Adelfio et al., 2013; Bensalem et al., 2010; Hosokawa, 2012）。也有研究针对本体建模进行地名消歧（Kauppinen et al., 2008; Volz et al., 2007），但尚未融合空间关系的计算模型。

位置实例之间的距离计算也是一种相似性度量。在文本层面，位置实例的相似性可以由高效的字符串相似性函数实现（Recchia et al., 2013）。在语义层面，除去地名的层次关系，还包含地名本身的显著性与实体的相关性（Lieberman et al., 2010; Rauch et al., 2003）。Janowicz 等（2011）则给出了本体相似性的严格的形式化定义。Schwering（2007，2008）进一步考虑了空间关系的相似性度量，并提出几何、要素、网络等方面的空间场景相似性度量模型。

针对短语级的如微博或案件描述信息，其描述相对长文本一般需要更精确的提取和定位，局部语句的句法结构变化方式比一般的篇章文本更为复杂，这种非正式或者复杂的位置描述（informal and complex locative expressions）利用通用自然语言的命名实体识别较难完成（Liu et al., 2014），在近两年也引起了该领域一些研究者的注意。如 Gelernter 和 Balaji 从微博信息中进行街道级别位置的定位，使用机器学习方法对于英文的缩写问题进行判别（Gelernter et al., 2013）。针对中文位置描述的解析匹配工作近年也逐渐兴起（蒋睿，2012；蒋文明等，2010），中文因为其语法结构跟英语等有明显的不同，研究者一般还需要采取预先分词的方式进行处理，而分词由于切分歧义，本身也会引入错误，会给后期处理带来进一步的问题。

　　总体而言，地理信息检索当前研究还有以下几方面的局限：第一，前期解析阶段使用的机器学习方法需要较大的训练样本，且结果不易控制与调整；第二，针对复杂空间关系的研究仍较少（如交叉口左边的第一个路口），三元组的方式适合篇章非精确性形式的提取，针对较复杂的短语则需要进一步处理；第三，针对通指词汇（如学校、网吧）尚没有系统的研究；第四，在城市级别细粒度的应用仍需要解决单个地名地址解析的精度和效率问题。第五，对于复杂的地名描述，需要高效的文本空间索引机制，这类研究在数据库领域中近年来也有研究（Alsubaiee et al., 2010），需要将这类查询机制有效地融合到地理信息抽取研究中。

　　在工程应用过程中，也往往有基于正则表达式规则实现位置和空间关系的提取，在建立地理命名实体或地名的语料库的基础上，采用规则匹配的方式进行识别，这种方法对概念构造规则要求严格，能够提高抽取结果的准确率，但其缺点也比较明显。其一，由于一般正则表达式规则只能对字符串信息进行匹配，难以灵活地融入地名实体和关系词汇之间的语义关系。其二，规则本身难以处理嵌套的空间关系、地名，在编写规则时，很容易出现组合爆炸问题，换言之，由于规则之间缺乏层次关系，编写足够保证查全率的规则十分困难。其三，正则表达式规则使用独立的匹配软件模块，其从语法和软件实现角度都难以和模糊位置以及未登录位置识别方法有效地进行结合。其四，在规则数量较多时，且需要解析匹配较细尺度的地名如街道、POI 时，编译完成后的规则会非常庞大，系统效率降低明显。其五，由于本身规则数量较多，且正则表达式语法在匹配较复杂的句法时语法非常复杂，难以编写和维护，这样也很难保证位置信息的查全率。

　　针对传统方法的不足之处，本小节提出了一种新型的融合语义本体和对象级规则匹配的自然语言位置提取和定位方法，有效地提高自然语言位置提取效率和准确率，支持灵活定义规则语句，从而实现简单和复杂句法模式的匹配。

　　本小节将自然语言位置提取分为位置本体建模、规则解析与匹配、空间消歧与估算三个部分。如图 4-1 所示，首先基于位置模型构建位置本体，包括地名地址建模、POI 建模以及自然语言空间关系建模，然后进行规则解析与匹配，以任意自然语言文本位置描述语句作为输入，并利用已经构建好的语义位置模型知识库对描述语句进行规则解析匹配，包括对象级别规则语法解析、利用规则编译索引进行规则生长过程中的抑制控制，并依次完成语法树规则匹配得到语义匹配树输出。最后对语义匹配树进行空间消歧与估算，基于模式图进行模式语法的解析及编译，利用模式图概念搜索与消歧实现文本空间联合索引，从而实现位置对象的高效检索，并结合空间谓词计算逻辑最终得到位置描述的定位结果。

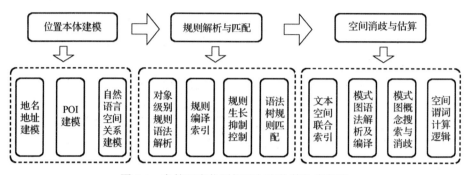

图 4-1　自然语言位置提取与定位整体流程图

1. 位置本体建模

对于自然语言位置描述，国内外早有一定的研究，墨尔本大学 Stephan Winter 带领的"Talking about Place"研究课题，以智能位置服务为目标，对英文自然语言的位置描述建模中的上下文因素、模糊空间关系、位置表达、自然语言草图开展了一系列深入研究（Richter et al., 2013a; 2013b; Vasardani, 2013b; Winter et al., 2014）。其中，Richter 等根据地名层次性和显著性对位置描述的影响，将位置描述划分为严格层次型、半层次型、水平型、无序型 4 种形式，并系统地分析了街道、社区、城市等不同尺度对于位置描述的影响（Richter et al., 2013a; 2013b; 2013c）。在中文领域，张雪英和间国年对空间关系的词汇和句法模式组成做了系统的阐述（张雪英等，2007）。杜世宏则深入分析了 GIS 传统空间关系对位置描述表达能力的问题，给出了细节方向关系的形式化定义及计算模型，并使用模糊方法来描述对空间关系的不确定性给出定量表达（杜世宏，2004；杜世宏等，2005）。

对于位置描述的形式化表达与建模研究还处于初始阶段，需要从语用视角分析位置描述的一般化形式和表达特征，并将位置模型和位置描述相结合，建立起地图和自然语言的映射关系。此处所讨论的语义位置及其描述将研究范围限定为室外的地理位置和空间关系。自然语言位置描述采用具有位置意义的文字或符号描述位置，更易于人们认知、理解和交流。其分为绝对位置描述和相对位置描述。自然语言绝对位置描述是采用能够直接被人空间认知、具有位置意义的文字或符号表达位置的描述方式，包括地名、地址、邮政编码、电话号码等，如"武汉市珞喻路 129 号""黄鹤楼""430079"，在人类心像地图中，这些文字或符号表示的位置都能够在现实空间获取对应的地理空间范围。

在缺少或者无法直接使用位置概念描述目标时，通过文字或者符号描述参考位置特征及其与目标位置的语义空间关系，从而间接地描述目标位置，称为自然语言相对位置描述。例如，"武汉大学附近"表示目标位置与武汉大学是相邻关系。

广义的位置模型由多源的位置信息组成，其包含从卫星、基站、无线通信、惯性导航、位置传感器等设备产生的特定格式的位置表达，也包括地名、地址、POI、邮政编码、电话号码、室内位置等人们日常语言交流中使用的位置表达（黄亮，2014）。由于位置可以以多种形式出现在语言中，建立一个针对位置描述定位的通用位置概念模型十分困难（Bennett et al., 2007）。本小节针对广义位置模型的一个子集，即其中的地名、地址、POI，以及相关的空间关系。为将空间关系与其他类别区分开来，本小节将地名、地址、POI 概括为广义地名（GeneralizedPlaceName），而空间关系则可看作作用于一个或一组位置或广义地名在一定关系语义下的组合。位置概念的抽象分类如图 4-2 所示。

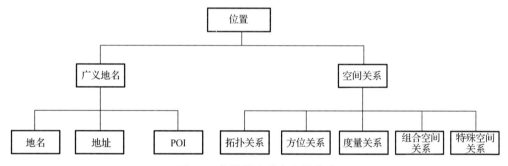

图 4-2　位置概念基本分类体系

位置概念本体代表了地址、POI、道路、行政区、空间关系等各类位置相关对象的基本组成和层次关系，分为位置基础概念本体和位置实体概念本体，主要包括泛在信息提取所需的地名、地址和 POI 等，其中位置基础概念本体对应语义位置的原子组成词汇，不对应具体的空间实体或关系，而位置实体概念本体则具体对应某个空间实体或关系，即所述位置基础概念本体为地理实体的基本组成部分对应的概念本体，所述位置实体概念本体为地理实体的概念本体。如"湖北省"本身对应了一个实体概念（ADMProvinceName），但其本身由两个基础概念本体的实例构成（分别为 ADMProvince（省）和特征词概念 FeaWord）；再例如，"长江通信产业集团武汉工贸分公司"本身对应了一个 POI 类型的实体概念，但其本身又由多个基础概念本体和实体概念本体组成，"长江"是一个简单的地名实例（SimpleGName），"通信产业集团"是一个业务名实例（BusinessName），"武汉工贸分公司"是一个信息辅助词实例（AdditionalWord）。

本小节根据各种现行标准，通过对大量武汉市标准地址、POI 数据、警情地址描述等诸多位置描述文本进行分析，确定了语义位置概念体系结构、地址组成结构、POI 名称组成结构及自然语言空间关系概念层次结构。

POI 名称由通名（CommonName）、特名（SpecialName）、业务名（BusinessName）、

地名（GeoName）、修饰词（Qualifier）、信息辅助词（AdditionalWord）等构成，如图 4-3 所示。

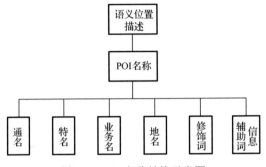

图 4-3 POI 名称结构示意图

地址的形成则更加符合行政的划分特征，是人们对于特定位置的结构化描述。地址实际上是若干个基础地名的组合。因此，其根本来源依旧是反映了历史文化的特征。地址的构建有很强的地域性特征，本小节的地址模型根据实验部分中的武汉地址进行抽象和总结而成，如图 4-4 所示。地址一般包含包含行政区、街道巷、小区、门楼址以及某个标志物的名称，其从结构上呈现出很明显的层次化特征。由于地址的标准化形式，其也是在日常通信交流以及行政管理过程中最为常见的一种位置表达形式。

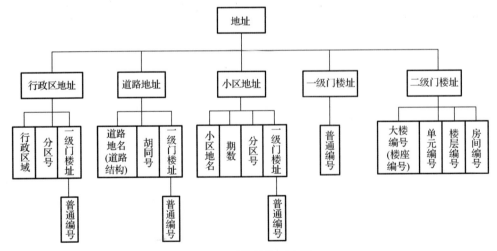

图 4-4 地址结构示意图

空间关系是人们根据地名、地址和 POI 的一个组合，用以表达地理实体之间的关系。空间关系的使用反映了人们对于地理实体和位置信息的描述、关联与计算，也是空间认知最为直接的体现。本小节主要考虑室外空间关系，根据关系的性质，可分为拓扑关系、方位关系、度量关系、组合空间关系以及特殊空间关系。图 4-5 描述了空间关系的概念层次。例如，对于拓扑关系而言，可进一步概括为邻近、相交、包含、被包含等 4 种形式。

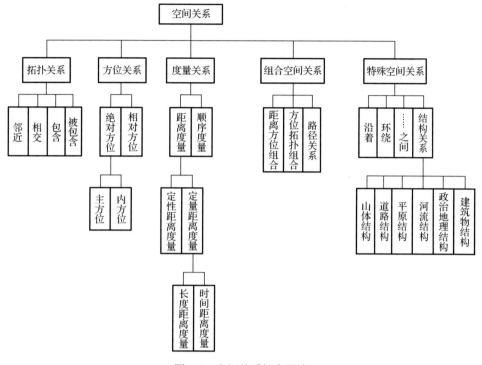

图 4-5　空间关系概念层次

2. 位置组合规则表达

位置概念的规则表达代表了这个位置实体概念本体的组成规则，包含子对象的出现次序与次数、类型指定、连接方式与条件限定，相较于正则表达式作用于字符串，其处于更为抽象的一个层次，可以更加灵活的表达多类对象的组成模式和限定关系。

具体而言，规则的组成主要由位置基础概念、位置实体概念、概念连接符和概念之间的限制条件构成，位置基础概念和位置实体概念组成规则的主体部分，如"武汉大学""长江"等；概念连接符用来表示上述位置概念之间的连接关系，紧密连接表示两个位置概念之间不能有其他字符，松连接则可以有其他字符；概念之间的限制条件表示位置概念之间的相互关系，如空间包含关系、空间相交关系和空间相离关系等。

本小节为位置组合本体设计了一种专有的规则化语言，其基本组成为

```
Rule  RuleName for  ConceptName = Concept_1(Name, ToObject, Condition,
Repeat)  ConnectorSymbol  Concept_2(Name, ToObject, Condition, Repeat)
ConnectorSymbol  ......  ConnectorSymbol    Concept_n(Name, ToObject,
Condition, Repeat)  where  JudgeCondition;
```

其中，RuleName 是规则名称；ConceptName 是该规则对应的位置概念；等号右边部分为规则体，规则体主要由位置概念（Concept_1，Concept_2，…，Concept_n）、连接符（ConnectorSymbol）、限制条件（JudgeCondition）构成，如图 4-6 所示。

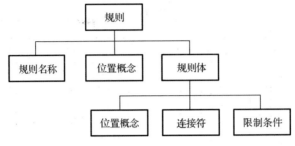

图 4-6　规则结构示意图

规则类的生成，首先需要根据语义位置模型构建位置基础概念本体以及位置实体概念本体，然后填充本体实例，对位置基础概念本体和位置实体概念本体进行分类，针对每一个位置实体概念本体建立对应的位置结构概念本体。在此基础上，自动化映射位置结构概念本体生成 Java 规则类，每一条规则类对应一个位置实体概念本体，若以后发现还有新的规则出现，则继续更新新的规则类。

位置概念的组合模型本质上都代表了其子部分的一种组合形式。下面以组合模型建模语言的形式分析各类位置概念的组合模型。

1）地名位置概念组合示例

由前所述，基础地名的结构形式较为简单，一般为一个领域内的特定词汇与其特征词的组合，因此其规则描述也较为简洁，举例如下。

（1）[道路名称]& [道路特征词]。

```
规则：Rule SGN1 for TraCityRoadName = A(#CP: TraCityRoad,#MB:
road,#RT:[0,1]) & B(#CP:FeaWord,#MB:feaWord, #CD : layerName.equals
("TraCityRoad"),#RT:[0,1]) &C(#CP:FeaWord,#MB:feaWord,#CD :layerName.
equals("general"), #RT:[0,1])
```

例：解放大道。

说明：其中，"解放"为道路地址，"大道"为道路特征词。

（2）[区/乡名称]& [区/乡特征词]。

```
规则：Rule SGN2 for ADMCountyName= A(#CP: ADMCounty,#MB: admCounty) &
B(#CP: FeaWord,#MB:feaWord, #CD : layerName.equals("ADMCounty"), #RT:
[0,1]) & C(#CP: FeaWord,#MB:feaWord, #CD : layerName.equals("general"),
#RT:[0,1])
```

例：洪山区。

说明：其中，"洪山"为区/乡地址，"区"为区/乡特征词。

（3）[小区名称]& [小区特征词]。

```
规则: Rule  SGN3  for  ResidAreaName= A(#CP: ResidArea,#MB: residArea,
#RT:[0,1]) & B(#CP: FeaWord,#MB:feaWord, #CD : layerName.equals
("ResidArea"), #RT:[0,1]) & C(#CP:FeaWord,#MB:feaWord, #CD : layerName.
equals("general"), #RT:[0,1])
```

例：同庆阁社区。

说明：其中，"同庆阁"为小区名称，"社区"为小区特征词。

规则中，RT[0,1]代表该子成员可以有一个实例化成员，也可以省略。对于道路而言，这种情况比较常见，如"三路""后街"本身作为一个特征词存在，也由于约定俗成等某些历史文化的原因而成为某些道路的全称。

2）地址位置概念组合示例

地址的成分相对普通地名较为复杂，其包含了地名，也包括一系列地址所特有的元素。示例如下。

（1）[行政区地址]& [道路地址] &[小区地址]&[二级门楼址]&[标志物]。

```
规则: Rule  AR1 for  AddressName = A(#CP: ADMAds,#MB: admAds,#RT:[0,1])
& B(#CP: RoadAds,#MB:roadAds, #RT:[0,1])&C(#CP: CommunityAds ,#MB:
communityAds, #RT:[0,1])& D(#CP: SecondGradeBuildingAds,#MB: second
GradeBuildingAds,#RT:[0,1]) & E(#CP: OrganizationAds,#MB:organization
Ads, #RT:[0,1]);
```

例：球场街解放大道 1042 号同庆阁社区四楼。

说明：其中，"球场街解放大道 1042 号"为道路地址，"同庆阁社区"为小区地址，"四楼"为二级门楼址。

（2）[道路地址]&[标志物]&[二级门楼址]。

```
规则: Rule  AR2 for AddressName = A(#CP:RoadAds, #MB:roadAds, #RT:[0,1])
&B(#CP: OrganizationAds, #MB:organizationAds, #RT:[0,1]) & C(#CP:Second
GradeBuildingAds, #MB:secondGradeBuildingAds, #RT:[0,1]);
```

例：球场街陈家湾后街 2 号。

说明：此描述本身也是一个道路地址，其中，"球场街陈家湾后街"为道路名，"2号"为一级门楼址。

3）POI 位置概念组合示例

POI 的表达则更为灵活，规则种类更为繁多，示例如下。

（1）[地名]& [特名]&[业务名]&[修饰词]&[通名]。

```
规则: Rule PN1 for POI = A(#CP:GeoName, #MB:g_name) & B(#CP:SpecialName,
```

```
#MB:specialName) &C(#CP:BusinessName, #MB:businessName) &D(#CP:Qualifier,
#MB:qualifier) & E(#CP:CommonName, #MB:commonName);
```

例：武汉华中会计事务公司。

说明："武汉"为地名，"华中"为特名，"会计"为业务名，"事务"为修饰词，"公司"为通名。

（2）[特名]& [修饰词]&[通名]&[地名]&[信息辅助词]。

```
规则：Rule PN2 for POI=A(#CP:SpecialName, #MB:specialName) &B(#CP:
Qualifier, #MB:qualifier)&C(#CP:CommonName,#MB:commonName)&D(#CP:GeoName,
#MB:g_name) &E(#CP:AdditionalWord,#MB:additionalWord);
```

例：东星国际旅行社西马路门市部。

说明："东星"为特名，"国际"为修饰词，"旅行社"为通名，"西马路"为地名，"门市部"为信息辅助词。

4）空间关系位置概念组合示例

相对于地址和POI，空间关系的结构则相对固定，一类空间关系一般只对应一类组合规则。示例如下。

（1）邻近空间关系：[位置]& [邻近词汇]+[广义地名]。

```
规则：Rule R1 for AdjacentRelation=A(#CP:SemanticLocation, #MB:semantic
Location) &B(#CP:AdjacentWord, #MB:adjacentWord) + C(#CP:Generalized
PlaceName, #MB:targetLocation, #RT:[0,1]);
```

例：
① 广八路旁边的酒店；
② 广八路与八一路交叉口旁边。

说明："广八路"、"广八路与八一路交叉口"为规则中的位置成分，其中，"广八路"为一个简单地名（道路），而"广八路与八一路交叉口"则是一个相交空间关系。"旁边"是邻近词汇。而对于代表目标位置的广义地名，例①中为"酒店"，则是一个POI形式的广义地名。而例②中则为空，其代表这个空间关系本身是其目标位置。

（2）相交空间关系：[道路]& [连接词]&[道路]&[相交词]&[位置后缀] +[广义地名]。

```
规则：Rule R2 for IntersectRelation=A(#CP:TraCityRoadName, #MB:roadName,
#RT:[1,8])&B(#CP:Conjunction, #MB:conjunction, #RT:[0,1]) &C(#CP:
TraCityRoadName, #MB:roadName,#RT:[1,8]) &D(#CP:IntersectionWord, #MB:
intersectionWord) &E(#CP:LocationSuffix, #MB:locationSuffix,#RT:[0,1])
+F(#CP:GeneralizedPlaceName, #MB:targetLocation,#RT:[0,1]);
```

例：
① 广八路与八一路交叉口处的医院；

② 广八路与八一路交叉口。

说明："广八路""八一路"为道路，"与"为连接词，"交叉口"为相交词，例②中的"处"为位置后缀。而对于代表目标位置的广义地名，与上述邻近空间关系示例类似，例①中为"医院"，则是一个 POI 形式的广义地名。而例②中则为空。

3. 规则解析与匹配

本小节将位置描述的解析阶段分为基础位置概念对象的检索和位置概念匹配两个步骤。针对基础位置概念的检索，本小节提出一种基于 Trie 的数据结构，用于抽取位置描述中的所有基础位置概念对象，其是匹配图形成的基础。第二步则根据第 2 章建立的概念模型组合关系进行匹配构图，并利用 K 最短路径算法来找寻最优的匹配位置概念对象集合。Trie 的构建、概念组合模型对象化规则的编译以及依赖图构建均在初始化阶段完成，用于加速检索过程。

1）基础位置概念对象抽取

基础位置概念 C_B 对应着位置概念的原子组成词汇，不对应具体的空间实体或关系。C_B 是复杂位置概念的基本组成部分，且其总体对象个数有限，因此，有必要也有可能建立一种快速的检索机制，用于快速地搜索位置描述中出现的基础位置概念。Trie被广泛应用于搜索引擎、文档管理等软件的拼写完成和检查工作中。与拼写完成不同，在位置描述解析中，利用 Trie 的优势在于可以快速从句子中遍历一遍即可提取相关的基础概念词汇或别名，而不必反复按字以排列组合的形式进行查询。

根据具体应用领域的不同，可以对 Trie 作出相应的扩展，以适应具体的搜索需求。在位置描述中，人们在描述特定的位置概念时，如小区名、村落名、POI 的特名时常会出现错字、漏字等情况。本小节 Trie 中的每个节点 V 由两个集合构成：$V=(M, O)$。其中，M 代表其子节点，由一个哈希表数据结构来表示，其键表示某个拼音形式的前缀字符串 s，值则为 s 对应的子节点。O 中包含了对象的具体信息，其中每一个元素 o 可表示为一个三元组：$o=(l, w, c)$。其中，l 代表了某个基础位置概念对象，w 为其精确形式的描述文本，c 为位置概念类型的序号，用于快速检索位置概念是否需要模糊查询。叶节点的集合 O 一定不是空集，而中间层次节点的集合 O 则可能是空集，代表从根节点到其构成的路径所组成的文本并无对应的基础位置概念。搜索过程遵从一般 Trie 的搜索流程，输出即为一组基础位置概念对象。

2）概念匹配图构建与计算

在从原始的位置描述中抽取一组基础位置概念对象后，对位置描述进行层次化的匹配，其首先构建针对位置描述 D 的位置概念匹配图 G，其中包含了位置描述所有可能的位置概念组合，并用 K 最短路径的形式按照一定分值计算策略求解出一个匹配输出结果集合。这类似于一种全匹配的方法，其中匹配的效率和最后路径集合的有效性决定了整个定位过程的效率和精度。位置描述的匹配过程实质上是一个图搜索的过程，其将由 LO-Trie 查询得出的基础概念对象通过组合规则匹配不断构建新边，最终得到一张完整的匹配图 G。G 中包含两种节点：S 节点和 C 节点。其中，S 节点为原子词节点，即每个字符（中文或英文）对应一个 S 节点；而 C 节点代表概念节点，由两部分形成：一部分为 LO-Trie 中查询到的基础概念对象，另一部分为规则匹配得出的实体概念对象。S 节点起到连接 C 节点的作用。图 4-7 给出了该图的示意。

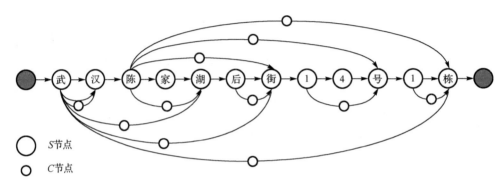

图 4-7　匹配图示意

生成图的整体算法如下所示，最先添加到图的节点为从 Trie 中搜索出的基础概念对象转化而来，此后从规则依赖图依次激活规则组，反复运用组生长及规则的局部和全局约束条件对图的节点进行添加和删除。

算法 generateGraph

输入：sentence，句子；words，从 Trie 中查询到的基础概念对象；context，匹配上下文；groups，规则依赖图

输出：无

```
1    dbNodes = {}
2    for each word in words do
3      instatiate a new C node from word
4      add the new node to context   /*将新 C 节点插入相应的两 S 节点之间*/
5    for each group in nodes do
6      outputNodes = {}
7      if index of group = 0then
8          outputNodes = dbNodes
9      else
10         group.grow(context)      /*组生长*/
11         outputNodes = group.output(context)
12     for each nextGroup in group.nextGroups do
13         nextGroup.inputNodes.addAll(outputNodes)  /*加入后驱组的输入节点*/
```

其中，生长部分完成规则的匹配和 C 节点的添加，其基本逻辑以上一组构建的

概念集合作为输入，不断地向上匹配出新的符合结构判断函数的位置概念对象作为一个新节点，并将其也加入到输入集合中继续循环进行节点生成，直到输入集合为空。其中，findPaths 函数用于遍历相关规则进行迭代形式的匹配，找寻所有的匹配路径集合，而概念结构指纹对应一个匹配上的位置概念的节点构成的字符串形式，这里用于去重。

匹配图的边权值转换为节点权重进行计算，针对 S 节点，计两个 S 节点间的边权值为 2，1 个 S 节点和 1 个 C 节点的边权值为 0。对于 C 节点，其权值为所对应的概念匹配分值 T，可表达为

$$T = aT_{valid} + bT_{node} + cT_{class} \tag{4-1}$$

其中，T_{valid} 为节点的有效性评分，通过计算总字数与匹配上的字数比值得出；T_{node} 为节点的子节点数评分，为总节点数；T_{class} 为节点的概念类评分，根据节点在规则依赖图中的位置等级给分；a、b、c 为各部分权值，本实验部分中取经验参数 a=1，b=0.00001，c=1。

相较于一般种类的网络，本小节描述的匹配图 G 有很强的结构特征，其不存在环状结构，所有的边的方向都按字符串排列从左至右。特别地，对于简单形式的位置描述，如针对 POI 的描述"阿美丽烤肉店"，匹配图本身的首尾节点相连即可得到一条或多条匹配图的路径。通过运行从起点到终点的 K 最短路径搜索，即可输出最终的匹配树集合，其匹配分值由低至高排序，分值越低则代表路径的长度越短，也表示该种位置概念对象的构成服从对应位置描述组合建模的程度越高。因此，令匹配图所包含的路径总数为 L，最终输出的路径集合 P 包含路径条数为 $|P|$。当 $k > |L|$ 时，$|P| = |L|$。而当 $k \leqslant |L|$ 时，$|P| = k$。

K 最短路径求解是最短路径问题的一个延伸，其常用算法主要包括基于边删除的算法（Pascoal et al., 2001）、基于生成路径偏差的算法（Eppstein, 1998）以及递归枚举算法（Jiménez, et al., 1999）。由于短语级的位置描述匹配图结构简单，且规模适中，所以本小节选择数据结构和整体流程较为简明的边删除算法，并基于其实现 K 最短路径匹配。算法具体步骤和流程如下。

① 输入匹配图 G，路径参数 k；

② 取 G 的起点 g_s 和终点 g_d，初始化路径集合为 $P=\varnothing$，累积删除边集合 $E=\varnothing$，前驱路径 t，待选路径最小堆 $Q=\varnothing$，Q 中每一条待选路径都是一个三元组 $q=(p, s, e)$。其中，p 为 q 代表的路径；s 为路径长度，代表了路径所包含概念权值之和；e 为计算得到 p 时所删除的边。

③ 使用 Dijkstra 算法（Dijkstra, 1959）计算 g_s 到 g_d 在 G 上的最短路径 p，将 p 加入集合 P。

④ 循环寻找第 K 条最短路径，终止条件为 $|P| \geqslant k$。其过程如下。

ⅰ. 令前驱路径 t 为 P 最后一条路径，并从 G 中删除累积删除边集合 E 的所有边。

ⅱ. 遍历 t 的边集合 E'，对应每一条边 e_i，首先从 G 中删除 e_i，再使用 Dijkstra 算法计算 g_s 到 g_d 在 G 上的最短路径 p'，若 p' 存在，则构造一条待选路径 $q = (p', s_{p'}, e_i)$ 加入最小堆 Q。将边 e_i 加回至 G 中。

ⅲ. 将 E 的所有边加回至 G 中。

ⅳ. 若 Q 长度为 0，则跳出循环。

ⅴ. 从 Q 中取出长度最小的待选路径 q_{min} 并移除。将其对应路径 p_{min} 加入至集合 P，并将其删除边 e_{min} 加入至集合 E。

⑤ 返回路径集合 P。

K 最短路径算法

输入：G，匹配图；k，路径参数	
输出：路径集合	

```
1   gs = G.startNode(),gd = G.endNode()
2   P = ∅, E = ∅, t, Q = ∅
3   p = dijkstra(gs, gd, G)
4   P.add(p)
5   While e ≥ d || |P| ≥ k do
6      t = P.last()
7      G.removeEdges(E)
8      for each ei in E' do
9         G.removeEdge(ei)
10        p' = dijkstra(gs, gd, G)
11        if p' != null then
12             q = (p', sp', ei), Q.add(q)
13        G.add(ei)
14     if |Q| == 0 then
15         break
16     qmin = (Pmin, smin, emin) = Q.pop()
17     P.add(pmin)
18     G.add(emin)
19  return P
```

在完成 K 最短路径搜索后，抽取路径的位置概念对象集合作为结果返回，完成位置描述的解析过程。实例分析如下。

位置描述的解析是定位通道的第一个步骤，这里给出若干实例对其输出进行说明，具体的定位结果及评估在第 5 章中结合后期的定位计算过程给出。

ⅰ. 解放南路和丰里 2 号。

这是一句地址的较为规范化的地址简称，其中有一个别字"和"，其应为村落名称"合"。从 LO-Trie 中抽取的基础概念对象如表 4-1 所示。

表 4-1　抽取的基础概念对象一

里(InsideWord(248637))	里(LengthUnits(1191))	南路(SpecialName(188221))
号(AdditionalWord(176898))	放南路(SpecialName(189229))	和丰(SpecialName(195250))
南(SpecialName(195660))	解(SpecialName(192120))	南路(FeaWord(498))
放南路(SpecialName(188221))	丰里 2(SpecialName(188492))	路和(ADMVillage(4336))
路和(SpecialName(187840))	丰(SpecialName(192908))	解放(ADMVillage(3574))
号(AdsFeaWord(100))	和丰里(ADMVillage(5291))	南(AbsoluteDirectionWord(248558))
丰里(SpecialName(187923))	解放南路(SpecialName(186874))	里(FeaWord(377))
里(SpecialName(185839))	2(Character(166))	和丰里(ADMVillage(5203))
解放(Qualifier(180649))	号(OrdinalPrefix(196523))	南(AdsFeaWord(95))
路(FeaWord(945))	号(AdsFeaWord(96))	丰里(ADMVillage(5203))
解放南(SpecialName(188284))	解放(SpecialName(191388))	南(ADMVillage(2717))
解放(SpecialName(182327))	解放(SpecialName(183882))	2 号(TraCityRoad(8881))
解放(TraCityRoad(175156))	解放南(ADMVillage(4561))	丰里(SpecialName(181849))
和(Conjunction(204))		

从中可以看出，其中提取除了正确的对象"和丰里(ADMVillage(5203))"(5203 代表实际的合丰里)，也出现了很多无关的名称，这也说明了 LO-Trie 只保证查全率，其负责给出所有的基础位置概念对象。后期匹配的结果如表 4-2 所示（抽取前 5 条）。

表 4-2　示例匹配结果（"解放南路和丰里 2 号"）

序号	分值	输出虚拟位置概念对象
1	3.00683	(POI((TraCityRoadName((TraCityRoad 解放)，(FeaWord 南路))，(SpecialName 和丰)，(SpecialName 里)，(NumAbc((Character2))，(AdditionalWord 号))
2	3.01364	(POI((ADMVillageName((ADMVillage 解放))，(TraCityRoadName((FeaWord 南路))，(SpecialName 和丰)，(SpecialName 里)，(NumAbc((Character2))，(AdditionalWord 号))
3	3.12026	(AddressName((RoadAds((TraCityRoadName((TraCityRoad 解放)，(FeaWord 南路)))，(ADMAds ((ComGName((ADMVillageName((ADMVillage 和丰里)))，(FirstGradeBuildingAds((GeneralNum((NumAbc((Character2))，(AdsFeaWord 号)))))
4	3.12030	(AddressName((RoadAds((TraCityRoadName((TraCityRoad 解放)，(FeaWord 南路)))，(ADMAds ((ComGName((ADMVillageName((ADMVillage 和丰里)))，(SecondGradeBuildingAds((RoomNum((NumAbc((Character2))，(AdsFeaWord 号))))
5	3.12031	(AddressName((ADMAds((ComGName((ADMVillageName((ADMVillage 解放)))，(RoadAds ((TraCityRoadName((FeaWord 南路))，(ADMAds((ComGName((ADMVillageName((ADMVillage 和丰里))))，(SecondGradeBuildingAds((RoomNum((NumAbc((Character2))，(AdsFeaWord 号))))

其中，第 3 条显示了最有可能的定位结果，其匹配概念显示成树状层次型结构如图 4-8 所示。这也从侧面说明了位置描述对应着多种可能的解释，因此解析匹配需要输出多条路径，再来通过后期的计算过程得到与位置概念对象最为匹配的结果。

ⅱ．广八路与八一路交叉口附近的酒店。

该示例代表了一个包含两重空间关系的位置描述。从 LO-Trie 中抽取的基础概念对象如表 4-3 所示。

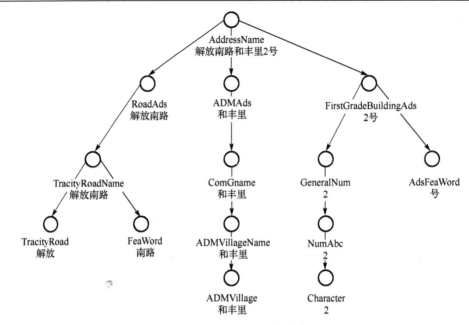

图 4-8　匹配概念树状层次图（"解放南路和丰里 2 号"）

表 4-3　抽取的基础概念对象二

近的(SpecialName(190148))	八(ADMVillage(3914))	交(IntersectionWord(248744))
口附近(SpecialName(189463))	八(TraCityRoad(174850))	八路与(SpecialName (185282))
店(CommonName(180362))	八(Character(191))	口(FeaWord(366))
八(ADMVillage(3914))	附近的(SpecialName(192134))	叉口附(SpecialName(192590))
酒店(CommonName(180179))	与(Conjunction(202))	口附(SpecialName(192590))
八(Character(192))	交叉(IntersectionWord(248743))	一(Character(175))
一路交(SpecialName(193866))	交叉口(IntersectionWord(248672))	附近的(SpecialName (185667))
八(TraCityRoad(174850))	酒(BusinessName(177998))	八(Character(191))
近的酒(SpecialName(187545))	附(AdsFeaWord(111))	八一(SpecialName(186411))
八路(ADMVillage(3789))	店(FeaWord(942))	一路(FeaWord(1155))
路(FeaWord(945))	与八(SpecialName(188635))	酒店(AdditionalWord(177065))
八(Character(192))	一路(SpecialName (195938))	近的酒(SpecialName(189840))
一(Character(134))	近(QualitativeMeasureWord (248762))	店(AdditionalWord(176834))
八一路(SpecialName(195938))	路交(ADMVillage (3515))	八一(SpecialName(183624))

后期匹配的结果如表 4-4 所示（抽取前 5 条）。其中第 1 条和第 2 条最有可能对应最后的定位结果。其中，第 1 条的匹配概念以树状的形式显示为图 4-9 所示。

表 4-4　示例匹配结果（"广八路与八一路交叉口附近的酒店"）

序号	分值	输出虚拟位置概念对象
1	3.07157	(AdjacentRelation((IntersectRelation((TraCityRoadName((TraCityRoad 广), (FeaWord 八路)), (Conjunction 与), (TraCityRoadName((TraCityRoad 八), (FeaWord 一路)), (IntersectionWord 交叉口)), (AdjacentWord 附近), (POI((CommonName 酒店)))
2	3.07157	(AdjacentRelation((IntersectRelation((TraCityRoadName((TraCityRoad 广), (FeaWord 八路)), (Conjunction 与), (TraCityRoadName((TraCityRoad 八), (FeaWord 一路)), (IntersectionWord 交叉口)), (AdjacentWord 附近), (POI((AdditionalWord 酒店)))
3	3.07158	(AdjacentRelation((IntersectRelation((TraCityRoadName((TraCityRoad 广), (FeaWord 八路)), (Conjunction 与), (TraCityRoadName((TraCityRoad 八), (FeaWord 一路)), (IntersectionWord 交叉口)), (AdjacentWord 附近), (POI((BusinessName 酒), (AdditionalWord 店)))
4	3.07158	(AdjacentRelation((IntersectRelation((TraCityRoadName((TraCityRoad 广), (FeaWord 八路)), (Conjunction 与), (TraCityRoadName((TraCityRoad 八), (FeaWord 一路)), (IntersectionWord 交叉口)), (AdjacentWord 附近), (POI((BusinessName 酒), (CommonName 店)))
5	4.08407	(TraCityRoad 广) | (AdjacentRelation((IntersectRelation((TraCityRoadName((FeaWord 八路)), (Conjunction 与), (TraCityRoadName((TraCityRoad 八), (FeaWord 一路)), (IntersectionWord 交叉口)), (AdjacentWord 附近), (POI((CommonName 酒店)))

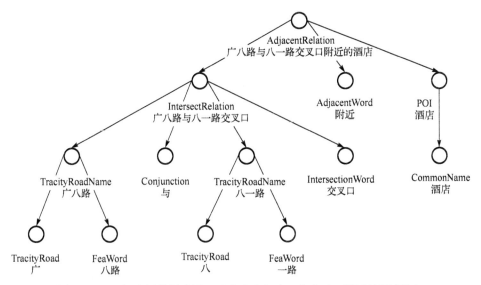

图 4-9　匹配概念树状层次图（"广八路与八一路交叉口附近的酒店"）

iii．新沟车站街三十六门旁边的医院。

该示例代表了一个包含地址、POI、与空间关系相混合的位置描述。其中，"新沟"省略掉了特征词，其最有可能的所指是"新沟桥"，而"三十六"则是一个数字"36"的别名。从 LO-Trie 中抽取的基础概念对象如表 4-5 所示。

表 4-5　抽取的基础概念对象三

新(TraCityRoad(174330))	十六门(SpecialName(183147))	车站(CommonName (180324))
医院(SpecialName(192803))	车站(AdditionalWord(196584))	十六(SpecialName(190761))
新(ADMVillage(3223))	车站(ADMTown(1878))	三(Qualifier(181734))
医院(CommonName(180258))	车站(TraCityRoad(8789))	站(Additional Word(176941))
十六门(SpecialName(187902))	六(Character(157))	三十六(SpecialName(191378))
新沟(ADMVillage(2732))	边(AdjacentWord(248580))	六(ADMVillage(3746))
街三(SpecialName(182924))	门(AdsFeaWord(100))	车站街(SpecialName(193604))
六门旁(SpecialName(186296))	街三十(SpecialName(187545))	十六(SpecialName(189842))
三十(SpecialName(187331))	沟车站(ADMVillage(3473))	三(Character(171))
站(CommonName(180255))	街三(TraCityRoad(174177))	医院(AdditionalWord(176962))
车站(ADMVillage(3473))	门(SpecialName(186348))	门(AdsFeaWord(96))
院(FeaWord(472))	医院(TraCityRoad(8932))	站(Qualifier(181712))
边的医(SpecialName(189530))	六门(SpecialName(183779))	街三十(SpecialName (184804))
三(Character(163))	新(SpecialName(193123))	站(FeaWord(667))
三十(TraCityRoad(174322))	车站(Special Name(196372))	边(FeaWord(960))
的医院(SpecialName(195049))	车站(ResidArea(8858))	街(CommonName(180113))
十(Character(146))	院(AdditionalWord(177156))	旁边(AdjacentWord(248576))
街(FeaWord(1058))	三十六(SpecialName(187477))	旁(AdjacentWord(248575))
院(CommonName(180040))	车(TransportationWay(1306))	六(Character(150))
的医(SpecialName(186855))	十六(SpecialName(187477))	新沟车(ResidArea(8762))
站(FeaWord(586))	六门(SpecialName(190034))	的医院(TraCityRoad (8932))
新沟车站(ResidArea(8762))	街(FeaWord(974))	沟(FeaWord(526))
三十六门(SpecialName(190246))	车站(ADMVillage(4462))	边(OrientationSuffix(1230))
新(Qualifier(181004))	门(FeaWord(851))	医院(BusinessName(196714))
的医(SpecialName (189530))	院(FeaWord(870))	新沟(SpecialName(195815))
医(ADMVillage(4941))	的医(SpecialName(192438))	十六门(SpecialName(190034))
三十(TraCityRoad(174835))	三(ADMVillage(4956))	车(BusinessName(177491))
新(ResidArea(8837))	街三十(TraCityRoad(174322))	沟(FeaWord(339))
旁边(SpecialName(184697))		

后期匹配的结果如表 4-6 所示（抽取前 5 条）。而这 5 条路径均有可能对应了最后的定位结果。以第 1 条为例，将匹配概念以树状的形式显示，如图 4-10 所示。

表 4-6　示例匹配结果（"新沟车站街三十六门旁边的医院"）

序号	分值	输出虚拟位置概念对象
1	3.07690	(AdjacentRelation((AddressName((ADMAds((ComGName((ADMVillageName((ADMVillage 新沟)))), (RoadAds((TraCityRoadName((TraCityRoad 车站), (FeaWord 街)), (FirstGradeBuildingAds((GeneralNum((NumAbc((Character 三), (Character 十), (Character 六)), (AdsFeaWord 门))))), (AdjacentWord 旁边), (POI((CommonName 医院)))
2	3.07690	(AdjacentRelation((AddressName((ADMAds((ComGName((ADMVillageName((ADMVillage 新沟)))), (RoadAds((TraCityRoadName((TraCityRoad 车站), (FeaWord 街)), (FirstGradeBuildingAds((GeneralNum((NumAbc((Character 三), (Character 十), (Character 六)), (AdsFeaWord 门))))), (AdjacentWord 旁边), (POI((BusinessName 医院)))

续表

序号	分值	输出虚拟位置概念对象
3	3.07691	(AdjacentRelation((AddressName((ADMAds((ComGName((ADMVillageName((ADMVillage 新沟)))), (RoadAds((TraCityRoadName((TraCityRoad 车站), (FeaWord 街))), (SecondGradeBuildingAds((RoomNum((NumAbc((Character 三), (Character 十), (Character 六)), (AdsFeaWord 门)))), (AdjacentWord 旁边), (POI((CommonName 医院)))
4	3.07691	(AdjacentRelation((AddressName((ADMAds((ComGName((ADMVillageName((ADMVillage 新沟)))), (RoadAds((TraCityRoadName((TraCityRoad 车站), (FeaWord 街))), (SecondGradeBuildingAds((RoomNum((NumAbc((Character 三), (Character 十), (Character 六)), (AdsFeaWord 门)))), (AdjacentWord 旁边), (POI((BusinessName 医院)))
5	3.07691	(AdjacentRelation((AddressName((ADMAds((ComGName((ADMVillageName((ADMVillage 新), (FeaWord 沟)))), (RoadAds((TraCityRoadName((TraCityRoad 车站), (FeaWord 街))), (FirstGradeBuildingAds((GeneralNum((NumAbc((Character 三), (Character 十), (Character 六)), (AdsFeaWord 门))))), (AdjacentWord 旁边), (POI((CommonName 医院)))

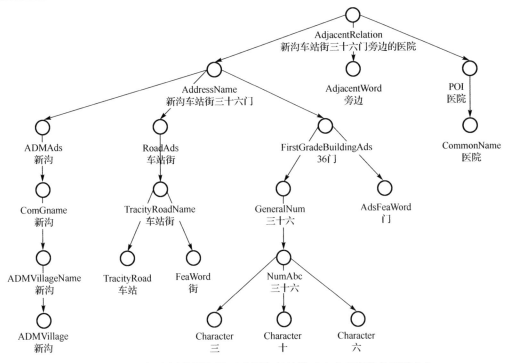

图 4-10　匹配概念树状层次图（"新沟车站街三十六门旁边的医院"）

本书针对位置描述的解析，设计并实现了一种从基础概念检索到位置概念图匹配的算法流程，其中，基于 Trie 实现了一种基础位置概念对象的高效抽取方法，能够实现融合特定位置概念类型的模糊、漏字等情况，而位置概念图的生成和匹配则实现了根据规则集合进行匹配图的生成并根据输入参数生成 K 条不同长度的路径集合，作为匹配结果输出。将位置描述概念模型与解析技术相结合，利用位置概念蕴涵语义信息，以知识抽取替代通用的中文分词阶段，生成的匹配结果集合即符合第 2 章所描述的位置描述概念模型，避免词汇预处理和后处理。本小节的匹配方法可以看作将规则和语义相融合的一种方法。规则一般在特定领域内缺乏统计训练样本或有较为确定的构成形式时较为有效，例如，医疗卫生数据的处理和位置描述的处理都符合这种情况（Chunju et al., 2009; Kang et al., 2013）。但一般规则抽取的方法无法有效地融入概念的层次信息，且实现方式受限于正则表达式，较容易出现组合爆炸等问题。而本小节则自底向上重新构建了匹配的流程，将匹配过程和位置概念的语义层次结构进行有效的结合，从而实现位置描述的高效匹配。

4.1.2　泛在信息的空间配准

泛在信息的空间配准是位置成分提取后进行消歧、空间估算和最终上图的过程。GIS 领域学者进行了较为广泛的探索，主要从建立概念框架（Belouaer et al., 2013; Liu et al., 2009; Vasardani, et al., 2013; Winter et al., 2014），以及计算规则角度研究位置的尺度确认（Richter et al., 2013a; D. Richter et al., 2013b）、模糊空间关系下的位置估算（杜世宏，2004；张毅等，2013），另外也有学者将研究扩展到路径和室内的位置定位和计算（Afyouni et al., 2014; Richter et al., 2008; Wu 2011; Zhang et al., 2012）。从最终配准的表达形式来说，位置描述的空间配准形式最简单的是点方法，使用单一坐标对表示位置，而忽略了形状特征和位置描述的不确定性。Wieczorek 等提出了一种"Point-Radius"方法来表示位置（Wieczorek et al., 2004），用半径（radius）表示各种不确定度加权得到的最大不确定度；后续也出现了顾及经纬度两个方向上的不确定度的"Bounding-Box"方法和任意几何的"shape"方法（Hill, 2009）。近年来，有学者也开始使用概率方法计算位置的地理范围。Guo 等考虑参考对象的实际形状，研究多种不确定度影响因子如大地基准、地图比例尺等建立起目标位置的概率表达（Guo et al., 2008）；并进一步针对使用邻近关系表达的位置描述，提出了基于 Voronoi 图的空间定位方法（Gong et al., 2010; Gong et al., 2012）。Liu 等考虑了位置描述中的空间关系、目标位置、参考位置等多种不确定度的概率表达，对位置描述进行了较为全面概念建模（Liu et al., 2009）。Barclay 和 Galton 则提出一种影响力模型来决定位置描述中的参考位置（Barclay et al., 2008）。

空间关系本身也有其模糊性和不确定性，因此在空间认知、定性空间推理中一直是一个活跃的研究点（Klippel et al., 2013）。从场景划分一般分为室外和室内两种情形。举例而言，Vasardani 采取众源的方式获取位置描述数据并对英文介词"at"在描述中的出现与空间尺度、目标位置、周遭环境的关系（Vasardani et al., 2012）。也有研究者对"远""近""前后""沿着"关系以及不同类型空间实体（线-线、线-面）的空间关系定量研究（Duckham et al., 2001; Freundschuh et al., 2013; Richter et al., 2007; Schockaert et al., 2008; Takemura et al., 2005; Xu et al., 2007）。也有研究试图显式地将一阶逻辑运算带入空间推理过程中来，如 Gao 在基于地名的 GIS 这一理论框架下提出将语义上下文运用到空间推理过程中，在计算缓冲区操作时不仅考虑空间距离，也将行政从属等语义属性融入计算过程中（Gao et al., 2013）。Levinson 也指出在空间认知层次，需要同时存在逻辑层面的语义推衍和空间层面的几何运算（Levinson, 2003）。本书侧重研究空间关系计算逻辑与位置概念查询和消歧以及匹配过程的有机融合，针对不同空间关系的特点则建立起一般的定量参数化计算模型，未来工作将考虑数据驱动的参数选择以使空间关系计算结果更符合人的主观认知。

近年来，已有一些研究开始考虑非标准的中文复杂位置描述，如亢孟军等（2015）基于地址树模型从非标准地址中提取标准化的地址。一些提供互联网地图的公司也提供位置描述的定位功能，其一般都融合在地图服务平台中，包括天地图、百度、腾讯搜搜、高德、Google、图吧、搜狗地图、老虎地图、Bing、360 地图等。其中，根据 2014 年中国网民搜索行为和移动互联网调查研究报告显示（中国互联网络信息中心 2014a; 2014b），在 PC 端最广的前三位地图为百度地图、Google 地图与搜狗地图，而在移动端最常用的前三位地图则为百度地图、高德地图与 Google 地图。对于 POI 的搜索是这类地图服务的核心功能之一。某些地图服务如百度地图也结合简单的计算推理功能，如识别描述中的"旁边"等空间词汇，但尚不能对复杂描述进行有效的处理。

对于配准中地名消歧问题，研究者主要关注大尺度上地名的消歧，使用的最典型的方法是同现模型（co-occurence），即利用最小的地理边界框作为消歧的依据，也有方法进一步扩展利用语义特性，包括上下文无关的地名显著性，和上下文相关的地名语义相似性进行消歧。一些研究工作宣称使用语义技术进行引导建模，但由于语义工具本身的限制，不能很好地融入空间计算逻辑，且先期的地理实体提取依然依赖于自然语言处理的通用工具，实际上减弱了与语义模型的对接，需要进行若干后处理阶段才能对接到语义实体层面，很大程度上影响了系统的效率和易用程度。在消歧过后需要通过空间计算进行位置定位，在这一方面，主要是 GIS 领域学者进行了较为广泛的探索，主要从建立概念框架以及计算规则角度研究位置的尺度确认、多参考对象下的目标实体位置计算方法、模糊空间关系下的位置估算，另外，也有学者将研究扩展到路径和室内领域的位置信息描述。当前空间关系的提取能力尚有限，而且空间关系对于位置消歧也会产生进一步的影响，现有研究仍不能很好地进行处理。对于复杂地名描述，需要高效的文本空间索引机制，对此数据库领域学者近年来也有研究。

总体而言，目前的自然语言位置定位研究工作没有建立在统一的语义位置模型下，提取和配准两个步骤难以进行自然的衔接。针对位置模型的研究集中在理论研究层面，如针对模糊空间位置（如周边、附近）的处理和置信场的计算逻辑，尚未能与地理信息抽取位置消歧后很好的切合。在进行位置消歧时目前的研究对于精细尺度下的地名实体的语义关系尚没有深入的研究（如街道级别），其本身需要利用对地名实体进行空间计算，预先存储不切实际。此外，对与空间词汇间的语义关系（如学校、中学、小学之间的语义关系）尚未有系统的研究，而这一类称谓经常出现在人们的描述中。此外，需要将文本联合索引和查询机制有效地融合到地理信息抽取研究中。

　　以 POI 的空间配准为例，在自然语言位置描述中，人们习惯在用 POI 描述位置的同时混合着一些自然语言空间关系的描述，从而能更加准确地表达出目标位置，如在"解放南路旁边的融科天城""广八路与八一路交叉口附近的医院"中，"解放南路旁边"和"广八路与八一路交叉口附近"限定了"融科天城"和"医院"的位置范围。针对这些含有空间关系的 POI 位置描述短语，通过规则对其解析匹配后，在 POI 查询过程中对位置描述短语中的空间陈述进行了计算，将空间计算与空间数据库查询融为一体，得到了较为准确的结果集。图 4-11 为计算查询的整体流程。

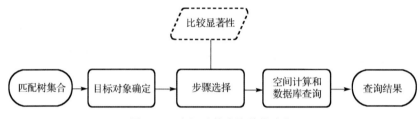

图 4-11　空间计算查询整体流程

　　如图 4-11 所示，本小节首先通过融合语义本体的规则的方法对 POI 位置描述短语进行解析匹配，得到匹配树集合，确定匹配树的目标对象节点，然后通过比较对象的显著性大小进行步骤选择，交替进行空间数据库查询，最后，得到 POI 查询结果集。空间计算查询的伪代码如下。

算法 queryPOI(String text)伪代码

输入：matchTree，规则解析匹配得到的匹配树
输出：List<POI>，POI 对象列表

```
poiObjs={}, targetList={}, range={}
spatialRelationNodeNum=caculateNum(matchTree)
while spatialRelationNodeNum=1 do //含有简单空间关系
  if targetNode.significance>entityNode.significance then
  //显著性比较
    targetList=searchPoiInDataBase(targetNode)//空间数据库查询 POI
    for each target in targetList is in spatialRange(refer-ence, spatial
RelationWord) do //进行空间计算
    poiObjs.add(target)
  else
    range=caculateSpatialRelation(reference,spatialRelationWord) //进行
空间计算，得到空间范围
    poiObjs=searchPoiInDataBase(range) //空间数据库查询 POI
while spatialRelationNodeNum>1 do //含有复杂空间关系
  if targetNode.significance>spatialRelationNode.significance then
```

续表

```
        //显著性比较
    targetList=searchPoiInDataBase(target) //空间数据库查询 POI
      for each target in targetList is in spatialRange(spatialRelationObj,
spatialRelationWord) do//进行空间计算
          poiObjs.add(target)
    else    //显著性比较
      range=caculateSpatialRelation(spatialRelationObj, s-patial
RelationWord) //进行空间计算，得到空间范围
      poiObjs=searchPoiInDataBase(range) //空间数据库查询 POI
```

4.1.3　查询结果排序

以 POI 为例，通过空间计算查询得到的结果集 poiObjs 后，需要对其按照一定的标准方法进行排序，然后将筛选排序后的结果可视化地向用户展示。在本书中，对结果集中的 POI 数据进行打分，并按分数从高到低对结果进行排序。

结果集中 POI 的分数是根据距离（Dis）与语义相似度（S）来加权得到的，公式如下：

$$\text{Core} = \frac{1}{\text{Dis}} \times w_1 + S \times w_2 \tag{4-2}$$

其中，距离（Dis）是指结果集中 POI 与参考地物间的距离；语义相似度（S）是指两个 POI 的相似度，即结果集中的 POI 与输入 POI 的相似度；w_1、w_2 为距离与语义相似度在打分时所占的权重，代表着重要程度。

POI 由通名（CommonName）、特名（SpecialName）、业务名（BusinessName）、修饰词（Qualifier）、地名（GeoName）、信息辅助词（AdditionalWord）等构成。在计算语义相似度（S）时，就是比较结果集中的 POI 这些组成部分与输入 POI 的相似程度。具体公式如下：

$$S = \frac{p_c \times w_c + p_s \times w_s + p_b \times w_b + p_q \times w_q + p_g \times w_g + p_a \times w_a + \cdots}{w_c + w_s + w_b + w_q + w_g + w_a + \cdots} \tag{4-3}$$

其中，p_c、p_s、p_b、p_q、p_g、p_a $\cdots$的值为 0 或 1，当结果集中 POI 的某部分与输入 POI 的相应部分相同时，其对应的 p 值为 1，否则，p 值为 0；w_c、w_s、w_b、w_q、w_g、w_a $\cdots$为 POI 各组成部分的权重，代表各组成部分的重要程度，本小节中，w 值是专家根据 POI 名称各部分的重要性和人们的习惯进行评价打分所得，并根据实际情况进行调整。

例如，"解放南路旁边的融科天城"通过一系列的计算查询后得到的结果集中有多个名称为"融科天城"的 POI 数据，其语义相似度一样，分数主要取决于结果集中的"融科天城"与解放南路之间的距离，距离越小，分数越高，排序便越靠前。

定位计算效果对比分析。这里与 PC 端和手机移动端都较为常用的三家地图服务——百度地图、搜狗地图与高德地图进行比较。各家地图厂商一般有各自的 Geocoding 服务及在线地图查询界面，Geocoding 服务面向开发者，在线地图查询界面面向用户。相比而言，在线地图查询界面所能处理的位置描述类型一般更全，其通常返回 POI 形式的结果集合，其中包含 POI 对应的地址信息，从中可以判断地址的定位是否准确。各地图服务一般都采用左侧列表加右方地图的形式来可视化展现查询的结果集合，且均支持将查询限定在某个城市。表 4-7 列出了若干条较有代表性的位置描述来进行对比实验。

表 4-7　位置描述样例及特征

编号	位置描述	说明
1	解放大道	简单地名-道路
2	江岸区	简单地名-区级行政单元
3	融科天城	简单地名-小区
4	走马岭学校	POI 简写+词汇关联，对应 POI 可能为"走马岭中心小学"，"武汉市走马岭中学"等
5	阿美丽烤肉	POI 简写+错别字，对应 POI 为"阿美丽韩式炭火烤肉专营店"
6	洪山雄楚 489	地名成分缩写，标准形式"武汉市洪山区雄楚大道 489 号（某栋）"
7	青山厂前陈家湾 21	简化地址描述，标准形式为"武汉市青山区厂前陈家湾 21 号（某栋）"
8	解放南路和丰 2 号	简化地址描述+错别字，标准形式为"武汉市江岸区合丰里 2 号 1 栋"
9	冶金 108-86-7 号	编号缩写形式，标准形式为"武汉市青山区冶金 108 街 86 门号（某栋）"
10	白玉山 3 街 13-1	编号缩写形式，标准形式为"武汉市青山区白玉三街坊 13 门号 1 栋"
11	广八路与八一路交叉口附近的酒店	带有两层空间关系的 POI 查询
12	广八路、八一路交叉口附近的酒店	例 11 变形
13	广八路、八一路口边的酒店	例 11 变形
14	广八路与八一路交叉口旁边的酒店	例 11 变形
15	广八路旁边的星级酒店	加入属性特征"星级"的一层空间关系 POI 查询
16	解放大道 68 号旁边的酒店	地址作为参考节点的一层空间关系 POI 查询
17	古田二路与三路之间，轻轨站对面的诊所	两层空间关系的 POI 定位，需准确判断 POI
18	京汉大道与三阳路口以东 100m 处	三层空间关系，最上一层对应一个位置型的空间关系节点

位置描述分析的结果如表 4-8 所示，标注星号的代表能够正确识别和定位，在使用地图服务界面查询时将查询范围均限定为武汉市。对于简单地名，若能够取出描述的空间实体和其形状（或标注出其类型），则判定为正确；对于 POI，若能够取出相对应的 POI 和坐标，则判定为正确；对于地址，若在线地图服务返回列表中的 POI 存在包含正确地址的，则判定为能够正确定位；对于空间关系型的查询，则需要顾及空间关系本身的语义。表 4-8 中只考虑两类空间关系："邻近"和"对面"。对于前者，如结果集合基本环绕在参考对象周边则判定为正确，对于"对面"，则要求较为准确的方位判定。

表 4-8 位置描述分析结果

编号	位置描述	本书方法	百度地图	搜狗地图	高德地图
1	解放大道	*	*	*	*
2	江岸区	*	*	*	*
3	融科天城	*	*	*	*
4	走马岭学校	*	*	*	*
5	阿美丽烤肉	*			*
6	洪山雄楚 489	*	*	*	*
7	青山厂前陈家湾 21	*			
8	解放南路和丰里 2 号	*		*	
9	冶金 108-86-7 号	*	*	*	
10	白玉山 3 街 13-1	*			
11	广八路与八一路交叉口附近的酒店	*			*
12	广八路、八一路交叉口附近的酒店	*		*	
13	广八路、八一路口边的酒店	*			
14	广八路与八一路交叉口旁边的酒店	*			
15	广八路旁边的星级酒店		*		*
16	解放大道 68 号旁边的酒店	*			
17	古田二路与三路之间，轻轨站对面的诊所	*			
18	京汉大道与三阳路口以东 100m 处	*			

位置描述分析的结果如表 4-8 所示，从中可以看出，对于简单地名和 POI，各地图服务厂商均已能基本满足用户需求，对于词汇的关联性也作了比较好的处理。对于如表 4-6 例 5 所示的模糊字，则支持程度并不一致，各服务以及本书方法根据算法参数的设置都会有一定的错误几率，也可以看出模糊字的融入需要对效率和精度作出权衡。

表 4-8 例 6～例 10 给出了地址的各种变换形式。其中，例 6 是地名成分的缩写，各地图服务均能准确识别；例 7 是一个非武汉中心城区的地址，各地图服务均未能识别，除去算法本身的因素，这很有可能是因为知识库的建设不全所造成的；例 8 中的地名成分包含同音字的融入；而例 9、例 10 包含地址的变形形式，各类地图服务对这些情况只能部分处理，从一个侧面说明了其可能依赖文本匹配的形式来进行查找，并未将局部地区这种变换的地址形式融入知识库辅助进行理解。

表 4-8 例 11～例 18 代表了包含各类空间关系的位置描述。其中，例 11～例 14 均是同一个邻近空间关系的变形形式。高德和搜狗地图对于此类空间关系有不同程度的支持，这也说明了各大地图服务商已经意识到了自然语言形式查询的重要性和潜力，在查询中也加入了一定形式的处理，以识别"旁边""交叉口"这类较为常用的空间关系表达。从表 4-8 例 15 中可以看到，地图服务商对于 POI 的属性特征进行较好的归类与组织，能够在查询条件中融入 POI 的属性特征，如"酒店"的星级等，这也是本书方法尚待补充容纳的。表 4-8 例 16～例 18 则需要考虑地址作为参考节点、消歧与计算混合、多层空间关系等多种情形，可见，目前地图服务对于更为复杂的空间关系位置描述的解析和定位能力仍不高，这也是本书着重改进的。

　　整体而言，本书所描述的定位通道提供了一套较为全面的位置描述定位计算处理方案，其基于位置描述概念建模将语义信息和空间计算逻辑融入整个定位计算过程中，来提高整体定位精度，能够对地址、POI、空间关系等各类位置概念有较均衡、一致的定位效果。在后续工作中，将进一步提高系统的整体精度和可扩展性，以期能够对全国范围的位置描述信息进行处理。

　　以下选取案件描述中的几个示例描述口语非标准位置描述上图的过程：

　　（1）地址样例："江岸区解放大道 1745 号"，如图 4-12 所示，弹出结果中显示了位置概念的对象标记语言输出。

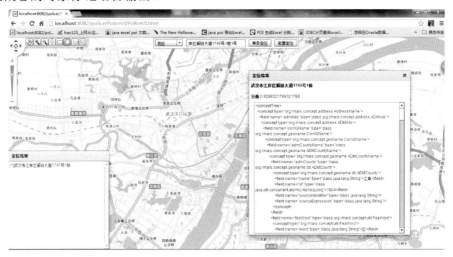

图 4-12　地址提取定位结果

　　（2）POI 样例："阿美丽"，结果如图 4-13 所示。

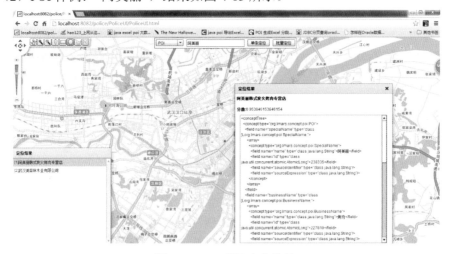

图 4-13　POI 提取定位结果

（3）空间关系样例：如"京汉大道与三阳路口"，结果如图4-14所示。

图 4-14　空间关系定位结果

4.2　基于置信场的语义位置空间关系计算方法

由于文本或符号表示的语义位置描述（以下简称文本位置描述）更适于人类理解与交流，当前大量位置数据多采用文本而非几何坐标描述位置。相对于几何坐标对位置的精确指示，语义位置描述可以看作以定性或者半定量方式对位置空间特征的粗略表达。然而，由于缺少精确的坐标信息，导致此类数据在位置服务系统中很难直接进行计算和分析，所以对文本位置描述进行空间定位计算有助于提高此类位置数据的应用价值（Foley et al.，2008；Guralnick et al.，2006），例如，计算地理事件位置描述的坐标，能够统计分析地理事件发生的热点区域（Lash et al.，2012；Doherty et al.，2011）；计算生物、地质等历史标本位置描述的坐标，能够进一步统计分析生物多样性（McEachern et al.，2009；Beaman et al.，2004）。

依据语义位置描述的形式化定义，语义位置描述可以分为参考位置、空间关系和目标位置三个部分。语义位置描述的空间定位计算可以理解为基于参考位置的空间特征，结合空间关系的形式化计算，从而获取目标位置的空间特征。针对这个科学问题，国内外学者提出了多种基于几何图形和概率的算法，并着重探讨了计算过程中涉及的四个不同层次的不确定性，包括目标位置的分布范围、空间关系的不确定性、参考位置的不确定性和不确定的语义位置描述（Wieczorek et al.，2004）。在上述不确定性来源中，空间关系的不确定性仍然需要进一步分析讨论，主要由于文本位置描述中的空间关系大多是定性的，已有方法大多直接采用形式化模型进行概念计算，忽略了位置语义对于定性空间关系不确定性计算的影响。例如，在定性距离计算过程中，定性距离描述对应的实际计算距离在不同空间尺度下存在明显差异，"武汉市附近"显然比"武汉大学附近"具有更大的邻近范围；在方向关系计算过程中，形状、大小等位置属性同样影响着位置之间方向关系的计算。

本节拟在采用语义位置表示参考位置和目标位置的基础上，着重考虑了形状、尺度等位置语义对于距离关系和方向关系的影响，同时介绍语义位置置信场的概率表达和操作算子，并采用置信场表达语义位置空间关系的计算结果。

4.2.1　置信场表达与操作

Guo 等（2008）将置信场定义为一种概率场，表示位置在一定空间范围内的概率分布，由指示点、几何范围和分布函数构成。一般地，语义位置被限定分布于二维空间，其置信场通过一个二维概率密度函数进行表达，置信场几何范围则是概率密度函数的支持集 F，且概率密度函数在支持集上满足条件：

$$\forall (x, y) \in F, \quad p(x, y) \geqslant 0 \tag{4-4}$$

置信场指示点描述了语义位置在置信场内的"真实"地点，利用概率密度函数在支持集上的坐标积分可以得到指示点的表达式：

$$O_k(x_k, y_k) = \left(\iint_F p(x, y) x \mathrm{d}x \mathrm{d}y, \iint_F p(x, y) y \mathrm{d}x \mathrm{d}y \right) \tag{4-5}$$

依据概率密度函数的定义，概率密度函数在支持集 F 的积分就是语义位置在置信场内出现的概率，且积分方式随着支持集的拓扑维度变化而不同（Schulzrinne, 2005），如式（4-6）所示。

$$Q_F(p(x, y)) = \begin{cases} \iint_F p(x, y) \mathrm{d}s, & F \text{为2维支持集} \\ \iint_F p(x, y) \mathrm{d}\sigma, & F \text{为1维支持集} \\ \sum_{i=1}^{n} p(x_i, y_i), & F \text{为0维支持集} \end{cases} \tag{4-6}$$

当支持集拓扑维度为 2 或 1 时，积分方式分别为第一类曲面积分和曲线积分，表示面积为面积元素和弧长元素；当支持集拓扑维度为 0 时，支持集是一系列离散点，n 表示离散点数量，表示语义位置在点处的概率密度；函数表示语义位置的置信场概率，其取值与文本位置描述的不确定性相关。对于确定的文本位置描述，等于 1，语义目标位置完全位于置信场内；对于不确定的文本位置描述，语义位置以介于 0 和 1 之间的概率分布于置信场内；对于完全不确定的文本位置描述，事实上已经不具有空间定位计算以及应用的价值。为了计算方便，在没有明确说明的情况下均默认等于 1。

图 4-15 展示了基于不同拓扑维度支持集的置信场，其中 2 维置信场由语句"位于

一个点状参考位置以北"产生的扇形区域；1 维置信场由语句"与一个点状参考位置相距 d"产生的圆形闭环；0 维置信场由语句"两个线状参考位置的交汇处"产生的离散点集合。

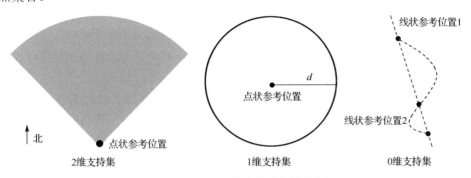

图 4-15　基于不同维度支持集的置信场

1. 置信场的栅格表达

对于连续的 1 维或者 2 维场，由于栅格模型更适合在计算机中进行表达与计算，已有文献大多采用栅格或者类似栅格的形式进行离散化处理（Liu et al.，2009）。本节同样采用栅格模型对语义位置置信场进行分割，从而将置信场转化为栅格单元集合。假设是置信场分割后的一个栅格单元，表示栅格单元覆盖的空间区域，则该栅格单元具有的概率为

$$v = \iint_{R_{ij}} p(x, y)\mathrm{d}x\mathrm{d}y \qquad (4-7)$$

其中，$p(x, y)$ 表示置信场的概率密度函数；v 的取值在区间 $[0, P_{\max}]$ 内变化，$P_{\max}$ 是置信场的概率。

置信场栅格分割的关键是确定合适的栅格采样粒度，若采样粒度过大，会使空间关系的不确定性增大；若采样粒度过小，会产生更多的栅格单元，导致计算量过大。陈迪等（2013）利用两个空间目标的形状以及相对距离提出了一种自适应栅格采样方法，其采样粒度的计算方法如式（4-8）所示。

$$N = \begin{cases} \lceil 9.3^{0.933 - D/(S_A + S_B)} \rceil, & (S_A + S_B) \neq 0 \\ 1, & (S_A + S_B) = 0 \end{cases} \qquad (4-8)$$

其中，S_A 和 S_B 分别表示两个空间目标的尺寸大小，即空间目标内任意两点之间的最大值；D 表示两个空间目标之间的最短距离。

在语义位置描述的空间定位计算中，由于目标位置往往被抽象为点状特征，目标位置的尺寸可以忽略，即等于 0，所以只需要考虑参考位置尺寸和位置间的距离。若语义位置描述中描述了目标位置与参考位置的距离，则可以采用式（4-8）确定语义位置置信场的栅格采样粒度，否则缺少位置之间的距离将无法进行计算。

　　若缺少位置之间的距离信息，本节从栅格对象地图表达的角度确定采样粒度。一般地，每个栅格对象在数字地图中都表示为一组像素的集合，每个像素都代表了一定大小的空间范围，称为空间分辨率，且在不同的地图比例尺下，空间分辨率大小并不相同。空间分辨率可以理解为置信场分割的栅格单元规格，在一定的地图比例尺下，利用置信场最小外接矩形的较长边除以空间分辨率，所得结果即为采样粒度 N。在数字地图中，尺度特征通过地图比例尺概念进行描述，利用语义位置的空间尺度 S 即可获取对应比例尺下的空间分辨率 R。

　　以谷歌地图为例，如图 4-16 所示，在第 12 层显示级别下，地图显示比例尺为 5km，显示比例尺不是标准意义的比例尺，只是表达了当前一个距离所代表的像素个数。为了获取地图在当前显示级别的标准比例尺和空间分辨率，本节截取了 5km 刻度之间的图像，如图 4-16(b)所示，并在图像软件 Photoshop 中获取图像的大小信息。如图 4-16(c)所示，可知 5km 对应的图像宽度值为 72 像素，图像实际距离为 1.91cm，图像分辨率为 96dpi（像素/英寸），综合这些参数值可推算出当前显示级别下地图的比例尺 S 和空间分辨率 R。

　　（1）比例尺：约为 1 : 260000。

　　（2）空间分辨率：约等于 69m/像素。

　　（3）若假设语义位置 MBR 的较长边为 L，则采样粒度为 $C = \lceil L/R \rceil$。

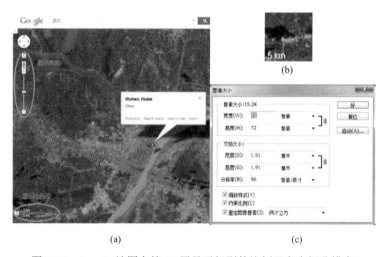

图 4-16　Google 地图在第 12 层显示级别的比例尺和空间分辨率

2. 置信场的三种操作

　　当存在多个参考位置或空间关系描述同一目标位置时，涉及多个置信场之间的运算处理。在考虑参考位置不确定性时，Guo 等（2008）定义了置信场的集成操作（integration）；而考虑目标位置不确定性时，Liu 等（2009）进一步定义了置信场的精炼操作（refinement）；在分析文本位置描述特点的基础上，本节增加了置信场的裁剪操作（exclusion），下面将详细介绍这 3 种操作。

1）集成操作

对于具有扩展形状的参考位置，在具体参考点未知的情况下，参考位置的多个部分都能产生目标位置的候选置信场，集成操作即对多个候选置信场进行集成计算，从而得到目标位置置信场。假设参考位置可能存在 n 个可能点，第 i 个点生成的候选信场为 $p_i(x,y)$，对应的目标位置出现概率为 q_i，则在任一空间点处的联合概率密度函数为 $q_i p_i(x,y)$，目标位置置信场通过式（4-9）对各候选置信场求和得到。

$$p(x,y) = \sum_{i=1}^{n} q_i p_i(x,y) \tag{4-9}$$

图 4-17 展示了置信场之间的集成操作，其中 $p_1(x,y)$ 和 $p_2(x,y)$ 是参考位置 Locator 的两个可能点产生的候选目标置信场，对应的目标出现概率为 q_1 和 q_2，(x_0,y_0) 是目标位置置信场内任意一点，其概率密度是两个置信场的联合概率密度求和。

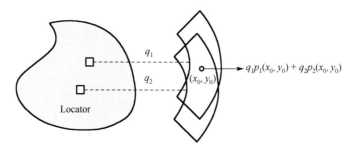

图 4-17　置信场的集成操作

2）精炼操作

为了更加精确地描述目标位置，存在采用多个独立参考位置指示目标位置的情况，以便提供更多的定位参考信息。在这种情况下，会同时存在多个不互斥的目标位置置信场，精炼操作就是对多个独立的置信场进行叠加计算，从而得到更加准确的置信场。假定 $p_1(x,y)$ 和 $p_2(x,y)$ 是两个独立的同一目标位置置信场，则两个置信场不互斥的概率为 $p_1(x,y)p_2(x,y)$，结果置信场 $p'(x,y)$ 通过式（4-10）可得，且满足式（4-11），其中函数通过式（4-6）定义。

$$p'(x,y) = \frac{p_1(x,y)p_2(x,y)}{Q\big(p_1(x,y)p_2(x,y)\big)} \tag{4-10}$$

$$Q\big(p'(x,y)\big) = 1 \tag{4-11}$$

图 4-18 展示了置信场之间的精炼操作，其中 $p_A(x,y)$ 是语句 "与参考位置 A 相距 R_A" 的置信场，$p_B(x,y)$ 是语句 "位于参考位置 B 内" 的置信场，利用精炼操作处理两

个置信场，得到由两个非零概率点（O_1和O_2）构成的结果置信场，依据式（4-11）的约束条件，可知目标位置在两点出现的概率均为0.5。

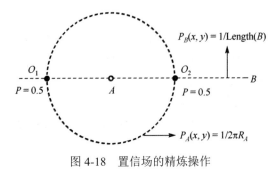

图 4-18　置信场的精炼操作

3）裁剪操作（exclusion）

对于同一目标位置，若采用多个相互依赖的参考位置进行指示，且存在肯定和否定两个不同形式的描述，例如，语句"位于武汉市境内，但不在武昌区和江汉区"，则需要用到裁剪操作去除置信场的互斥部分。假定肯定描述的目标位置置信场为$p(x,y)$，支持集为F，n个否定描述产生的置信场支持集为F_i，$\overline{F_i}$表示F_i的补集且概率为0，则结果置信场可以通过式（4-12）得到，且同样需要满足式（4-11）的约束条件。

$$p'(x,y) = \frac{p(x,y)}{Q_{F'}\big(p(x,y)\big)} \tag{4-12}$$

其中，函数通过式（4-3）定义，结果置信场支持集通过式（4-13）计算得到。

$$F' = F - \bigcup_{i=1}^{n} \overline{F_l} \tag{4-13}$$

图 4-19 展示了上述例子中的置信场裁剪操作，其中 $p(x,y)$ 是肯定语句"位于武汉市境内"的目标位置置信场，支持集为F；支持集$\overline{F_1}$和$\overline{F_2}$表示否定语句"不在武昌区和江汉区"的目标位置置信场补集。由于目标位置在这些补集中出现的概率为 0，采用裁剪操作从支持集F裁剪掉这些零概率区域，得到基于新支持集定义的结果置信场。比较图 4-19(a)和图 4-19(b)可知，裁剪后的目标位置置信场概率更大。

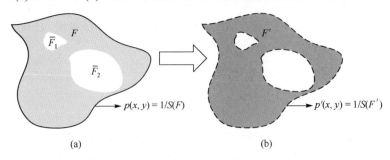

图 4-19　置信场的裁剪操作

4.2.2　空间距离关系的置信场计算

语义位置描述中距离关系主要包括半定量距离和定性距离两种。半定量距离虽然采用定量数值描述距离关系，如"500m"，但由于测量误差和记录精度原因，这些距离数值并非是严格精确，所以被认为是半定量距离，例如，在语句"位于武汉大学以北 500m"中，由于人对距离的大致估计，其真实距离可能是介于 450～550m 的某个值。对于半定量距离关系，若是由于测量误差引起的不确定性，可以采用误差带模型（Tong et al.，2003）进行计算；若是记录精度引起的不确定性，可以采用距离不确定度进行计算。对于定性距离关系，如"很近"，位置的形状、尺度特征以及距离概念模糊性都会影响计算结果，本节从定性距离概念空间认知的角度入手，提出了量化定性距离关系的邻近度概念，同时结合位置形状和尺度特征建立了邻近度计算函数，以邻近度函数作为定性距离关系置信场。

1. 定性距离概念的空间认知

针对定性距离关系概念"邻近"的模糊性，Worboys（2001）采用认知实验的方式进行了调查研究，发现"邻近"关系的概念距离（concept distance）与实际欧氏距离（Euclidean distance）呈现类似标准曲线的趋势，如图 4-20 所示，横轴表示任意长度单位测量的欧氏距离，纵轴表示空间认知的概念距离。当欧氏距离较小时，概念距离趋近于 0；当欧氏距离在一定范围内增加时，概念距离发生较大变化；当欧氏距离增加到一定程度时，概念距离趋近于 1。

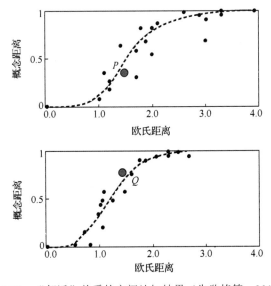

图 4-20　"邻近"关系的空间认知结果（朱欣焰等，2015）

标准 S 型函数 $y=1/(1+\exp(-x))$ 是关于 $x=0$ 的对称曲线，且曲线在 $x=0$ 的局部区间变化剧烈，在大部分区间却变化不大，直接采用标准型函数作为对定性距离关系量化计算并不符合认知实验结果。

2. 5 级定性距离系统

在定性空间推理研究中，定性距离推理计算的基础是距离参考系统，比较典型的距离系统包括"近""远" 2 级距离系统，"近""中等""远" 3 级距离系统等。本节定义了 5 级距离系统，分别为"很近""近""不远""远""很远"，如图 4-21 所示，参数表示每个距离关系的区间范围，参数 Δ_i 表示从原点到第 i 个距离区间的范围（包括 δ_i 区间），则 5 级距离区间满足如下基本约束条件：

$$\delta_0 \leqslant \delta_1 \leqslant \delta_2 \leqslant \delta_3 \leqslant \delta_4 \tag{4-14}$$

$$\delta_i \geqslant \Delta_{i-1}, \quad \forall i > 0 \tag{4-15}$$

$$\delta_j \pm \delta_i \cong \delta_j, \quad \delta_j \gg \delta_i \tag{4-16}$$

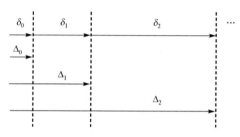

图 4-21　5 级定性距离参考系统

假设相邻两个距离区间范围的比值等于常量值，则上述公式的约束条件均能够满足，因而 5 级距离系统的区间范围与距离区间对应的空间范围相关。距离区间表示参考位置的最邻近区域，其对应的实际空间范围依赖于参考位置的形状尺寸 S 和空间尺度 G，即 $\delta_0 = f(G) * g(S)$。

函数表示一定空间尺度对应的最邻近区域范围，本节建立了各级位置尺度特征对应的最邻近区域范围，如表 4-9 所示。

表 4-9　各级尺度对应的最邻近区域范围

尺度级别	最邻近区域
家具级（furniture）	1m
房间级（room）	5m
建筑物级（building）	20m
社区级（community）	100m
街道级（street）	500m
行政区级（district）	2000m
城市级（city）	10000m
地区级（region）	50000m
国家级（country）	100000m

函数表示位置尺寸对最邻近区域范围的影响，在相同的空间尺度下，参考位置尺寸越大，最邻近区域范围也越大，表 4-10 展示了不同尺寸对应的最邻近区域范围系数。

表 4-10　不同尺寸对应的最邻近区域范围系数

尺寸级别	最邻近区域系数
小尺寸	1.0
中尺寸	1.5
大尺寸	2.0
巨尺寸	4.0

3. 基于邻近度概念的定性距离置信场

本节提出了邻近度的概念，用于描述目标位置距离某一参考位置的远近程度。邻近度与概念距离之和为 1，当概念距离趋近于 0 时，目标对象无限接近于参考位置；当概念距离趋近于 1 时，目标对象无限远离参考位置。依据定性距离关系中概念距离与欧氏距离的认知关系，可知邻近度与欧氏距离呈现倒曲线的趋势。本节对标准型曲线进行了改进，定义了如式（4-17）所示的邻近度函数。

$$N(x) = \frac{1}{1 + \exp(a(x-b))}, \quad 0 \leq x \leq 2b; a > 0; \quad b > 0 \qquad （4-17）$$

其中自变量 x 表示欧氏距离；a 和 b 是两个待确定参数。下面将进行详细分析。

参数 b 是邻近度曲线的对称中心，当 $x=b$ 时，邻近度在此处为 0.5，表示与参考位置的远近程度最模糊的距离值。参数 b 决定了邻近度函数对应的欧氏距离范围，如图 4-22 所示，当 b 值越小，邻近度函数对应的欧氏距离范围也越小。

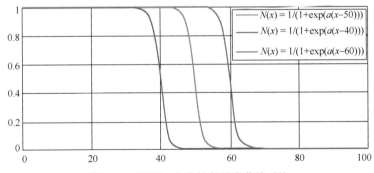

图 4-22　不同 b 参数的邻近度曲线对比

在 5 级距离参考系统中，定性距离概念"不远"定义的区间范围表示了模糊的远近程度，而远近程度最为模糊的位置可以认为是与原点相距的点，即值为

$$b = \Delta_1 + 0.5\delta_2 \qquad （4-18）$$

参数 a 定义为邻近度曲线的倾斜系数，如图 4-23 所示，在邻近度函数定义域内，

a 取值越大，邻近度曲线倾斜的越剧烈；a 取值越小，邻近度曲线倾斜的越平滑。由于 $N(x)$ 是关于 $x=b$ 的对称函数，只考察参数 a 在[0, b]范围内的取值条件，就能够保证曲线在整个定义域上倾斜得较为平滑。

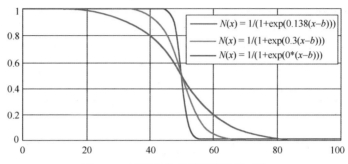

图 4-23　不同参数的邻近度曲线对比

对于任意倾斜程度的曲线，当欧氏距离无限接近于 0 时，邻近度都趋近于 1，即

$$\lim_{x \to 0} N(x) = \lim_{x \to 0} \frac{1}{1 + e^{a(x-b)}} = 1 \qquad (4\text{-}19)$$

考虑指数函数 $e^{a(x-b)}$ 总是大于 0 的正数，当 $x \to 0$ 时，假设存在一个足够小的正数 $\tau = e^{a(x-b)}$ 满足 $1 + \tau \approx 1$，使得式（4-19）成立，则参数 a 可以表示为

$$a = -\ln \tau / b \qquad (4\text{-}20)$$

一般地，正数 $\tau = 0.001$ 可以认为满足条件，若设图 4-23 邻近度函数定义域为[0, 40]，有 $b=20$，利用式（4-20）可得 $a=0.345$，则函数可表示为 $N(x) = 1/\left(1 + \exp\left(0.345(x - 20)\right)\right)$。
图 4-24 和图 4-25 分别展示了基于邻近度函数表示的点对象定性距离置信场和面对象定性距离置信场。

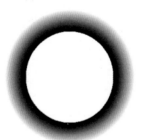

图 4-24　邻近度函数表示的点对象
　　　　　定性距离置信场

图 4-25　邻近度函数表示的面对象
　　　　　定性距离置信场

4.2.3　空间方向关系的置信场计算

语义位置之间的相对距离、自身形状尺寸、人的主观因素、目标间的可视区域等

因素都会影响方位关系的计算，其中相对距离和形状尺寸是最主要的影响因素。由于语义位置描述中的目标位置被抽象为点状特征，所以本节主要考虑"点/点""线/点"和"面/点" 3 种方向关系计算。

1. 基于八方向锥形模型的"点/点"方向关系置信场

方位关系的形式化描述模型多种多样，具有代表性包括锥形模型（Frank，1991）、基于 Voronoi 图的模型（闫浩文等，2003）、基于 MBR 模型（刘永山，2007；Papadias et al.，1994）、空间方向统计模型（邓敏等，2006）等。考虑锥形模型更适合点/点之间的方位关系计算，且计算结果较为精确，本节采用八方向锥形模型计算点状语义位置之间的主方位关系。如图 4-26 所示，平面空间被划分为八个锥形，每个锥形表示一个主方向，分别为东（E）、南（S）、西（W）、北（N）、东南（SE）、西南（SW）、西北（NW）和东北（NE）。

依据八方向锥形描述模型定义，锥形的角平分线表示该方向的中心轴，锥形边界与中心轴夹角均为 22.5°，本节定义了如式（4-21）所示的锥形模型概率密度函数。

$$p = \begin{cases} (1 - 8\alpha / \pi)P_{\max}, & 0 \leqslant \alpha \leqslant \pi / 8 \\ 0, & \alpha \geqslant \pi / 8 \end{cases} \tag{4-21}$$

其中，α 是两点连线与锥形方向中心轴的夹角；$P_{\max}$ 是一个与方向定义域 D 相关的常量。依据式（4-6）可知，常量 $P_{\max}$ 在定义域 D 上的积分为 1，若定义域 D 确定，即可得到 $P_{\max}$ 的大小。以点状位置的"北"方向为例，图 4-27 展示了利用该概率密度函数计算的目标位置置信场。

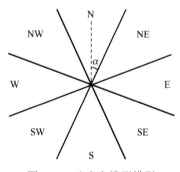

图 4-26　八方向锥形模型

图 4-27　点状参考位置的"北"方向置信场

2. 基于 Polyline2Point 方法的"线/点"方向关系置信场

当参考位置为线状特征或者面状特征时，位置的形状会影响方向关系的计算结果。本节采用点集分割的方法，将具有扩展形状的参考位置离散化处理为栅格单元集合，进而将"线/点"和"面/点"方向关系转化为"点/点"方向关系进行计算，以避免形状因素对方向关系计算的影响。针对线状位置和面状位置的形状特点，本节设计了不同的算法进行方向关系计算。

针对线状特征的参考位置，本节设计了 Polyline2Point 方法进行方向关系计算，以计算"北"方向为例，如图 4-28 所示，算法过程如下：

（1）将线状参考位置 L 进行栅格化处理，得到一组栅格单元集合；

（2）计算方向关系时，如"北"，依次取 C 中的采样单元 C_i（图 4-28 中 C_1 和 C_2），采用八方向锥形模型计算"点/点"之间的方向关系，得到 D 方向关系的候选置信场 Q_{Fi}（图 4-28 中"北"方向候选置信场 Q_{F1} 和 Q_{F2}）；

（3）假设每个采样单元产生的候选置信场概率相等，采用式（4-7）对所有候选信场进行集成操作处理，获取 D 方向关系的置信场 $p(x, y)$。

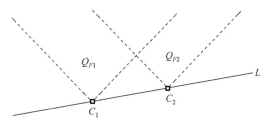

图 4-28　"线/点"方向关系计算

图 4-29 展示了采用 Polyline2Point 方法计算的线状位置"北"方向置信场。

图 4-29　线状参考位置的"北"方向置信场

3. 基于 Polygon2Point 方法的"面/点"方向关系置信场

当参考位置为面状特征时，由于目标位置可能位于参考位置内部或者外部，两者之间的方向关系分为外方向关系和内方向关系两种。

内方向关系是对包含关系的进一步细化，描述了目标位置在面状参考位置内部的方位限定，例如，"位于武汉市西北部"。内方向关系是对传统的基于投影方向关系划分的"中间"区域采取进一步的方位划分，划分方式可以是投影划分、锥形划分等。

一般地，"中间"区域被划分为 9 个原子区域，包括东部（I_E）、南部（I_S）、西部（I_W）、北部（I_N）、东北部（I_NE）、东南部（I_SE）、西南部（I_SW）、西北部（I_NW）和中部（I_C）。可以采用细节方向模型（detailed direction relations model，DDRM）（杜世宏等，2004）或者内主方位模型（internal cardinal direction model，ICDM）（Liu et al.，2005）进行量化计算，如图 4-30 所示。

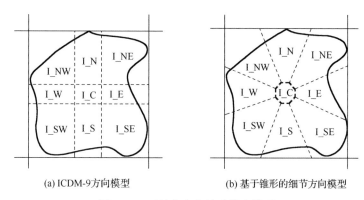

(a) ICDM-9方向模型　　　　(b) 基于锥形的细节方向模型

图 4-30　两种内方向关系描述模型

外方向关系描述目标位置在面状参考位置外部的相对方位，例如，"位于广埠屯以北"，针对面状位置的外方位关系计算，本节设计了 Polygon2Point 方法进行方向关系计算，以计算"北"方向为例，如图 4-31 所示，算法过程如下。

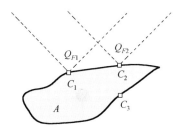

图 4-31　"面/点"方向关系计算

（1）将面状参考位置 A 进行栅格化处理，得到一组栅格单元集合 C。

（2）计算 D 方向关系时，如"北"，对 C 中每个栅格单元 C_i 判断方向计算有效性。其判断依据：若在 C_i 的 D 方向中心轴上仍然存在栅格单元 C_j，则当前采样单元 C_i 不参与方向 dir 的计算。例如，图中采样单元 C_3，由于其"北"方向上存在采样单元（包括 C_2 等），所以 C_3 不参与"北"方向关系计算，而 C_1 和 C_2 则是有效的计算单元。

（3）C 中的栅格单元经过计算有效性判断之后得到有效单元集 Q_{F1} 和 C'，依次取 C' 中的栅格单元 C_j'，采用八方向锥形模型计算"点/点"之间的方向关系，得到 D 方向关系的候选置信场 Q_{Fi}（图 4-31 中"北"方向候选置信场 Q_{F1} 和 Q_{F2}）；

（4）假设每个有效采样单元产生的候选置信场概率相等，最后采用集成操作处理所有候选置信场得到结果置信场 $p(x, y)$。

图 4-32 展示了采用 Polygon2Point 方法计算的面状位置"北"方向置信场。

图 4-32　面状参考位置的"北"方向置信场

4.2.4　空间走向约束的语义位置路径关系计算方法

空间距离关系和空间方向关系置信场计算方法的一个基本假设是目标位置被抽象为点状特征，这类位置数据称为点状位置描述。然而，多源位置数据中除了点状位置描述，还存在由多个点状位置描述语句复合形成的位置描述，例如，语句"起于草海镇燎原村五里岗中学处，止于草海镇大马城村，途径草海镇燎原村、龙凤村、塔山村、鸭子塘村和大马城村"。这种复合形式的位置描述实际上是由多个参考位置结合路径关系形成的位置描述，这类位置数据称为线状位置描述，常见的线状位置描述包括公交线路、地铁线路、移动对象（行人和车辆）轨迹等。依据文本位置描述的角色划分，线状位置描述可以表述为图 4-33 所示的概念图，线状目标对象与若干点状参考地物之间形成路径关系，每个点状描述语句描述了线状地物相对于某个参考位置的空间分布。

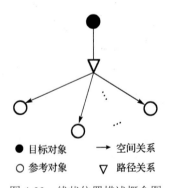

图 4-33　线状位置描述概念图

已有文本位置描述空间定位计算方法在处理线状位置描述时都存在一定的局限性，表现为缺乏对空间关系组合不确定度的分析，只能得到若干独立的点状位置，无法得到与实际一致的线状特征地理位置。位置描述和位置估算是互逆的处理过程,位置描述选择的参考特征可以作为位置估算的依据,空间走向是线状位置描述的主要特征(郑玥等,2011),即若干参考位置之间相互依赖隐式地描述线状特征在地理空间中的走向,因此本节拟采用空间走向辅助进行线状位置描述的空间定位计算,提出了一种空间走向约束的线状位置描述空间定位计算方法,其计算流程如图 4-34 所示。

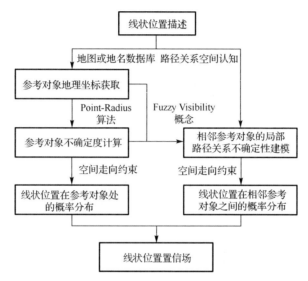

图 4-34　空间走向约束的线状位置计算流程

1. 空间走向约束的参考位置计算

线状位置描述的参考位置大多是地名,也可能是嵌套的点状位置描述。参考位置估算主要是分析参考位置的不确定性,获取参考位置的地理坐标,进而结合空间走向约束计算线状位置在参考位置处的概率分布。参考位置坐标可以从地名辞典、地名数据库、地名本体库、地图以及其他带有地理坐标的位置描述等数据源获取,坐标的精确性以及数据源的准确性是参考位置不确定度的来源。在已有点状位置描述计算方法中,Point-Radius 算法是能够定量计算且易于实现的方法,因而本节使用该方法估算参考位置的地理范围。

1)Point-Radius 方法

Point-Radius 方法是在利用单一坐标对(point)描述位置的基础上,考虑了参考位置的空间范围、地图准确度、坐标精确度、大地基准等多种不确定度来源,并将所有不确定度合并投影为单一度量值(radius)作为最大不确定度,从而获取目标对象的最大空间范围。其中,参考位置空间范围导致的最大不确定度为参考位置空间范围的最大跨度,即参考位置空间范围内任意两点间距的最大值;地图准确度导致的误差一般为 1mm，假如地图比例尺为 1 : 1000，则不确定度为 1m；未知大地基准引起的不确定度为未知基准与 WGS84 大地基准的转换误差；坐标精确度则按照式（4-22）计算，coordinate_precision 为坐标精度，R 和 X 等参数计算过程详见文献（Wieczorek et al., 2004）。

$$uncertainty = \sqrt{lat\_error^2 + lon\_error^2} \qquad （4-22）$$

其中

$$lat\_error = \pi R \times (coordinate\_precision) / 180.0$$

$$long\_error = \pi X \times (coordinate\_precision) / 180.0$$

图 4-35 利用 Point-Radius 方法计算参考位置的最大空间范围，单一坐标对 $O(x, y)$ 表示最接近参考位置真实值的坐标，半径 R 表示参考位置具有的最大不确定度，是上述 4 种不确定度来源的合并结果，以 O 为圆心，R 为半径构成的圆形区域表示参考位置的最大地理范围。

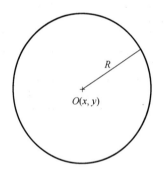

图 4-35　参考位置的最大空间范围

2）空间走向约束的参考位置概率分布

Point-Radius 方法只能计算参考位置的最大范围，但是无法获取线状位置在参考位置内的空间分布。本节利用空间走向对参考位置进行二次估算，获取线状位置在其最大空间范围内的空间分布。基本原理是计算最大空间范围内各点与局部空间走向的偏离度，进而获取线状位置在该点出现的概率，偏离度越小的点，线状位置在该点出现的概率越大。如图 4-36 所示，圆 A 和圆 B 分别为 Point-Radius 方法估算的两个相邻参考位置，以计算线状位置在参考位置 A 处的空间分布为例，二次计算过程如下：①计算经过两个参考位置圆心坐标 O_A 与 O_B 的直线 L；②取参考位置 A 最大地理范围内的任意点 P，计算点 P 与直线 L 的最短距离 $Dis(P, L)$；③将 $Dis(P, L)$ 与参考位置 A 的最大不确定度 R_A 相比获取点 P 的偏离度，进而计算线状位置在点 P 处的出现概率 $\mu(P)$，形式化定义如式（4-23）所示；④重复步骤②和步骤③，得到线状位置在参考位置 A 内部的概率密度函数。

$$\mu(P) = 1 - \text{Dis}(P, L) / R, \quad \text{Dis}(P, L) \leqslant R \tag{4-23}$$

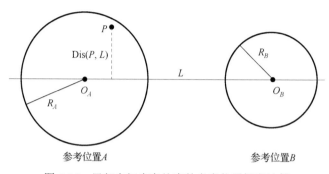

图 4-36　局部空间走向约束的参考位置概率计算

图 4-37 线状位置在点状位置 A 处的概率密度分布，圆形区域是基于 Point-Radius 方法计算的点状位置最大空间范围，颜色表示线状位置在点状位置内任意一点的出现概率，颜色越深的点表示线状位置的出现概率越大。由于点状位置 A 和 B 形成的局部走向为东西方向，在点状位置 A 的最大空间范围内，线状位置的出现概率由中心向南北方向递减。

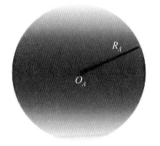

图 4-37　线状位置在参考位置处的概率分布

2. 基于 Fuzzy Visibility 和空间走向的路径关系计算

在缺少辅助数据的情况下，线状目标位置在相邻参考位置之间的空间分布具有任意性，如图 4-38 所示，两点之间的线段可以是直线、曲线或者折线。若简单地使用直线连接所有参考位置构成线，其结果可能与真实线状特征存在较大差异。因而本节借助于模糊理论对线状位置在两点之间的空间分布进行模糊建模。

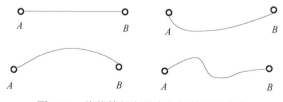

图 4-38　线状特征在两点之间的可能分布

1）Fuzzy Visibility 概念

从空间认知的角度，线状位置在参考位置之间的空间分布可以描述为三元空间关系 "Between"。convexity、morphological 和 visibility 等空间认知概念常用于 "Between" 关系的模糊建模。其中，基于凸壳的方法计算量大，需要进行优化（叶绿等，2004），而基于形态学膨胀的方法则容易导致过多的冗余区域。考虑线状位置在两点之间空间分布的不确定性，本节引入 Fuzzy Visibility 概念描述线状位置在点序列之间的分布范围，并结合空间走向特征计算概率分布。

Fuzzy Visibility 概念以半容许线段作为计算基础，如图 4-39 所示，点 a 和点 b 分别为对象 A 和对象 B 边界上的任意一点，对于空间中的任意一点 P，若线段和线段属于 A 和 B 以外的空间区域 $A^C \cap B^C$，则称线段和线段为半容许线段，而点 P 相对于 A 和 B 模糊可见。当点 P 模糊可见时，计算半容许线段和在 P 点形成的最接近 π 的夹角 θ_{min}，形式化定义见式（4-24）。

$$\theta_{min}(P) = \min\left\{|\pi - \theta|, \quad \theta = \angle([a,P],[P,b])\right\} \tag{4-24}$$

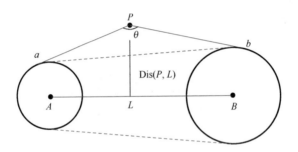

图 4-39　基于 Fuzzy Visibility 概念的隶属度计算

点 P 在 A、B 之间的隶属度是关于 θ_{min} 的递减函数 f，当 θ_{min} 为 0 时，$f(0)=1$，点 P 具有最大隶属度；当 θ_{min} 为 π 时，$f(1)=0$，此时点 P 完全不属于 A、B 之间；所有隶属度大于 0 的空间点构成 A 和 B 之间的模糊区域。一般地，若对夹角 θ_{min} 不加限定，则产生的模糊区域会非常大，因而本节设定 θ_{min} 的最大取值为 $\pi/3$，作为相对于 π 的最大偏离，即 $f(\theta_{min})=0$。基于这个限制条件，本节定义了式（4-25）所示的隶属度函数。

$$f(\theta_{min}) = \left\{1 - 3 \times \theta_{min} / \pi, \quad 0 \leqslant \theta_{min} \leqslant \pi/3\right\} \tag{4-25}$$

2）空间走向约束的路径关系置信场

基于 Fuzzy Visibility 概念获取隶属于两点之间的模糊隶属区域后，接着基于空间走向计算模糊隶属区域内各点的偏离度。以过相邻参考位置 A、B 圆心的直线 L 作为局部走向，区域内任意点 P 与 L 的最短距离设为 $\mathrm{Dis}(P,L)$，取 $\mathrm{Dis}(P,L)$ 的最大值作为偏离阈值 R_{max}，按照式（4-26）计算点 P 的偏离度。

$$\sigma(P) = \left\{1 - \mathrm{Dis}(P,L)/R_{max}\right\} \tag{4-26}$$

对于模糊隶属区域内的任意点 P，线状位置在该点的出现概率密度是其隶属度和偏离度的加权求和，如式（4-27）所示。一般地，本节认为隶属度和偏离度对线状位置在两点之间的分布具有同样的影响，计算过程中权值 λ_1 和 λ_2 默认为 0.5。

$$F(P) = \lambda_1 f(P) + \lambda_2 \sigma(P) \qquad (4\text{-}27)$$

图 4-40 是线状位置在相邻参考位置之间的概率密度计算结果，圆 A 和圆 B 表示相邻两个点状位置的最大空间范围，椭圆区域表示隶属于 A 和 B 之间的区域。颜色深浅表示线状位置在该点出现的概率大小，颜色越深表示出现概率越大。

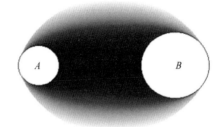

图 4-40　线状位置在相邻参考位置之间的概率分布

3. 语义位置路径关系计算实验

本节选取武汉市地铁轨道交通线路的位置描述数据验证本节方法的有效性。以地铁 2 号线为例，其位置描述是"地铁 2 号线一期工程起于江汉区的金银潭，经常青花园至汉口火车站，过中山公园、循礼门，穿江汉路到洪山广场，之后沿中南路到宝通寺，经街道口、广埠屯再向东南延伸至位于洪山区的光谷广场"。在比例尺 1：100 的谷歌地图上，通过矢量化获取了各站点在 WGS84 大地基准下的地理坐标并利用 Point-Radius 方法计算了坐标最大不确定度，如表 4-11 所示。实验分别使用了本节提出方法和直线连接方法估算武汉市地铁 2 号线的位置描述，并与实际线路进行了对比。

表 4-11　地铁 2 号线各站点坐标及其最大不确定度

地铁站点	中心坐标/(°)	最大不确定度/m
金银潭	114.24918, 30.65687	9.63
常青花园	114.24875, 30.64687	9.63
汉口火车站	114.26145, 30.62189	9.62
中山公园	114.27914, 30.58795	9.60
循礼门	114.29256, 30.59113	9.60
江汉路	114.29926, 30.58541	9.60
洪山广场	114.34351, 30.55117	9.59
中南路	114.33949, 30.54377	9.58
宝通寺	114.34749, 30.53655	9.58

续表

地铁站点	中心坐标/(°)	最大不确定度/m
街道口	114.36013, 30.53283	9.58
广埠屯	114.37001, 30.53004	9.58
光谷广场	114.40457, 30.51156	9.57

图 4-41 和图 4-42 分别是直线连接方法和本节方法估算的地铁 2 号线位置。绿色线段是直线连接方法的估算结果，蓝色区域是本节方法的估算结果，红色线段表示地铁 2 号线的实际线路，图标表示 2 号线位置描述中各站点位置，可以看出位置描述中的站点数量比实际线路少。从图 4-41 可以发现，红色实际线路在大部分绿色站点之间均是变化的曲折线，采用直线连接方法产生的绿色估算线路虽然在整体空间走向与红色实际线路一致，但是无法反映红色实际线路的局部曲折变化，且与红色实际线路存在多处偏差，例如，图 4-41 中①、②、③、④标示处，由于红色线路曲折变化较大，

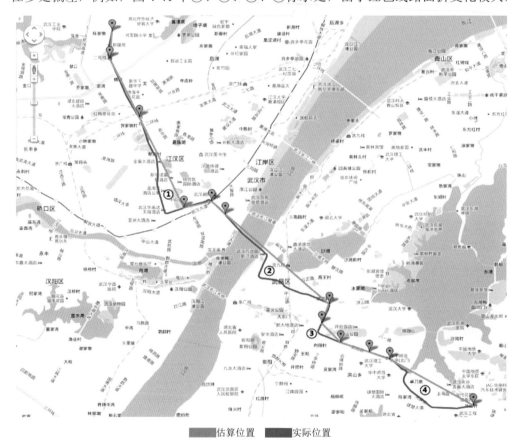

■ 估算位置　　　■ 实际位置

图 4-41　基于直线连接方法的地铁 2 号线位置估算

此时绿色估算线路与实际线路严重偏离。而在图 4-42 中，本节方法产生的蓝色估算区域同样与红色实际线路具有一致的整体空间走向，并且覆盖了大部分红色实际线路，例如，从江汉路至洪山广场段，估算位置覆盖了实际线路在积玉桥、螃蟹岬和小龟山 3 个站点之间空间分布的略微变化。对比图 4-41 中的①、②、③、④标示处，蓝色估算区域能够包容红色实际线路的局部曲折变化。因而可知，本节提出的估算方法在部分参考点位缺失的情况下，同样能够有效地估算实际线状位置的空间分布。在实验过程中，本节发现当实际线状特征与两点的偏离度较大时，夹角 θ_{min} 需要设置较小阈值才能覆盖实际线路，同时会产生一定的冗余区域；而当实际线状特征近似直线时，夹角 θ_{min} 设置较大阈值可以较为精确地表达实际线路。

估算位置　　　　实际位置

图 4-42　基于本节方法的地铁 2 号线位置估算

第5章 全息位置地图泛在信息接入

5.1 互联网舆情信息

截至 2016 年 6 月，中国互联网络信息中心（CNNIC）在京发布第 38 次《中国互联网络发展状况统计报告》显示，我国网民规模达 7.10 亿，上半年新增网民 2132 万人，增长率为 3.1%。我国互联网普及率达到 51.7%，与 2015 年底相比提高 1.3 个百分点，超过全球平均水平 3.1 个百分点，超过亚洲平均水平 8.1 个百分点。面对如此丰富的网络信息，人们渴望信息却又找不到对自己有用的信息，网络舆情信息获取的研究，可以帮助人们更容易地在"网络海洋"中定位到自己需要的"信息"。另外，互联网已经成为舆情信息产生的主要场所，同时也促进了舆情信息的传播，这其中既有积极的、有益的舆情信息，也有不少负面的、偏激的信息，如何让正面的舆情信息出现在人们的视野中，又如何让负面的舆情信息得到最大限度的限制影响范围，这是研究舆情信息的意义所在（尚楚涵，2013）。

互联网舆情分析的基础工作就是对网络信息进行有效的抓取并进行分析，这个信息爬取的工作是由网络爬虫程序实现的。网络爬虫（又称网页蜘蛛（spider），网络机器人）：按照一定的规则，自动地抓取互联网信息的一种程序或者脚本。网络爬虫（crawler）主要分为两类：通用网络爬虫（generic crawler）和聚焦网络爬虫（focused crawler）。通用网络爬虫的目标是尽可能多地爬取网页，追求对网络的更大覆盖率。聚焦网络爬虫的目标是只关心和爬取与特定内容相关的网页，并尽可能少地对内容无关的网页爬取。表 5-1 介绍了一些开源的网络爬虫工具（杨鹏，2014）。

表 5-1 开源的网络爬虫工具

项目名	开发语言	主页	说明
Nutch	JAVA	http://nutch.apache.org/	Apache 的一个子项目，提供了人们运行自己的搜索引擎所需的全部工具，包括全文搜索和 Web 爬虫
Heritix	JAVA	http://crawler.archive.org/	Source Forge 的开源产品，采用了深度遍历网址资源的方法，完整和精确地获取站点内容
JSpider	JAVA	http://j-spider.sourceforge.net/	可配置、可定制的 Web Spider 引擎
Larbin	C++	http://larbin.sourceforge.net/	设计简单且具有很高的可配置性，跟踪页面的链接扩展爬取网页，从而高效地获取数据
SpiderPy	Python	http://pyspider.sourceforge.net/	Source Forge 的开源项目，使用户通过一个可配置的页面收集文件和搜索站点

我国对互联网动态页面信息爬取技术的研究虽然较国外起步晚，但也取得了重要的进步，主要由中国科学院以及互联网巨头企业共同发起并推动，在 Web 信息系统及其应用、网络搜索引擎等学术会议中，对互联网动态页面的信息爬取都做了深入的讨论（邵斐等，2007）。

高天宏等对比分析了网站级结构和网页级结构，提出了具有针对性的动态网页爬行策略（高天宏，2015）。陈健瑜等阐述添加了动态页面信息采集技术后，抓取到的 URL 地址数量比未添加时多了很多，验证了动态信息爬取程序的可用性（陈健瑜，2009）。李华波等利用消重策略来避免重复爬取相同的网页，缩减了 Ajax 信息爬取的时间耗费；页面导航算法，能够自动触发页面中的动态事件，并生成下一个待抓取页面（李华波等，2013）。1999 年，Chakrabarti 在 World Wide Web 会议中首先提出了"聚焦爬虫"的概念，聚焦爬虫在信息爬取的过程中更关注所爬取到的页面信息与主题的相关程度，比通用网络爬虫在爬取信息准确性上提高了一大步，然而依旧无法满足动态页面信息的爬取工作。2000 年之后，CM/ICDE 会议以及 WISE 会议都陆续对互联网动态页面信息采集的技术作了研究讨论。2009 年，Google 搜索引擎初步实现了动态页面信息采集的功能，迈出了动态页面信息采集技术发展的一大步，但依旧有非常多的采集局限。Chidlovskii 等提出了一种表单的分析搜索，这种搜索策略主要是针对文本来进行的，从页面索引中深入挖掘互联网页面中的底层信息，解决了表单更完善的分析工作。Frey 提出了一种动态页面信息采集的方式，即对页面中嵌入的 Java Script 脚本进行解析，这种方式虽然实现的复杂性较高但成功获得了动态页面信息内容（邵斐等，2007）。

由于国内外社会形态差别，国内外对舆情信息的应用也有所不同，我国的舆情信息主要应用于政治，以政府政策方针为导向，为政府执政服务。例如，辅助公安部门预警，帮助政府部门决策。国外对于舆情信息的应用除了应用于政治，在社会经济、文化、商业等中也有广泛应用。例如，辅助商业决策销售策略、辅助经济市场稳定等（艾新革，2011）。

本章根据项目需求，针对不同网站进行网页结构的分析，定制爬虫工具进行网络舆情信息的定时爬取更新，完成全息位置地图中的互联网舆情信息的接入。

5.1.1　互联网舆情信息接入框架

由于不同网站具有相差较大的网页结构，所以互联网舆情信息接入部分分别针对所选取的具有代表性的网站，对其内容及结构进行具体分析，定制相应爬虫进行信息爬取。主要针对表 5-2 所列出的网站进行分析，按照语义主题（如摩托车、手机、租房、售房、扒窃和入室盗窃等）进行过滤爬取，提取有意义的文字、媒体等信息，并将爬取内容按照案件、民生、人员、服务、管理和社会等 6 类进行分类，建立 6 类主题库进行存储，为综合搜索服务提供数据来源。

表 5-2 爬取网站分类信息

序号	类型	网站	说明
1	销售类型网站	58同城	发布摩托车、电动车、手机等二手商品信息
2		赶集网	
3		百姓网	
4	售房信息网站	搜房网	发布楼房开盘、售楼、租房等信息
5		亿房网	
6	社会新闻网站	新浪微博	社交平台,发现社会热点事件
7		百度贴吧	
8		论坛	
9	百姓新闻网站	帮帮网	发布百姓生活新闻
10		大楚网	
11		大楚网爆料台	
12	演出活动信息网站	大麦网	发布演唱会、歌剧等演出活动信息
13		豆瓣同城	
14	旅游信息网站	途牛旅游网	发布旅游团购信息
15	商场促销信息网站	武汉本地宝	发布商场打折促销、假日活动等信息
16		得意生活	

同时,由于网络舆情数据具有一定的实时性,所以,为了提供更加准确的网络舆情信息,爬虫工具针对不同网站进行定向、定时爬取,及时更新数据信息,保证数据的实时性、有效性以及准确性。

不同于传统的网络爬虫,舆情信息爬取部分采用具有模拟人员网站操作能力的智能爬虫,如点击操作、单选框选择操作、登录操作等。以此进行精细舆情语义分析,通过网站上下文相关信息,综合分析出具有情报实战价值的语义信息。如通过分析58同城、赶集网等物品发布网站,爬取获得同一个人在某个时间段内共发布多少摩托车销售信息,以及该人员姓名、地址等基本个人信息,所发布物品的详细信息,从图片中提出的电话号码、QQ 等关键个人信息。此外,通过分析微博、贴吧等社交网站,了解当前某一地区的社会热点信息,以及利用用户对该热点时间的评论等信息分析出该热点事件的热度信息等。

互联网舆情接入框架如图 5-1 所示。

(1)微博信息采集模块实现社交网站用户所发布微博信息的采集,包括文字信息、多媒体信息、微博转发评论等反映微博热度的有效信息。

(2)新闻网站采集模块实现百姓生活新闻、社会新闻等具有时效性信息的采集。

(3)生活服务网站采集模块负责爬取网站所提供物品销售信息、商场打折促销信息、租房售房信息、演出活动信息、旅游团购信息等。

(4)贴吧论坛采集模块实现如百度贴吧信息、论坛网站信息的收集。

(5)网络舆情存储模块对互联网舆情进行分类处理,并存储至关系型数据库中。

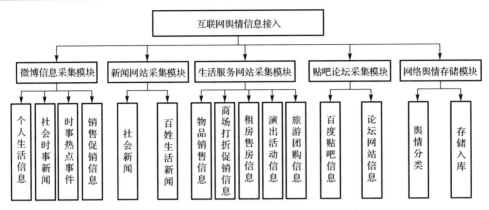

图 5-1　互联网舆情采集服务子系统模块组成

1. 微博信息采集模块

微博信息采集模块通过分析微博网站结构、内容，对微博信息进行分类，根据关键字进行过滤爬取；同时通过模拟登录、输入、搜索点击等操作，采集微博的基本信息以及反馈信息，为热点事件分析、主题分析等提供数据基础。

通过对微博网站的分析，将微博内容分为以下 4 大类：①用户发布个人生活信息；②媒体发布社会时事新闻；③地方微博发布实时热点事件；④商家发布销售促销信息。

为获取以上 4 类微博信息，对于微博的爬取可以采取两种方式：①收集发布信息的微博主页；②利用微博网站提供的关键字搜索。第一种方式通过收集新闻官方媒体发布平台、某地方官方信息发布平台、某商场、某售楼处等微博主页地址，可以实现微博分类信息的定向爬取。第二种方式则可以根据主题分类根据不同的关键字从而爬取不同类型的微博信息。

对于微博信息的采集分两个部分：①微博基本信息；②微博反馈信息。微博的基本信息包括文字信息以及媒体信息。微博的反馈信息包括微博的评论数量、转发数量、点赞数量以及评论内容等。

由于微博信息的大量爬取需要用户的登录信息，所以微博信息采集模块首先根据用户名与密码模拟人员登录微博网站的操作进行微博登录，而后进行某一微博主页信息的过滤爬取，抑或利用微博网站提供的关键字搜索功能，实现关键字输入动作、关键字搜索动作的模拟来获取相关微博信息。

2. 新闻网站采集模块

新闻网站采集模块通过分析武汉市部分官方媒体新闻发布网站、武汉市百姓生活信息发布等网站的结构、内容，进行百姓生活信息、社会新闻的过滤爬取。

百姓生活新闻网站，例如，"帮帮网"，向公众提供官方求助平台，用户通过在该网站发布求助信息，从而获得解决方式；爆料平台，用户可以将生活中的某些信息及时快速地发布在该网站上，进行信息的快速传播。社会新闻网站如大楚网、大楚网报料台等网站会实时发布官方社会新闻以及百姓生活新闻。

新闻网站采集模块首先对社会新闻、百姓生活新闻发布的网站地址进行收集，并针对不同网站进行结构、内容的分析，为信息的过滤爬取做准备；通过分析制定不同的爬虫流程与信息抓取方式，提取有效信息进行存储。

通过对该类新闻发布网站的分析，过滤爬取的内容包括：①新闻发布标题；②新闻发布内容；③新闻发布时间；④新闻发布平台；⑤新闻详细内容连接；⑥新闻浏览次数；⑦新闻评论数量以及内容。通过对新闻发布标题的爬取，作为该条网络舆情信息的摘要，有利于对爬取内容进行分类。新闻发布时间信息除保证爬取内容的时效性，更有利于舆情信息的时间划分及排序。而对于社会新闻以及百姓生活新闻的反馈信息，如新闻网页的浏览次数、用户浏览后的评论次数以及评论内容，为新闻热度分析提供数据基础。

由于社会新闻、百姓生活新闻具有一定的时效性，所以新闻网站信息的采集应当是实时且动态的，为了提供更加准确的网络舆情信息，该模块所编写爬虫工具针对不同网站进行定向、定时爬取，及时更新数据信息，保证数据的实时性、有效性以及准确性。

3. 生活服务网站采集模块

通过对生活服务网站结构与内容的分析，可将该类网站提供的信息分为以下几大类：物品销售信息、商场打折促销信息、租房售房信息、演出活动信息、旅游团购信息等。针对不同类型的信息，分别分析相应类型的网站，根据关键字进行过滤爬取。

1）物品销售信息

销售信息的发布与百姓日常生活息息相关。例如，58 同城、赶集网、百姓网这些网站面向公众，提供信息发布平台，其中包含大量的二手销售信息，如摩托车、自行车、电动车、手机、笔记本电脑等。通过对这些销售信息的信息特征进行主题归类，根据关键字对比分析，从中挖掘出有用信息辅助决策，例如，对发布二手商品的卖家信息进行统计，挖掘出其中可能存在的失窃物品销赃团伙和重点人员藏匿窝点等有用信息。

58 同城、赶集网、百姓网中包含大量的二手销售信息，针对这种类型网站系统存储的主要内容有销售商品信息和卖家信息，其中销售商品的关键字段包含商品编号（ID）、商品类型（手机、自行车、电动车、笔记本电脑、摩托车）、商品网页链接（uniform resource locator，URL）、商品使用时间、商品交易地点、商品销售主题、商品销售发布时间、商品图片信息、商品详细信息；卖家信息的关键字段包含卖家有户名、卖家认证信息（微信、邮箱、电子邮件、电话、身份证）、卖家联系方式（电话、qq）、卖家地点、卖家注册时间、卖家用户名。

2）商场打折促销信息

发布商场打折促销信息的平台，例如，武汉本地宝、得意生活等网站，以论坛等信息发布的形式对武汉本地一些商场的商品促销信息进行整理发布。除此之外，通过收集大型商场商铺的官方网站地址，可获取官方发布的关于该商店促销、打折、店面搬迁、店面开张等活动的及时信息。

通过定制过滤爬取获得的商场信息类型包括商场打折促销信息、商场节假日活动信息、商场店铺开业信息、商场店铺搬迁信息等。每一类信息存储包括以下字段：信息发布时间、信息发布标题、信息发布内容、信息发布类型、发布信息店铺名称、发布信息店铺地址、发布信息详细内容链接，以及关于发布信息的反馈信息，如用户评论个数、用户关注度、用户评论内容等。

3）租房售房信息

通过对亿房网、搜房网等发布售楼、租房信息网站的分析，制定爬虫过滤爬取，可获取武汉市大型售楼处开盘信息、售楼信息、租房信息以及用户的反馈信息等。此类型网站存储的关于开盘等信息的主要内容为开盘楼市编号、楼房实景图片、楼房详细链接、楼盘名称、楼盘价格、楼盘地址、开盘时间、楼盘最新消息、联系方式。这些关键字段基本覆盖了用户所需要的信息。通过这种数据组织方式，用户可以获取某一主题信息需要的关键信息，同时为数据的分类查询，按需查询提供结构化的数据组织基础。

4）演出活动信息

大麦网、豆瓣同城等网站对武汉市近期举办的演出活动进行整理发布，通过对该类型的网站结构、内容进行分析，可定制过滤爬取，获得关于演出活动的有效信息，包括演出活动举办时间、演出活动内容介绍、演出活动类型（演唱会、音乐剧、话剧等）、演出活动举办地址、演出活动关注、评论人数等信息。

5）旅游团购信息

除景点介绍网站，一些大型团购网站会定期发布旅游景点的门票团购信息，通过对此类型信息的爬取，可获得对于武汉市某一旅游景点的关注人数以及购买者对该团购活动或者对该景点的评价。

4. 贴吧论坛采集模块

贴吧论坛采集模块主要针对如百度贴吧、论坛网站等社交平台，进行整理、分析。由于百度贴吧、论坛等网站属于大型社交网站，具有参与人员数量多、类型杂；信息发布速度快、范围广；信息传播速度快；对发布信息的关注人数多、评论多等典型特征。因此对于该类型网站舆情信息的采集，首先需要对舆情信息进行分类，主要有以下两种类型：

（1）社会热点事件的发布与讨论；
（2）生活服务信息的发布。

社会热点事件包括社会新闻、百姓生活新闻等，通过搜集社交网站平台关于该新闻的用户参与人数、用户评价数量及用户评价内容，对网络舆情信息的热点事件分析提供数据基础；生活服务信息则包括商场打折促销信息、商场假日活动信息、楼房开盘信息、演出活动信息、旅游团购信息等。而对此类生活服务信息的爬取主要侧重于用户的关注程度以及评价等反馈信息。

5. 网络舆情存储模块

舆情存储将从互联网爬取的信息首先存储在临时数据库中，作为入库原始数据源，并提供关联分类工具，可供人工进行舆情分类处理；最终按照案件、民生、人员、服务、管理和社会六类进行存储，供民警后续进行查询分析。为保证舆情系统获取信息的有效性和针对性，舆情存储系统采用关系型数据库进行数据存储，将无结构的互联网信息结构化存储。

5.1.2　互联网舆情信息接入技术流程

网络舆情采集部分的流程如图 5-2 所示。

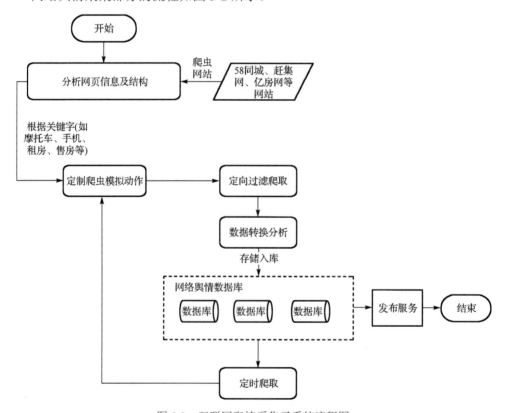

图 5-2　互联网舆情采集子系统流程图

　　首先对于收集的网站，如 58 同城、赶集网、微博等进行网页结构以及内容的分析，确定需要过滤爬取的内容以及爬取的方式，而后针对不同的网站编写相对应的定制爬虫工具，开始进行定时定向的网络舆情信息采集。对于采集获取的原始数据需要进行数据转换分析，分类入库。为舆情信息可视化、统计分析工作奠定基础，该子系统针对存储入库的数据、发布服务，提供接口、方便数据的获取。

　　其中微博信息爬取的流程如图 5-3 所示。以微博信息爬取过程为例，说明爬虫工具如何模拟人员操作以及浏览器的行为。微博网站信息的浏览需要进行身份认证即登录，因此爬取的第一步，根据配置文件提供的用户名、密码进行自动登录操作，包括用户名密码的填写以及登录按钮的点击。第二步，进入某一个微博主页页面，进行详细信息的获取。同时，通过对该网站进行分析获知，微博页面全部微博信息的获取需要在每一页进行两次页面滚动，动态加载信息。因此在对"下一页"进行点击以及页面滚动的操作进行模拟后，可以循环获取微博的全部信息，进行分类存储。

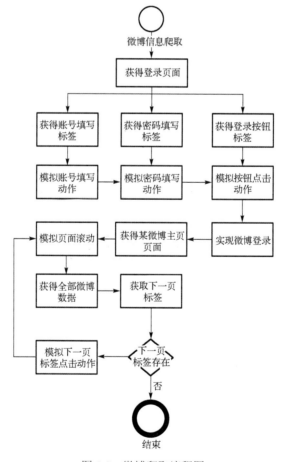

图 5-3　微博爬取流程图

5.1.3　互联网舆情信息接入技术原理

不同于传统的网络爬虫，该部分采用具有模拟人员网站操作能力的智能爬虫，涉及网络智能爬虫、图片识别等关键技术。

由于互联网舆情信息获取方式丰富，差别较大，无法采用一种统一的方式进行爬取。因此网络舆情采集子系统对大量结构、内容不同的网站进行分析，总结出浏览网页获取信息所采取的动作操作，模拟一个虚拟的浏览器，可以模拟人员网页操作获取网站信息。

例如，模拟打开网页地址、网站登录动作、输入关键字查询动作、单选框等选择动作、点击超链接打开网页动作、模拟页面滚动动作等，使得不同的网站采用统一的操作动作以及相应的动作流程进行互联网舆情的信息采集。如图 5-4 所示，描述如何模拟浏览器爬取某一个网站的舆情数据。

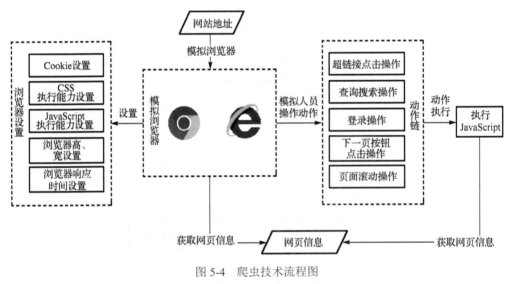

图 5-4　爬虫技术流程图

5.2　动态传感器信息

传感器技术信息社会的重要技术基础，是一项当今世界令人瞩目的迅猛发展起来的高新技术之一，也是当代科学技术发展的一个重要标志，它与通信技术、计算机技术构成信息产业的三大支柱之一。

对于动态传感器信息接入，主要来源包括手持移动终端获取的 GPS 信息，交通卡口获取的图像信息以及视频监控信息。随着移动终端技术发展，包括加速传感器、重力传感器在内的各式传感器已嵌入智能终端中。其中，①加速度传感器是一种能够测量加速度的电子设备。在手机中，加速传感器可以监测手机受到的加速度的大小和方向。加速传感器原理：运用压电效应实现，一片"重力块"和压电晶体做成一个重力感应模块，手机方向改变时，重力块作用于不同方向的压电晶体上的力也随之改变，输出电压信号不同，从而判断手机的方向。②气压传感器。气压传感器的工作是通过一个对压强很敏感的薄膜元件工作，薄膜连接了一个柔性电阻，当大气压变化时，就会导致电阻阻值产生变化。气压传感器的作用主要用于检测大气压、当前高度以及辅助 GPS 定位。③光线感应器由投光器和受光器组成，投光器将光线聚焦，再传输至受光器，最后通过感应器接收变成电器信号。光线感应的用途是可以根据周围环境光线调节手机屏幕本身的亮度。④陀螺仪。它是一种用于测量角度以及维持方向的设备，原理是基于角动量守恒原理。芬兰 VTI 公司成功研发并生产了基于先进的三维微电子机械系统（3D MEMS）技术的陀螺仪（角速率传感器）。基于 VTI 公司 20 年 MEMS 的成功经验，VTI 的 MEMS 陀螺仪产品，具有温度漂移小、性能稳定、性价比高以及抗冲击力强等特点。⑤电子罗盘，利用磁阻传感器测量平面地磁场，以检测出磁场强度以及方向。它和人们常见的指南针比较类似，主要作用是电子指南针、帮助 GPS 定位等。

5.3　VGI 信息

2007 年，Goodchild 提出了 VGI 的概念，阐述了在 Web2.0 环境下，地理信息协作生产和传播共享的问题。目前 3S 技术的成熟、移动设备如智能手机的普及和传感网、云计算概念的推广，在 Web2.0 技术框架下，极大地改变了地理信息采集、存储、分发、分析、可视化和共享方式，地理信息不再局限于传统地图学和地理学概念上的制图信息，而是带有地理坐标的所有信息。

人们不仅能在 Google Maps 中搜索到传统概念上的地图信息，还可以搜索到所有带有地理标签的信息，如维基百科条目、Flickr 中的图片、YouTube 视频和 Facebook/Twitter 检索条数。这种来源于基于集体智慧的自发地理信息，由于不同于专业测绘部门从上至下的地理信息生产方式，其不仅包括了传统概念上的矢量地图数据，还有大量含有位置信息的文本、图像、音频和视频。自发地理信息如果按照数据的性质大致可以分为两类：图形数据和语义数据。图形数据包括 GPS 轨迹，用户勾勒的点线面矢量地物，兴趣点信息；语义信息包括地物属性信息和相关文本、图像和音视频等。按照数据类型可以分为矢量数据、文本信息、图片信息和音视频信息 4 种。

矢量数据主要包括用户通过手持或者车载 GPS 设备如智能手机、便携式导航设备（portable navigation deice，PND）等获取的 GPS 轨迹信息和兴趣点信息，以在线网站共享的高分辨率影像为底图通过用户手工勾勒形成的点线面矢量地物，除了几何信息还包括对矢量数据的描述，一般以属性信息和元数据存储。如在 OpenStreetMap 中，矢量数据属性和编辑历史以 tag 的形式进行描述。

文字信息包括互联网上对于位置信息的文字描述，即对地址的空间方位描述。如在维基百科条目对于伦敦的描述涉及经纬度、行政区域范围、交通信息等。

图片信息指用户添加了地理标签的照片信息，如著名社交网络网站 Flickr 从 2006 年开始，已经在照片中增加地理位置的关键字信息。2007 年 11 月，开始提供了一个利用世界地图和地理位置分类页面观看用户照片的功能。网站图片以 tag 形式进行组织，如果用户在图片 tag 中标注地名如纽约，则将图片归类到纽约组中，在 Flickr 纽约地图上可以点击显示。

视频信息包括用户添加了地理标签的视频信息，地图服务和照片视频的结合已经成为新的趋势。2007 年 10 月，Google 开始在 Google 地球软件中提供用户可以在特定的地理位置看到和该处相关的 YouTube 视频内容的功能。YouTube 网站的用户在上传视频时可以提供与视频内容相关的地理位置信息。Google 地球将会根据位置信息在软件中给出视频的标记。2013 年 5 月，Google 又推出交互式的 YouTube 趋势地图，该地图能实时显示美国各地最受欢迎视频，并可按观众性别或年龄划分。此前，微软公司的虚拟地球和雅虎公司的地图服务可以让用户在地图上标注链接，指向和地理位置相关的照片、网站或者视频内容。VGI 数据类型如图 5-5 所示。

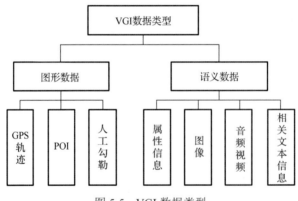

图 5-5　VGI 数据类型

5.4　行业信息接入——以公安为例

公安领域的大数据主要来源于互联网数据、社会化数据和公安内部业务数据。目前，PGIS 已建立覆盖全市的 1100 万标准地名地址库，POI 数据 35 万，涵盖 30 多种不同地物类别，同时也和测绘相关单位签订了地图共享协议，保障了数据的鲜活性与精确性。具体包括：①三台合一接处警系统、社会治安管理系统、矛盾纠纷管控系统、重点人员积分管控系统、情报流动重点人员系统、户政人口管理系统、公安大情报系统、基层派出所系统等现有系统；②面向银行、酒店、物流、商场、社区、医院、火车站等各种社会化服务网点；③面向微博、微信、论坛、团购、网络支付等互联网信息中获取关于接处警信息、重点人员情况、人员流动情况、社会舆论舆情、城区人口密度信息、辖区内的经济情况、交通情况、矛盾纠纷信息等各类数据。如图 5-6 所示。

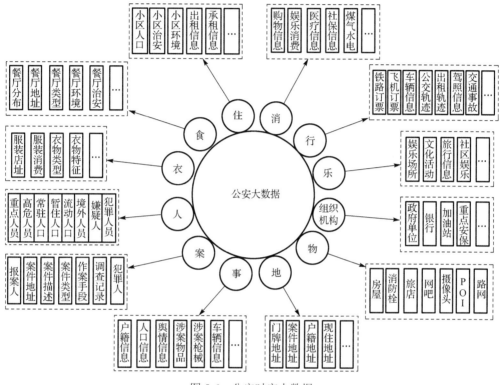

图 5-6　公安时空大数据

　　然而，由于上述数据存在行业跨度大、来源种类多、价值密度低等问题，导致传统整合软件很难发挥作用，数据整合工作异常困难。因此，找到合适的整合关联方式至关重要，这也是全息位置地图重点研究的关键技术之一。以数据上图为关键技术手段，以人、案、物、地、视频、轨迹的"位置"为核心，关联整合各类数据，恢复数据之间天然存在的时间、空间、属性等多维时空关系，在扩展数据维度的基础上实现警务信息关联整合与聚焦精炼，克服大数据存在的"庞大而分散"与"价值密度低"问题，实现综合型共享服务。对互联网数据、社会化数据、公安内部业务数据三大数据源的进行整合利用，帮助各类公安工作均会从丰富数据资源中受益。

第6章　室内外一体化定位技术

近年来，伴随着移动互联网的快速发展，基于定位与导航的相关应用越来越受到人们的关注，给基于位置的服务（location based services，LBS）（Petrova et al.，2011）提供了广阔的市场空间。LBS可以帮助人们便捷有效地寻找到目标位置，并能针对不同人群的不同需求提供相应的交通路线；也可以为人们提供周边的各种生活信息包括餐饮娱乐、停车场、附近优惠商家等；还有当遇到紧急危险或灾难时，辅助救护人员实施快捷有效的救援。这都给人们的生活、生产和安全带来了极大的便利。

在开阔的室外环境中，GPS、网络辅助全球卫星定位系统（assisted global positioning system，A-GPS）和蜂窝网定位系统可以满足大多数精度需求的定位信息，此类技术还具有以下优点，如定位精度高、全球全天候定位、仪器操作简便等。但是在城市的建筑物内、楼宇间等有较多遮挡物的环境下，GPS信号衰减较大，定位效果不佳甚至无效，可见仅仅依赖GPS技术手段将无法达到室内定位导航的目的。

6.1　室内定位技术

相关调查研究表明，人们大部分时间都待在室内环境中，对于室内场景中的定位需求也越来越多。以下一些典型的位置服务领域说明了无处不在的室内定位技术正无声无息的渗入到人们的日常生活中并与其密不可分，对其进行深入的研究具有重要的意义。

1. 公共安全

在地下停车场、商场、医院等室内空间难以直接通过GPS/北斗进行定位的地方，如果发生火灾等紧急事件，室内定位既可以帮助找到求助者的位置，也可以定位救援人员的位置，这样就能及时提供相应的救援，在最短时间内抢救遇险者的生命，同时还最大限度地保障了救援人员的安全。

2. 寻人寻物

家长可以给小孩配备带有WiFi或蓝牙的可穿戴设备，室内定位系统将小孩的位置实时上传到家长的手机，这样如果小孩不小心走散，家长也能够迅速找回小孩。此外，在地下停车场中，有两件事会耗费大量时间。一是寻找可用的车位停车，二是取车时找到自己的车位。室内定位技术则能帮助车主大大提高寻找车位的效率，知道了自己和车位的位置，便可以方便快速地找到自己的车位。

3. 大型室内场所定位导航

在大型商场、大型医院、机场、火车站等室内面积较大的场所，由于布局比较复杂，行人容易迷路，此时就可借助室内定位技术确定自己的位置，并寻找一些重要或特殊的位置，如商场的某个商铺或电梯口、医院的科室、购物中心的厕所、机场出租车入口等，从而生成导航路径，快速准确指引行人到达目的地。

4. 私人家庭

适用于私人家庭中的应用包括丢失物品的检测、基于身体动作的游戏和相应的位置服务。环境助理生活（AAL）系统为老年人在家中的日常生活和活动提供了援助。AAL 系统中一个关键的功能就是利用室内定位技术来实现位置感知。家居中的应用除了医学监控，如监控生命体征等；还有服务和个性化的娱乐系统，如智能音频系统。

5. 医疗护理

医院里紧急情况中医护人员的位置跟踪已经越来越重要，医疗应用还包括病人和医疗器械的跟踪和定位，在机器人协助下完成精确定位的手术，现有的分析设备可以被替换为更有效的手术设备。

6. 环境监控

环境监控可用来观察一些如热、压力、湿度、空气污染和物体形变和结构等常见现象。在一个特定的室内空间中监测这些参数，需要部署多种传感器节点，组成一个无线传感网络（WSN）。一个 WSN 由微型、廉价、空间分布自治的、计算资源和处理功能有限的传感器节点和无线通信电台组成。在 Yick 等在 2008 年发表的论文中对 WSN 进行了一个全面的文献综述，为了检索这些传感器节点的测距位置和接近信息，Mautz 等在 2007 年提出了一些专用算法的合作定位方法。

7. 工业生产

机械工程的发展逐渐趋向于智能系统中的自动生产方向，在众多的工业应用中，室内位置感知是一个基本的功能元素。在工业生产设施中，室内定位功能可以帮助找到被标记的维护工具和分散的设备，具有室内定位功能的系统可以改善自动安全系统、智能工人保护和避碰。

8. 社交网络

利用位置信息建立的社交网络是一种以定位数据为中心并基于电子地图的应用系统。它不但是可视化、管理和理解个人定位数据的工具，也是多个用户共享定位数据和交流生活经历的平台。基于个人的定位数据以及相关联的多媒体内容，在地图上以动画的形式生动地重现用户过去的经历。这不但有助于用户有效地回忆自己过去的往事，也可成为一种朋友之间交流生活经历的更便捷、更直观的方式。从不断累积的个人数据上，还可帮助用户了解自己的生活规律，以保障健康的生活习惯。

室内定位有着众多的应用场景，然而室内定位对精度要求很高。除此之外，室内环境复杂多变，存在严重的多径传播效应，带来了严重的干扰。因此，实现一个高精度的室内定位系统已经成为一个研究重点和难点。

此外，由于移动智能终端的普及化，人们都会携带一个或多个此类设备，如智能手机、平板电脑。在室外环境，通过这些设备获取位置信息已经得到了广泛的应用，因此将移动智能终端应用在室内定位系统中延续了人们在室外定位的使用习惯，也使得室内外定位逐步一体化。同时，这些设备具有高度智能化、社交化的特点，为人们提供了以往普通移动终端所不能及的功能。如今的移动智能终端正以其运算处理速度快、无线接入能力强大的特性，不断拓展和加深移动互联网的应用领域。因此，在室内定位系统中应用移动智能终端也成为一个重要的研究方向。

1997 年公布的 IEEE 802.11 无线局域网（WLAN）标准使 WLAN 市场迅速发展。如今的高速无线网络几乎能够实现用户在任何地点连接到网络，利用无线通信和参数测量确定移动终端位置，而定位信息又可以用来支持位置业务和优化网络管理，提高位置服务质量和网络性能。所以，无线局域网络中快速、准确、健壮地获取移动位置信息的定位技术及其定位系统已经成为当前的研究热点。

6.1.1　基于 RSSI 位置指纹室内定位系统的基本框架

无线局域网络中，基于 RSSI 位置指纹室内定位系统的基本框架（He et al.，2016）如图 6-1 所示，通过对选定参考点（RP）上采集的无线信号强度进行预处理和特征分析后，存储生成数据库，并根据特定的匹配算法来估计移动用户（MU）的位置。

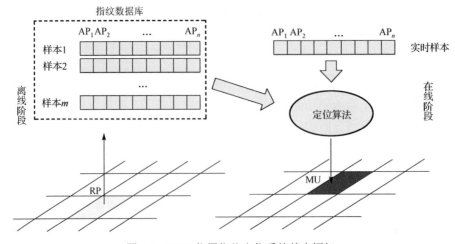

图 6-1　RSSI 位置指纹定位系统基本框架

系统分为两个阶段。

1. 离线采样阶段

离线采样阶段的目标是构建一个关于信号强度与采样点位置间映射关系的数据库，也就是位置指纹的数据库或称无线电地图 Radio Map。数据库的建立主要有两种方法：RSS 传播模型法和指纹采集法。前者通过无线信号强度的室内传播模型预测各个参考点位置的 RSS 值，后者通过直接在参考点上采集 RSS 样本信息，构建指纹数据库。但是在 WLAN 室内环境中，利用传播模型构建数据库是一个非常复杂烦琐的过程，也较为困难，不准确的模型估计会导致预测精度低、定位偏差大等问题。除此之外，已构建的传播模型由于环境差异不具有通用性，健壮性差，当移植到新的定位环境中时仍需要大量的调试和测量。因此目前最普遍的构建 Radio Map 的方法是指纹采集法，测量者直接在参考点采集无线信号强度信息，并与参考点物理坐标信息形成一一映射，生成位置指纹存储在数据库中。为了建立较精确的指纹数据库，必须合理地选取参考点和部署 AP 的分布，这些均是影响整个系统定位精度的关键因素，对后续的系统处理部分起决定性作用。

2. 在线定位阶段

在前期数据库建立成功后，当用户移动到某一测试位置时，根据实时接收到的信号强度信息，利用相关的核心定位算法将其与位置指纹数据库中的信息进行筛选、匹配、比较，最后计算出该用户的位置，并将定位结果返回给用户，结果信息可以以文字、图像等多种形式表现出来。

6.1.2　基于 RSSI 位置指纹的室内定位算法

基于 RSSI 的 WLAN 指纹定位算法中最典型的主要有近邻法、贝叶斯概率法、核函数法、人工神经网络法和支持向量回归法 5 种方法。这 5 种经典的定位算法由于其定位原理的不同可分为两大类：匹配型算法和学习型算法。

1. 匹配型算法

匹配型定位算法包括近邻法、贝叶斯概率法和核函数法 3 种算法。匹配型算法是通过一定的计算准则，得到实时测量的 RSS 信号数据与 Radio Map 中存储的各个 RSS 指纹的距离或者相似性信息，利用这些信息匹配计算选取距离最近或者相似性最高的若干个指纹，然后得到这些指纹所对应的位置映射，通过对位置信息的加权平均或其他规则计算出待测位置坐标。其中，近邻法利用了选取参考点处的 RSS 均值信息来进行定位运算，计算复杂度低，但定位精度不高；贝叶斯概率法和核函数法均充分利用了 RSS 的统计特性，计算复杂度较高，但是定位精度明显高于最近邻法。

1）近邻法

近邻法是匹配型算法中最具代表性的一种算法，通过计算实时 RSS 样本向量与数据库中各个指纹对应的 RSS 均值向量之间的欧氏距离，得到距离最近或最相似的一个或多个指纹，再经过对选取指纹的位置坐标进行平均或加权平均得出待测点的位置。

最近邻算法（nearest neighborhood，NN）是最基本的近邻法。由式（6-1）可计算出 RSS 测试样本向量与指纹均值向量间的欧氏距离：

$$d_i = \sqrt{\sum_{j=1}^{m}\left(\overline{RSS_l^j} - RSS^j\right)^2} \tag{6-1}$$

其中，RSS^j 为实时测量时第 j 个 AP 的 RSS 值；$\overline{RSS_l^j}$ 为在第 l 个参考点上来自于第 j 个 AP 的 RSS 均值，其值存储在数据库中，m 为 AP 的个数。

NN 算法返回数据库中与实时 RSS 序列间欧氏距离最小的参考点位置信息，并直接将其作为用户定位结果，所以，NN 法只选取最近邻的一个指纹位置作为最终的定位结果将其返回，定位精度直接由最近邻指纹的匹配情况决定，匹配算法单一绝对化，因此稳定性较差，定位精度不高。

K 近邻算法（K nearest neighborhood，KNN）是基于 NN 算法的改进算法（Tian，2013），在计算出各个参考点相对于实时 RSS 值的欧氏距离序列后，对距离序列进行升序排列，选取距离最小的前 $K(K{\geqslant}2)$ 个参考点作为候选点，对其位置信息进行均值处理后即可得到用户的最后位置坐标：

$$(x,y) = \frac{1}{K}\sum_{i=1}^{K}(x_i, y_i) \tag{6-2}$$

其中，(x_i, y_i) 为第 i 个候选点所对应的二维位置坐标；(x,y) 为返回的用户二维位置坐标。

加权近邻算法（weighted k-nearest neighborhood，WKNN）在 KNN 算法的基础上对得到的候选点位置信息的处理有所不同，实际情况下，K 个指纹与实测 RSS 信号距离不同，则不同近邻参考点的权重应该是不同的。WKNN 算法在计算得出 K 个最近邻候选点后，不是计算它们的平均坐标作为最后用户的定位结果，而是给对应的参考点坐标乘上了一个归一化加权系数：

$$(x,y) = \sum_{i=1}^{K}\left\{\frac{\eta}{d_i + \varepsilon} \times (x_i, y_i)\right\} \tag{6-3}$$

其中，d_i 为计算得出的欧氏距离；η 为加权系数归一化参数；ε 为很小的正常数，以防止分母出现零的情况。加权系数与信号欧氏距离成反比，因此与实时测量的 RSS 距离越小的候选点，其位置坐标的权重越高，其计算结果更接近真实性，一定程度上提高了定位精度。

2）贝叶斯概率法

贝叶斯概率算法考虑到无线信号随时间的概率分布特性，从统计学的角度对位置进行估算。在二维的物理空间 X 中，对于每个参考点 $x \in X$ 都可以得到来自 k 个 AP 的信号强度序列，设这个 k 维的信号强度空间为 S。在 S 中每个 k 维元素都代表着从不同 AP 接收到的信号强度，t 时刻在地点 x 空间 S 的采样记为 S_x。当忽略时间序列时，这个采样过程可记为 S，假设各个 AP 的采样是相互独立的，则问题可变为给定一个信号强度序列，计算出存在最大的概率时的参考点 $x \in X$ 的位置。

$$x = \text{argmax}_x \left(P(x \mid s) \right) \tag{6-4}$$

利用贝叶斯公式可得

$$\text{argmax}_x \left(P(x \mid s) \right) = \text{argmax}_x \left[\frac{P(x \mid s) \cdot P(x)}{P(s)} \right] \tag{6-5}$$

由于对于所有的 x 是一个常数，可得到

$$\text{argmax}_x \left(P(x \mid s) \right) = \text{argmax}_x \left(P(s \mid x) \cdot P(x) \right) \tag{6-6}$$

通常情况下，假设用户在各个参考点的先验概率为均匀分布，即 $P(x)$ 相等，其中 C 为参考点个数，则将最大后验概率准则转化为最大似然概率准则：

$$x = \text{argmax}_x \left(P(x \mid s) \right) = \text{argmax}_x \left(P(s \mid x) \right) \tag{6-7}$$

其中，$P(s \mid x)$ 可由如式（6-8）得到

$$P(s \mid x) = \prod_{i=1}^{k} P(s_i \mid x) \tag{6-8}$$

贝叶斯概率算法与 K 近邻算法相似，均是匹配计算出相似度最高的一个或多个参考点作为候选点，因此，在后续的处理中也可运用加权思想得出用户的位置坐标，如式（6-9）所示。不同的是，贝叶斯概率算法以似然概率为度量，而近邻算法以 RSS 信号欧氏距离为度量，所以贝叶斯概率算法更能体现无线信号的真实特性，定位更加精确。

$$(x, y) = \sum_{i=1}^{N} \eta \cdot P(x \mid s) \cdot (x_i, y_i) \tag{6-9}$$

其中，(x, y) 为估计出的位置坐标；(x_i, y_i) 为选取的 N 个概率最大的候选点的位置坐标；η 为归一化相似性权值系数。

3）核函数法

核函数算法以核函数为度量，通过特定的准则得到实时 RSS 样本向量与数据库中各个指纹的相似性，选取相似性最高的若干个指纹，加权平均各个指纹的位置坐标得到用户的估计位置。在基于核函数的定位模型中，高斯核函数是一种非常实用的定位模型，采用高斯核为度量，具有较好的平滑性和能逼近任意非线性函数的能力。核函数法的相似性权值公式为

$$w_{SG}\left(r, F(x_i)\right) = (2\pi)^{-d/2} \sigma_i^{-d} \frac{1}{n} \sum_{t=1}^{n} \exp\left\{ \frac{-\left\| r - r_i(t) \right\|^2}{2\sigma_i^2} \right\} \tag{6-10}$$

其中，$r_i(t)$ 和 n 分别为候选点 i 上第 t 个 RSS 向量样本和 RSS 样本数；r 为实时 RSS 向量样本；d 为对应的核函数宽度。选取相似性权值最大的 K 个指纹作为候选点，可估计出用户的位置坐标：

$$(x, y) = \sum_{i=1}^{K} \eta_{SG} \cdot w_{SG}\left(r, F(x_i)\right)(x_i, y_i) \tag{6-11}$$

其中，(x, y) 为估计出的位置坐标；(x_i, y_i) 为选取的 K 个最大相似性的候选点的位置坐标；η_{SG} 为归一化相似性权值系数；w_{SG} 为相似性权值。由于高斯核函数算法在求解的过程中考虑到了参考点上所有时间序列采样值，所以较以上算法更为精确。

2. 学习型算法

学习型算法包括人工神经网络法和支持向量回归法两种算法。在学习型算法中，离线采样阶段将位置指纹作为训练样本，输入学习机器进行训练，得出 RSS 值与物理空间位置的映射函数关系，在线采样阶段，将实时测量的 RSS 向量直接输入对应的定位函数，即可得出定位结果。其中，神经网络的泛化性能低于支持向量回归算法，定位精度低于支持向量回归法。支持向量回归法对于训练样本有限的非线性数据，可以有效建立定位特征与物理位置的非线性映射关系。基于支持向量回归的学习型定位算法对于环境的适应能力更强，可以有效挖掘 RSS 信号中的定位信息，定位精度更高。

1）人工神经网络法

人工神经网络（artificial neural network，ANN）算法应用到 WLAN 室内定位系统中时，最常用的为向后传播（back propagation，BP）神经网络算法。BP 神经网络算法是一种按误差逆传播训练的多层前馈网络，是目前应用最广泛的神经网络模型之一。BP 网络能学习和存储大量的输入–输出模式映射关系，而无需事前揭示描述这种映射关系的数学方程。它的学习规则是使用最速下降法，通过反向传播来不断调整网络的权值和阈值，使网络的误差平方和最小。BP 神经网络模型拓扑结构包括输入层（input）、隐层（hide layer）和输出层（output layer），如图 6-2 所示。

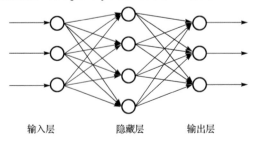

输入层　　　　　隐藏层　　　　　输出层

图 6-2　三层 BP 神经网络拓扑结构

BP 神经网络算法的思想可以总结为利用输出后的误差来估计输出层的直接前导层的误差，再用这个误差估计更前一层的误差，如此一层一层地反传下去，就获得了所有其他各层的误差估计。其算法的实现分为 4 个步骤：

（1）建立神经网络模型，初始化网络结构及相应的学习参数；

（2）提供训练模式，选定学习机器的输入，训练神经网络，直到满足一定的学习准则；

（3）向前传播过程，对所有的输入训练样本，计算对应的神经网络的输出值，与实际的正确输出值作比较，得出总体的训练误差。若总体训练误差没有达到学习精度门限的要求，则进行误差反向传播的过程，否则重新到第（2）步；

（4）反向传播过程，有输出层开始计算训练样本误差，逐层反向传递并修正权系数矩阵，从而实现神经网络系统的训练优化。

假设神经网络系统第 m 层的第 i 个神经元的激活与输出为

$$\begin{cases} a_i(m) = \sum_{j=1}^{N_{m-1}} w_{ij}(m)o_j(m-1) + \theta_i(m) \\ o_i(m) = f\big(a_i(m)\big) \end{cases} \tag{6-12}$$

其中，w_{ij} 是连接第 $m-1$ 层第 j 单元的输出到第 m 层第 i 单元输入的加权值；a_i 和 o_i 是第 m 隐层中第 i 单元的激活与输出，"激活"指第 $m-1$ 层的神经单元输出与偏置条件的加权和；N 是第 $m-1$ 层神经元的个数；$f(\cdot)$ 是平滑非线性的传递函数，通常为 S 型函数式（6-13）或者为高斯核函数式（6-14）：

$$f(r) = \frac{1}{1 + \mathrm{e}^{-r}} \tag{6-13}$$

$$f(r) = \mathrm{e}^{-(r-r_0)^2/2\sigma^2} \tag{6-14}$$

2）支持向量回归法

支持向量机学习机器以结构风险最小化理论为基础，通过综合考虑学习函数的 VC 维（复杂度）和训练误差，寻找能够最小化实际风险的学习函数，达到提高学习机器泛化能力的目标。同时，通过核函数映射，使得学习机器有着良好的非线性映射学习能力，与人工神经网络 BP 算法仅仅最小化学习机器的训练误差相比，有着更好的泛化性能。在 WLAN 室内定位算法中，可以利用ε不敏感支持向量回归（support vector regression，SVR）算法来构造 RSS 与物理位置的非线性映射关系。SVR 定位算法流程图如图 6-3 所示。

对ε不敏感 SVR 学习机器的原理和优化训练过程作简要的介绍，所谓的ε不敏感是在训练过程中，将小于等于ε的训练误差看作训练误差为零的情况，以适应噪声对训练数据的影响，一定程度上避免学习问题的发生。给定参考点上采集的 RSS 训练样本对，输入样本向量为 RSS，输出为参考点对应的二维坐标，输入向量维数 d 为接收到的 AP 个数。在高维非线性空间分别构造对应于 x 坐标和 y 坐标的线性回归估计函数，实现非线性定位函数的构建。式（6-15）是输出为 x 轴位置坐标的回归函数：

$$x = \langle w, \varphi(\text{RSS}) \rangle + b \qquad (6\text{-}15)$$

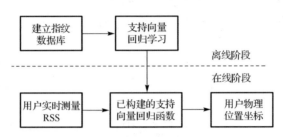

图 6-3　基于 SVR 的 WLAN 定位算法流程图

其中，φ 为将输入的低维数据映射到高维特征空间的非线性映射函数；b 为偏置常数；w 为权重向量。为了评估所构建的回归学习函数的泛化能力，可以比较并计算回归学习函数的风险泛函 $R(w)$：

$$R(w) = \int L\big(x, f(\text{RSS}, w)\big) \mathrm{d}F(\text{RSS}, x) \qquad (6\text{-}16)$$

$$L\big(x, f(\text{RSS}, w)\big) = \max\big(\big|f(\text{RSS}, w) - x\big| - \varepsilon, 0\big) \qquad (6\text{-}17)$$

其中，$F(\text{RSS}, x)$ 设为输入输出联合概率分布函数。然而，函数一般是未知的，不能通过该函数直接计算风险泛函，因此，不敏感支持向量回归算法根据结构风险最小化原则，解决以下最优化问题：

$$\min J(w) = \frac{1}{2}\|w\|^2 + \hat{C}\sum_{i=1}^{l}(\xi_i + \xi_i^*)$$

$$\text{s.t.}\begin{cases} \big((w, \varphi(\text{RSS}_i)) + b\big) - x_i \leqslant \varepsilon + \xi_i \\ x_i - \big((w, \varphi(\text{RSS}_i)) + b\big) \leqslant \varepsilon + \xi_i^* \\ \xi_i^* \geqslant 0, \quad \xi_i \geqslant 0, \quad i = 1, 2, \cdots, l \end{cases} \qquad (6\text{-}18)$$

其中，$\|w\|^2$ 控制 VC 维的大小，即控制学习函数复杂度的大小；$\sum\limits_{i=1}^{l}(\xi_i + \xi_i^*)$ 控制学习函数的经验风险，即训练误差；$\hat{C}$ 为惩罚因子，为平衡经验风险与 VC 维的一个参数。根据对偶原理，w 可以转化为一定数量的支持向量的线性表示，即 $w = \sum\limits_{i=1}^{NSV} a_i \cdot \varphi(\text{RSS}_i)$，NSV 是支持向量个数，则式（6-15）可以转化为

$$x = \sum_{i \in sv} a_i\big(\varphi(\text{RSS}_i), \varphi(\text{RSS})\big) + b \qquad (6\text{-}19)$$

其中，sv 表示为支持向量集合；a_i 为相应的权值函数。假设 SVR 使用高斯核函数，$(\varphi(\text{RSS}_i), \varphi(\text{RSS}))$ 可以不用显示计算，通过计算核函数得出：

$$K(\text{RSS}_i, \text{RSS}) = (\varphi(\text{RSS}_i), \varphi(\text{RSS})) = \exp\left(-\gamma^2 \|\text{RSS}_i - \text{RSS}\|^2\right) \qquad （6-20）$$

其中，$K(\cdot,\cdot)$ 和 γ 分别为核函数和对应的核函数参数。最后，式（6-19）转化为对应的支持向量回归定位函数：

$$x = \sum_{i \in sv} a_i K(\text{RSS}, \text{RSS}_i) + b \qquad （6-21）$$

给定参数 ε、$\hat{C}$、γ，对式（6-18）进行凸二次优化，可以得出回归学习函数的权重向量 w 的全局最优值解。式（6-21）的输出可以是 x 轴或 y 轴的位置坐标，分别通过相应的学习训练和参数优化，可以最终得到两个相互独立的、分别输出两维物理坐标的 SVR 定位函数。

SVR 学习机器的泛化性能优于神经网络学习机器，尤其是在训练样本数有限的情况下。由于 WLAN 指纹定位技术的输入训练样本总数往往较多，标准的 ε 不敏感 SVR 函数最终所需的支持向量个数较多，增加了在线定位计算的复杂度。

6.1.3　多层次概率模型

多层次概率模型是以贝叶斯概率算法为基础，应用于 WLAN 室内定位系统的算法模型。针对复杂室内环境下的 WLAN 室内定位系统并没有统一的数学模型，参考点选取、接入点的个数以及环境的干扰等诸多因素均是影响平均定位误差的重要因素，对于这些参数的选取目前还没有较系统的指导，主要依靠经验来确定。本章首先描述了本节的实验环境及其构建，包括实验环境的平面图、AP 的个数和合理部署、参考点的选取等，并对各个参数的选取进行了介绍。接着从无线信号的不稳定性、定位算法的单一性和定位结果的非连续性 3 个方面进行了深入的研究。针对存在的问题，提出了基于 WLAN 的多层次概率模型，先阐述了模型中无线信号的特征提取过程，包括数据采集、数据预处理和数据库的构建 3 个方面；然后介绍了由离散空间定位算法发展至连续空间算法的具体实现，在保证定位精度的同时实现连续定位功能，提高了系统的可操作性和实用性；最后通过位置聚类模块使大量的采样数据按照一定的聚类规则进行分类，其中包括显示聚类和层次聚类两种规则，从而大大降低了运算量，并进一步提高了模型的定位精度。多层次概率模型的算法流程图如图 6-4 所示。

1. 构建 WiFi 指纹定位实验环境

本节的测试环境为典型的实验室环境，以武汉大学遥感实验大楼二楼作为实验场所。如图 6-5 所示，实验环境格局复杂，包含两条走廊和多个实验室、办公室和一个大会议室，走廊环境相对空旷而实验室、办公室环境相对封闭，在进行测试实验时，室内布局和器材的摆放、门和窗户的开闭都是处于正常情况。其中墙体主要材料为砖块，实验室门主要为实木材料和玻璃。

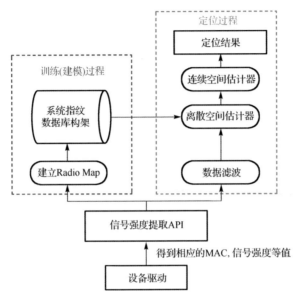

图 6-4　多层次概率模型算法流程图

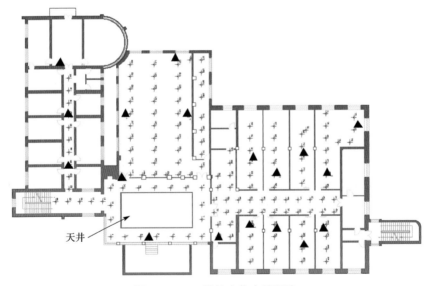

图 6-5　WiFi 指纹定位实验环境

定位区域被多个 AP 信号覆盖，测试实验中可用的 AP 数为 18 个，型号为 Aruba 105 和思科 CVR100W，在图 6-5 中用三角形代表其具体分布位置，分别对这 18 个 AP 进行编号并标注在图 6-5 中，AP 的配置支持 IEEE 802.11b/g 协议，为了避免信道间干扰，采用信道交叉设计，使得相邻 AP 的信道尽量保持较大的频段距离，其他参数选项设置为默认状态。WLAN 位置指纹定位系统中的 AP 布局是直接影响整个系统的关键因素，系统是依附于现有的 WLAN 架构来进行通信服务的，现实环境中对高速率、无线数据传输的需求日益增长，室内人群密度较大，AP 价格相对较低等因素使室内 AP 的部署密度往往较高，但是 AP 的布局要遵循以下原则，首先定位区域必须被所有可用 AP 全部覆盖，其次根据单个 AP 的覆盖范围及算法要求进行合理的部署，最后一般情况下 AP 选择均匀分布在室内环境中。根据以上原则，可知图中 AP 的部署密度是合理可行的。在定位区域中均匀选取 150 个参考点，图 6-5 中红点标注的位置，相邻参考点平均间距约为 3m，每个参考点至少要收到 3 个稳定的 AP 信号。

2. 无线信号的特征提取

实验样本的典型性和丰富性是设计性能可靠的定位系统的基础性条件。RSSI 位置指纹定位技术常常伴随着无线信号随环境、时间、设备甚至人的影响而产生不确定的变化的问题。这是很多研究人员都亟待解决的问题，RSS 的值贯穿于整个系统的核心部分，是影响系统精度的重要因素。因此在建立稳固可靠的数据库前需要尽可能真实的采集、预测和估计无线信号的分布特性，从而准确地提取相关的特征作为数据库所需存储的特征参数。

1）无线信道特性分析

WLAN 室内定位系统是一种无线通信系统的应用，无线通信的信道特性对整个系统有着巨大的影响，因此在构建以无线信号为度量的定位系统前，分析无线信道的基本特性至关重要。信道是对无线通信中发送端和接收端之间的通路的一种形象的比喻，对于无线电波而言，它从发送端传送到接收端，其间并没有一个有形的连接，它的传播路径也可能不止一条。信道具有一定的频率带宽。本节主要分析影响无线信道质量变化的不同原因，以及其如何影响 WLAN 定位系统，着重点在于分析 RSS 采样信号数值的变化，首先描述了实验数据采集的过程，然后，将无线信道的变化特性分为时间变化特性和空间变化特性，从这两个角度进行分析和研究，最后，在提供的实验环境中进行相关的实验和测试。

（1）实验数据采集。

无线信号强度数据的采集由人在正常的室内环境中使用安装在移动终端的 RSS 实验数据采集软件来完成，该软件能够实现 WLAN 终端的底层硬件驱动、人机交互界面和 RSS 信号采集存储等基本功能，如图 6-6 所示。为了保持数据的完整性和真实性，采集软件需要预先设置采样时长为 1min，采样间隔为 500ms，以给后续的预处理阶段和构建数据库提供大量完整的信息。然后，在测试环境中选取的 150 个参考点上进行一一采样，每个参考点需采集 120 个 RSS 训练样本。

图 6-6　WiFi 信号采集软件

（2）时间变化特性。

　　时间变化特性是指当用户在一个固定的位置时，无线信道随时间变化的特性。在实验环境中选取一个参考点，测量来自单一 AP，以 1min 为一个采样周期的信号强度序列，图 6-7 显示了接收到的信号强度值的归一化直方图，直方图横轴划分为 10 格，信道的时间变化可能由物理环境的变化而引起，这些变化在构建 Radio Map 时应该尽量真实的反映出来以提高系统的准确性，此外，在线定位阶段中，系统应该使用多个采样数据而不是单一的数据来进行位置的估计，这样可以更准确地估计出用户的位置。

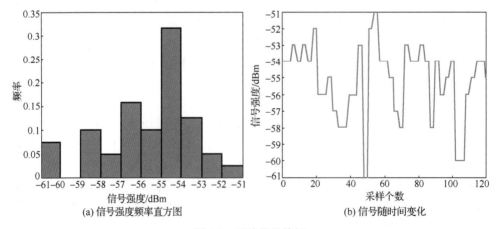

图 6-7　无线信号特征

（3）空间变化特性。

空间变化特性是指用户的位置发生改变时的无线信道的变化特性。

图 6-8 显示了来自一个 AP 的平均信号强度随着用户远离 AP 时的变化情况。当发生较长距离的变化时，这种信号强度的变化是由于射频信号的衰减引起的，大尺度变化在基于 RF 的系统中是可利用的一种现象，因为这种特性可以使存储在 Radio Map 中的信号强度可随不同的参考点而不同，使这些参考点更具有差异性。若差异性越大，则区分度越大，在实时定位阶段的准确性越高。

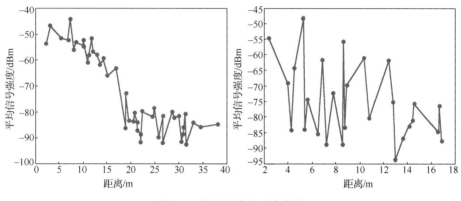

图 6-8　信号强度随距离变化

图 6-9 中▲所代表的 AP，其信号强度基本符合强度值随距离增大而减小，而△所代表的 AP 则显得没有很强的规律性。这是由于采集信号时，人手持设备统一朝一个方向在采集 WiFi 信号强度值，从而在接收 AP 的信号时会出现面对和背对它的情况，而在背对该 AP 时人的阻挡使信号有了相当大的衰减。如图 6-10 和图 6-11 所示，相同地点面对和背对某个 AP 所接收到的信号强度值区别较大。

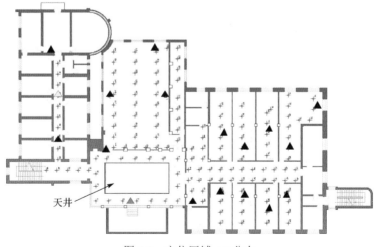

图 6-9　定位区域 AP 分布

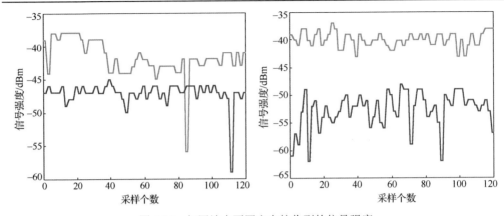

图 6-10　相同地点不同方向接收到的信号强度

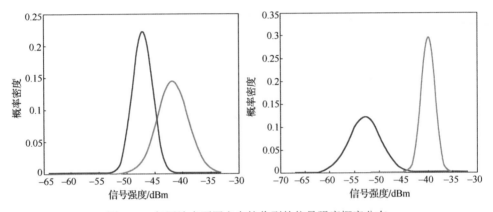

图 6-11　相同地点不同方向接收到的信号强度概率分布

2）构建数据库

构建数据库，即 Radio Map 是整个系统的基础，也是影响系统总体性能的关键步骤，采集的数据经过预处理后需要分析其分布特性，提取其分布参数存储在数据库中以完成数据库的建立。指纹数据库存储结构如图 6-12 所示。

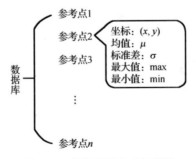

图 6-12　指纹数据库存储结构

系统中，假设无线信号分布服从参数分布，来自不同 AP 的信号强度值是相互独立的，则需要找到一种参数分布来对单个 AP 的采样信号进行拟合，这种拟合更能体现其分布特性。高斯分布是一个合适的选择，其概率分布函数为

$$\text{pdf}(q) = \frac{1}{\sigma\sqrt{2\pi}} e^{-(q-u)^2/2\sigma^2} \tag{6-22}$$

其中，u 和 σ 分别为高斯分布的均值和标准差。

给定 n 个采集到的信号强度样本，利用最大似然估计（MLE）方法估算其分布参数，对 μ 的估计为

$$\hat{\mu} = \frac{1}{n}\sum_{j=1}^{n} S_i(j) \tag{6-23}$$

其中，$S_i(j)$ 为第 j 个信号强度值。

对 $\hat{\sigma}$ 的估计为

$$\hat{\sigma} = \sqrt{\frac{1}{n}\sum_{j=1}^{n}\left(S_i(j) - \hat{\mu}\right)^2} \tag{6-24}$$

得到了信号强度分布参数后，便可将其与参考点的位置信息形成一一映射关系，生成位置指纹信息，以简洁、合理的结构存储到数据库中，这样既可减小后续的运算量也可相应地减少运算时间。

3）数据预处理

离线采样阶段中采集的 RSS 数据需要通过一定的准则和方式生成位置指纹以构建数据库，因此如何分析原始信号以及用何种表达格式代替原始信号以便存储成为至关重要的问题。数据预处理阶段就是需要解决这些问题。经过前面对无线信号信道时间和空间特性的分析后，可通过以下预处理方法进行数据滤波：首先，采用均值方法来减少信号在时间上的变化问题；其次，当采用连续采样信号时，需要考虑同一采样序列信号间的自相关性，利用相关系数可得到 n 个连续信号强度均值的分布函数；最后，利用测试实验和经验方法删除一些冗余的数据。

（1）均值处理。

多个信号强度值进行均值处理可减小无线信号时间变化特性的影响，假设有 M 个 AP 和 N 个参考点，用 m 和 n 分别表示第 m 个 AP 和第 n 个参考点，则在第 n 个参考点接收到来自第 m 个 AP 的信号强度记为 S_{nm}，同时将在 t 时刻接收到的所有 AP 的信号强度值用一个向量表示，即 S_n。对它进行均值处理来使信号更加平滑，同时考虑测试阶段数据由客户端到服务器的传输时延和效率等问题，采用滑动窗方式，窗长为 w，则处理后的信号强度向量为

$$\overline{S_n} = \sum_{k=t-w+1}^{t} S_n^k / W = \left(\overline{S_{n1}}, \overline{S_{n2}}, \cdots, \overline{S_{nM}}\right) \tag{6-25}$$

（2）粗聚类。

在参考点较少时，与数据库中所有参考点匹配不会带来很多计算量，然而随着参考点增加，与所有参考点匹配将是相当低效的做法。因此在均值处理之后，进行一个粗聚类能有效减少匹配的参考点个数。对 S_n 中的值排序，取 S_n 中最大的 K 个值所对应的 AP 的编号，记为 k。每个参考点有一个集合包含该点能探测到的 AP 编号，首先取 S_{nk}，因为定位理论上至少需要 3 个 AP，若 K 大于 3 则将该参考点加入到候选点集合。将其中 K 个 AP 对应的信号强度值与库中部分参考点进行匹配。

4）理论分析模型

基于 RSS 位置指纹的室内定位算法模型是基于概率的一种匹配定位算法。实验中经过大量的采样建立了较完整的数据库，在定位阶段，模型中的一些因素对定位效果的影响很重要，例如，离散采样阶段采样点的间距、接入点的个数、接受信号均值的度量等。但目前的研究大多采用实验和经验相结合的方法，没有比较标准的实验平台。例如，Horus 系统将走廊划分成 1.52m×1.52m 的采样网格，平均每个采样点处至少需要收到来自 4 个 AP 的信号强度。

对这些影响定位效果因素的研究不适合采用实验的办法，这样不但耗费大量的人力和时间，而且效率不高，基于以上分析，将通过研究无线局域网中信号强度定位的主要方法，提出一个表示定位平均误差的数学模型，形式化地概括定位问题中的关键因素。根据这一模型，用仿真实验来研究这些因素对定位误差的影响，从而为设计定位系统和研究定位技术提供理论的支持和参考。

在室内定位系统中，评估 WLAN 室内定位技术的主要性能度量就是精确度和精密度，而直接体现这两个参数的就是定位误差，通过计算距离误差的期望值来体现精确度，平均距离误差越小，则精确度越高，针对这一问题提出了两个表达式：一个用来计算基于相关技术的平均距离误差，另一个用来计算错误率，即错误估计的概率。

（1）平均距离误差。

假定定位区域 A 为二维坐标系中的一个矩形区域，L 是区域中的一个位置点，则用户在位置 L 时，通过定位算法将以条件概率返回位置 L 的估计值 $\hat{L}$，该概率分布在区域上经过归一化处理后，满足以下条件：

$$\forall L \in A, \quad \int_A P(\hat{L} \mid L) \mathrm{d}\hat{L} = 1 \tag{6-26}$$
$$\forall L, \quad \hat{L} \in A, \quad 0 \leqslant P(\hat{L} \mid L) \leqslant 1$$

设 $d(\hat{L}, L)$ 为用户的真实位置与估计位置的欧氏距离，则在位置 L 定位的平均距离误差为

$$E(L) = \int_A d(\hat{L}, L) P(\hat{L} \mid L) \mathrm{d}\hat{L} \tag{6-27}$$

由式（6-27）可知，为了得到在位置 L 的平均距离误差，需要计算在整个定位区域中真实位置与估计位置间欧氏距离的加权和，其权重为 $E(L)$。

则在整个定位区域 A 中的平均距离误差为

$$E = \frac{1}{|A|}\int_A E(L)\mathrm{d}L = \sum_{L \in A} E(L)P(L) \tag{6-28}$$

① 权重的计算。

设在定位区域中部署了 n 个 AP，则在整个定位区域中，给定的一个 n 维的信号强度元组与区域中的某一个位置坐标是一一对应的关系，也就是说 n 维信号空间与二维物理空间存在一一对应的关系，因此定位过程可以映射到信号强度空间，假设在位置 L 收到第 i 个 AP 的真正的信号强度的平均值为 $\overline{S_{AP_i},\hat{L}}$，则实际收到的信号强度均值为 $\overline{S_{AP_i},L}$ 时的概率 $P(\hat{L}|L)$，而各个 AP 之间是相互独立的，则

$$P(\hat{L}|L) = \prod_{i=1}^{n} R\left(\overline{S_{AP_i}\hat{L}} \,\middle|\, \overline{S_{AP_i},L}\right) \tag{6-29}$$

在某一位置点，当信号强度的期望值为 μ 而实际收到的信号强度为 s 的概率服从高斯分布：

$$R(s|\mu) = \frac{1}{\sqrt{2\pi \cdot \sigma}}\mathrm{e}^{\frac{-(s-\mu)^2}{2\sigma^2}} \tag{6-30}$$

其中，μ 为信号强度平均值；σ 为信号强度的标准偏差。

② 室内无线电波传输损耗模型。

在室内环境中无线电波通过不同路径到达接收天线，电磁波产生的多径效应对主信号产生严重干扰，因此，室内环境中的传播损耗预测很复杂，要有特定场景的模拟工具。采用经验公式方法是最通用、最简单的模拟工具。采用自由空间传播模型结合电磁波穿透墙体的损耗来模拟室内传播模型，则在位置 L 来自第 i 个 AP 的信号损耗平均值为

$$P_L(d_{AP_i}, L) = P_L(d_0) + 10\alpha \lg d_{AP_i,L} + \mathrm{FAE} \tag{6-31}$$

其中，d_0 为距天线 1m 处的路径损耗；α 为同层衰减指数；FAF 表示路径损耗附加值，不同材质对应的值不同，如玻璃的信号损耗为 5dB，金属楼梯的信号损耗为 5dB，隔墙的信号损耗为 10～15dB，预制板的信号损耗为 20～30dB，天花板的信号损耗为 1～8dB。

当已知接入点的发射功率时，在某点来自第 i 个接入点的平均信号强度为

$$\overline{S}_{AP_i,L} = P_t - P_L(d_{AP_i,L}) \tag{6-32}$$

最后，将式（6-29）～式（6-32）代入到式（6-28）中，即可计算出定位系统的平均距离误差。

（2）错误率。

定位系统的错误率是定位技术返回的错误的估计位置的概率，由此可知每个非零的距离被认为是一个错误，定义如下函数：

$$g(x) = \begin{cases} 0, & x = 0 \\ 1, & x = 1 \end{cases} \tag{6-33}$$

则错误概率的计算公式如下：

$$P(\text{Error}) = \sum_{\hat{L} \in A} \sum_{L \in A} g\left(\text{Euclidean}(\hat{L}, L)\right) \times P(\hat{L} \mid L) \times P(L) \tag{6-34}$$

3. 离散空间估计

在所有的参考点中，需要一种匹配算法在其中进行选择定位。离散空间估计是指在定位区域中，测试者需要固定在某个未知位置进行实验测试，系统返回的定位结果将是离散的定位信息，如返回定位坐标信息。离散定位估计算法基于贝叶斯概率法，将无线信号强度序列近似为高斯分布，提取其特征参数后建立数据库，当收到一组实时测试数据时，在参考点中应用离散空间估计算法进行初始定位。

设实时收到的一个无线信号强度向量为 s，在定位区域中所有的 n 个候选点中找出其位置 x，则基于贝叶斯概率法，需要计算所有候选点的 $P(x_j \mid s)$，例如，在候选点处的计算公式为式（6-35），最后返回其概率最大的候选点位置信息作为初始定位的结果。利用高斯分布的概率分布函数可得

$$P(x_j \mid s) = P(s \mid x_j) = \prod_{i=1}^{k} P(s_i \mid x_j), \quad i = 1, 2, \cdots, k \tag{6-35}$$

$$P(s_i \mid x_j) = \int_{s_i - 0.5}^{s_i + 0.5} \text{pdf}(q) \mathrm{d}q, \quad j = 1, 2, \cdots, n \tag{6-36}$$

4. 连续空间估计

在离散空间估计阶段中，系统经过匹配算法将实时数据与数据库中参考点的指纹进行匹配、比较、分析后，返回了存储在数据库中的一个参考点的位置坐标值，但是这种用户在固定位置进行的静态测试的情况在真实环境的应用需求中有很大的局限性。当室内用户在进行位置定位时往往是连续移动的状态，因此，本节在离散空间估计的基础上提出了连续空间估计，以满足室内行人在正常的移动速度范围内的连续位置估计。考虑时间和空间两种情况，分别提出了两种算法：时间平均法和质心估计法。

1）时间平均法

用户在连续移动的过程中，应用离散空间估计算法将依次返回定位坐标信息，虽然能真实地反映无线信号强度与地理位置的对应关系，但却忽略了用户是连续运动的

特点，其上一时刻的位置坐标与下一时刻的位置坐标存在着某种关联性。因此，基于以上考虑，将在时间段 t 内的定位坐标信息以时间轴为索引存储起来，采用一个时间平均窗对估计的位置做平滑处理，通过对离散空间估计给出的前 W 个位置估计值进行时间平均以获得待测点的位置估计。数学模型如下，给定位置估计序列 $x_1,x_2,\cdots,x_t$ 情况下，当前位置估计值为

$$\overline{x}_t = \frac{1}{\min(W,t)}\sum_{t-\min(W,t)+1}^{t} x_i \tag{6-37}$$

2）质心估计法

质心估计法在定位信息的处理上更侧重其空间关系，除了需要存储定位坐标信息，还需存储离散空间估计所分配的概率信息。利用权重的思想进行连续的估计定位。该方法将数据库中所有参考点看成具有不同权重的目标，其权重值就等于离散空间估计阶段给各个参考点分配的归一化概率。以包含 N 个目标的最大规模目标集质心作为位置估计值，其中 $1 \le N \le \|X\|$ 由系统决定。数学模型如下：设 $P(x)$ 表示在地点 x 处的概率，其中 $x \in X$，X 为参考点的位置空间。又设 $\overline{X}$ 为根据归一化概率进行降序排列的位置集合，则当前位置可根据式（6-38）计算获得

$$x = \frac{\sum_{i=1}^{N} p(i)\overline{X}(i)}{\sum_{i=1}^{N} p(i)} \tag{6-38}$$

其中，$\overline{X}(i)$ 为 $\overline{X}$ 中的第 i 个元素。

更直观地来讲，当一个候选点的归一化概率越高，则越接近最终的估计位置。图 6-13 显示了当数据库中仅有 4 个参考点时利用质心估计法定位的情况。用户站在五角星所示位置，此时收到的无线信号强度序列与数据库中存储的 4 个参考点的指纹信息完全不同。如果通过离散空间估计算法在 A 点的归一化概率为 0.8，在 4 个点中最大，那么将会返回 A 点信息作为定位结果。然而，利用质心估计法返回的估计结果将位于两点的中心但更偏向于 A 的位置，这种算法相对于单一的离散估计算法更加精确。

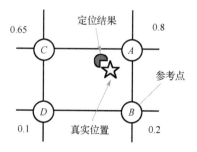

图 6-13 质心估计算法举例

6.2　多传感器定位信息融合

6.2.1　卡尔曼滤波

　　1960 年，美国学者 Kalman 首先提出了离散系统下的卡尔曼滤波方法。后来，又与 Bucy 共同完成了连续系统中的卡尔曼滤波方法的研究。自此，卡尔曼滤波估计理论就形成了。卡尔曼滤波通过状态空间描述系统，不仅可以处理平稳随机过程，还可以处理多维、非平稳随机过程。卡尔曼滤波也是滤波估计理论历史上第一个被应用于工程实践的滤波估计理论。最早应用卡尔曼滤波的则是阿波罗登月计划和 C-5A 飞机导航系统。目前，卡尔曼滤波已被广泛应用于各个领域，其中以组合导航系统的应用最多（赵永翔等，2009）。

　　卡尔曼滤波器用反馈控制的方法估计过程状态：滤波器估计过程某一时刻的状态，然后以（含噪声的）测量变量的方式获得反馈。因此卡尔曼滤波器可分为两个部分：时间更新方程和测量更新方程。时间更新方程负责及时向前推算当前状态变量和误差协方差估计的值，以便为下一个时间状态构造先验估计。测量更新方程负责反馈——也就是说，它将先验估计和新的测量变量结合以构造改进的后验估计。

　　时间更新方程也可视为预估方程，测量更新方程可视为校正方程。最后的估计算法成为一种具有数值解的预估-校正算法，如图 6-14 所示。其中，时间更新方程将当前状态变量作为先验估计及时地向前投射到测量更新方程，测量更新方程校正先验估计以获得状态的后验估计。

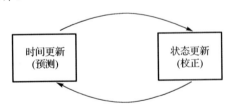

图 6-14　卡尔曼滤波器循环更新图

离散卡尔曼滤波器时间更新方程：

$$\hat{x}_k^- = A\hat{x}_{k-1} + Bu_{k-1} \tag{6-39}$$

$$P_k^- = AP_{k-1}A^{\mathrm{T}} + Q \tag{6-40}$$

离散卡尔曼滤波器状态更新方程：

$$K_k = P_k^- H^{\mathrm{T}}(HP_k^- H^{\mathrm{T}} + R)^{-1} \tag{6-41}$$

$$\hat{x}_k = \hat{x}_k^- + K_k(Z_k - H\hat{x}_k^-) \tag{6-42}$$

$$P_k = (I - K_k H) P_k^-　　　　　　　　　　（6-43）$$

测量更新方程首先做的是计算卡尔曼增益 K_k。其次便测量输出以获得 z_k，然后按式（6-42）产生状态的后验估计。最后按式（6-43）估计状态的后验协方差。

计算完时间更新方程和测量更新方程，整个过程再次重复。上一次计算得到的后验估计被作为下一次计算的先验估计。图 6-15 将式（6-39）～式（6-43）以及结合图 6-14 显示了滤波器的整个操作流程。

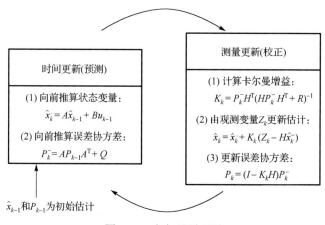

图 6-15　卡尔曼原理图

卡尔曼滤波如今发展已非常成熟，基于最基本的卡尔曼滤波后续又衍生出很多卡尔曼滤波的优化方法。卡尔曼滤波最初只适用于线性系统。但在实际应用中，多数系统都不是严格线性的。后来，扩展卡尔曼滤波的出现解决了这一问题，它就是这样一种应用于非线性系统的滤波方法，也是目前应用最广泛的非线性系统的滤波方法（李炳荣等，2011）。

后来人们希望卡尔曼滤波不仅能够应用于线性系统及非线性系统，还希望卡尔曼滤波是有效的、实用的、稳定的。但由于卡尔曼滤波是一种必须由计算机来实现的滤波估计方法，又因为计算机有限的处理字长，导致计算过程中由于截断、舍入等操作而造成卡尔曼滤波的不稳定性。为解决这一问题，人们又提出了平方根滤波、UD 分解滤波、奇异值分解滤波等一系列解决方法。其中，平方根滤波还被应用于美国阿波罗登月舱中，其成功应用验证了平方根滤波是有效的。后来平方根滤波则逐渐被应用于轨道确定、飞行状态估计等领域中。总而言之，卡尔曼滤波是一种经常用来融合不同来源数据的方法。当测量数据或生成模型是非线性时则有扩展卡尔曼滤波（EKF）（Brown，2012）。无论卡尔曼滤波或扩展卡尔曼滤波都是融合不同传感器数据的常用手段。在导航应用中，完全卡尔曼滤波（CKF）或者完全扩展卡尔曼滤波（CEKF）则用来结合惯性传感器或航向推算系统与 GPS（Qi et al.，2002），从而精确导航。同时这种方法在行人导航系统中也有着广泛应用（Gabaglio，2001）。虽然很多文献中未曾提到他们使用的滤波器是完全滤波器，然而可以根据滤波器状态以及它们的输入不同来区分完全卡尔曼滤波或完全扩展卡尔曼滤波。

在完全卡尔曼滤波和完全扩展卡尔曼滤波中，更少的测量数据被输入到滤波器系统。在有些完全滤波器系统中，滤波器的测量输入两种不同的测量信号。在所谓的嵌入式参考轨迹（ERT）系统中，有的测量信号是作为决策输入连接到滤波器系统（Leppakoski，2006）。因此，完全卡尔曼滤波器和完全扩展卡尔曼滤波器需要冗余测量信息。

本节提出一种完全卡尔曼滤波方法来融合行人行为推算（pedestrian dead reckoning，PDR）和 WLAN 定位结果。在该完全扩展卡尔曼滤波器中，利用手机端惯性传感器（inertial measurement unit，IMU）提供的方向变化信息、步态检测和步长估计来得到滤波器状态，同时将 WLAN 定位结果作为滤波器的测量更新。不同于一般完全卡尔曼滤波，将 WLAN 定位作为一个信息来源。

6.2.2　粒子滤波

粒子滤波（particle filter，PF）的思想基于蒙特卡罗方法（谢波等，2013），即以某事件出现的频率来指代该事件的概率。因此在滤波过程中，需要用到概率的地方，一概对变量采样，以大量采样的分布近似来表示。因此，采用此思想，在滤波过程中粒子滤波可以处理任意形式的概率，而不像卡尔曼滤波只能处理高斯分布的概率问题。它的一大优势也在于此。

利用粒子集来表示概率，可以用在任何形式的状态空间模型上。其核心思想是通过从后验概率中抽取的随机状态粒子来表达其分布，是一种顺序重要性采样法（sequential importance sampling）。简单来说，粒子滤波法是指通过寻找一组在状态空间传播的随机样本对概率密度函数进行近似，以样本均值代替积分运算，从而获得状态最小方差分布的过程。这里的样本即指粒子，当样本数量足够多时可以逼近任何形式的概率密度分布。

状态方程：

$$x(t) = f\left(x(t-1), u(t), w(t)\right)$$
$$y(t) = h\left(x(t), e(t)\right) \tag{6-44}$$

其中，$x(t)$ 为 t 时刻状态；$u(t)$ 为控制量；$w(t)$ 和 $e(t)$ 分别为模型噪声和观测噪声。$x(t)$ 是状态转移方程，$y(t)$ 是观测方程。因此，需要解决的问题是如何从观测 $y(t)$ 和 $x(t-1)$、$u(t)$ 滤出真实状态 $x(t)$，分为如下 3 个阶段。

1. 预估阶段

粒子滤波首先根据 $x(t-1)$ 和其概率分布生成大量的采样，这些采样称为粒子，则粒子在状态空间中的分布实际上就是 $x(t-1)$ 的概率分布。依据状态转移方程加上控制量可以对每一粒子得到一个预测粒子。

2. 校正阶段

预测粒子中不是所有的预测粒子都能得到时间观测值，越是接近真实状态的粒子，越有可能获得观测值。于是对所有的粒子进行评价，这个评价就是一个条件概率 $P(y|x_i)$，条件概率代表了假设真实状态取第 i 个粒子时获得观测的概率。将其作为第 i 个粒子的权重。如此，对所有粒子都进行评价，越有可能获得观测的粒子，获得的权重越高。因此，预测信息融合在粒子的分布中，观测信息又融合在每一粒子的权重中。

3. 重采样阶段

采用重采样算法，去除低权值的粒子，复制高权值的粒子，可得到需要的真实状态 $x(t)$，而这些重采样后的粒子，代表了真实状态的概率分布。

下一轮滤波，再将重采样过后的粒子集输入到状态转移方程中，直接获得预测粒子。

初始状态的问题：整个滤波过程中初始状态未知，可认为在全状态空间内平均分布。于是初始的采样就平均分布在整个状态空间中。然后将所有采样输入状态转移方程，得到预测粒子。在整个状态空间中只有部分粒子能够获得高权值。重采样算法可去除低权值的粒子，将下一轮滤波的考虑重点缩小到了高权值粒子附近。

本节提出的室内定位系统中，为了最小化的解决方案的计算需求，需要将 PF 的维度尽可能降低。因此，PDR 算法应用在 PF 的预处理阶段中，在滤波器中的所有粒子基于 PDR 估计的方差模型进行周期性更新。利用加速度传感器、磁力计和陀螺仪获得的 PDR 信息如航向角、运动速度可以扩展在一个空间中，其分布服从高斯分布。航向角高斯分布的方差与用户步行速度有关，角组件的方差主要与陀螺仪的测量误差有关。

移动用户的状态 X_k 定义为一个包含物理坐标、速度和方向的向量。移动用户的概率密度函数定义为 $p(x_k | Z_K)$，Z_k 表示传感器的测量值和状态观测值。

在初始化阶段，为了 WiFi 和 PDR 的融合，算法由一个高斯分布的采样来进行初始化，这个高斯分布的均值应与 WiFi 定位算法中静态时均值相同，由于在这个阶段中 WiFi 定位均有较高的精度，这个过程可得到概率密度函数为 $p(x_{k-1} | Z_{k-1})$。采样后依据 PDR 算法即状态转移方程加上传感器测量误差和系统误差这些控制量可以对每一粒子得到一个预测粒子，其分布为 $p(x_k | Z_{k-1})$。WiFi 算法中概率值作为预测粒子的权重值，并对其分布进行采样进而得到 $p(x_k | Z_k)$。

6.2.3　WiFi 指纹定位与 PDR 定位的融合

1. 基于卡尔曼滤波的融合

卡尔曼滤波分为预测和校正两个阶段，并不断循环该过程。当应用在室内定位中时，首先通过 PDR 算法预测出用户下一个时刻的位置，接着获取当前时刻 WiFi 指纹定位结果，输入到滤波系统，对预测结果进行校正，从而得到校正之后的位置坐标以及航向，图 6-16 是算法流程框图。

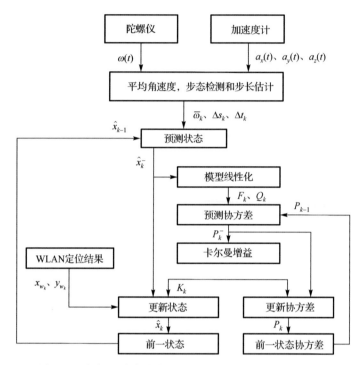

图 6-16 卡尔曼滤波融合 WiFi 指纹定位与 PDR 定位框图

状态向量中的元素如下：x_{1_k} =方向，x_{2_k} =x 轴坐标，x_{3_k} =y 轴坐标，因而得到状态向量的生成模型。滤波器以初始状态 $\hat{x}_0$ 和初始协方差 P_0 为起始状态，其中 $\hat{x}_0$ 和 P_0 都是根据初始位置及其不确定性的最佳估计设定的。状态向量生成模型如下：

$$\hat{x}_k^- = \hat{x}_{k-1} + \begin{bmatrix} \overline{\omega}_k \Delta t_k \\ \Delta s_k \cos \hat{x}_{1_{k-1}} \\ \Delta s_k \sin \hat{x}_{1_{k-1}} \end{bmatrix} \qquad (6\text{-}45)$$

其中，$\hat{x}_{k-1}$ 表示使用第 $k-1$ 个测量数据之后更新得到的后验估计；而 $\hat{x}_k^-$ 则代表的是第 k 步的先验估计；$\overline{\omega}_k$、Δs_k、Δt_k 分别代表第 k 步的角速度、步长和所花费时间；$\hat{x}_{1_{k-1}}$ 则是上一步方向的后验估计。状态矩阵通过式（6-46）得到

$$F_k = \begin{bmatrix} 1 & 0 & 0 \\ -\Delta s_k \sin \hat{x}_{1_k}^- & 1 & 0 \\ \Delta s_k \cos \hat{x}_{1_k}^- & 0 & 1 \end{bmatrix} \qquad (6\text{-}46)$$

由于是通过步长乘以方向角的 sin 或 cos 函数得到坐标，所以状态噪声近似用下面的矩阵表示：

$$Q_k = \mathrm{diag}\left(\begin{bmatrix} V_\omega \\ \cos^2(\hat{x}_{1_k}^-)V_{\Delta s} \\ \sin^2(\hat{x}_{1_k}^-)V_{\Delta s} \end{bmatrix}\right) \tag{6-47}$$

其中，V_ω 是角速度的方差；$V_{\Delta s}$ 是步长估计的方差。从而得到先验协方差矩阵：

$$P_k^- = F_k P_{k-1} F_k^T + Q_k \tag{6-48}$$

其中，P_{k-1} 是前一步的后验协方差。滤波器的测量输入是 $z_k = [x_{w_k} \quad y_{w_k}]^T$，包含 WLAN 指纹定位估计出的 x 轴坐标和 y 轴坐标，同时测量矩阵为

$$F_k = \begin{bmatrix} 0 & 1 & 0 \\ 0 & 0 & 1 \end{bmatrix} \tag{6-49}$$

那么，完整的状态更新过程为

$$\begin{aligned} K_k &= P_k^- H^T (HP_k^- H^T + R)^{-1} \\ \hat{x}_k &= \hat{x}_k^- + K_k(Z_k - H\hat{x}_k^-) \\ P_k &= (I_{3\times3} - K_k H)P_k^- \end{aligned} \tag{6-50}$$

其中，R 是 WLAN 指纹定位结果的协方差矩阵；$I_{3\times3}$ 是一个单位矩阵。

图 6-17 以更加直观的方式展示了通过卡尔曼滤波将 WiFi 定位与 PDR 定位进行融合的过程。

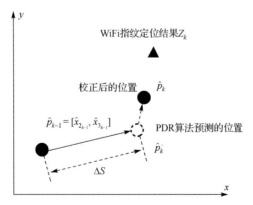

图 6-17　卡尔曼滤波融合 WiFi 指纹定位和 PDR 定位示意图

当检测到用户走了一步时，首先通过 PDR 算法预测出用户的下一个时刻的位置，然后同时获取 WiFi 指纹定位的结果，利用该结果对预测出的位置进行校正，得到校正后的位置，同时航向角也得到了校正，有效地减少了陀螺仪的漂移现象。

2. 基于粒子滤波的融合

本节提出一种粒子滤波器，以与完全扩展卡尔曼滤波的状态方程类似的方式来产生粒子。有所不同的是，这里首先产生一系列随机噪声来得到不同的步长以及航向偏角，而后再叠加到状态向量上。

$$\hat{x}_k^{(i)} = \hat{x}_{k-1}^{(i)} + \begin{bmatrix} (\overline{\omega}_k + n_\omega^{(i)})\Delta t_k \\ (\Delta s_k + n_{\Delta s}^{(i)})\cos \hat{x}_{1_{k-1}} \\ (\Delta s_k + n_{\Delta s}^{(i)})\sin \hat{x}_{1_{k-1}} \end{bmatrix} \tag{6-51}$$

其中，(i) 是粒子的编号。噪声 $n_\omega^{(i)}$ 和 $n_{\Delta s}^{(i)}$ 表示步长和航向偏角的分布，可以假设为高斯分布。首先，将 WiFi 定位结果作为第一波粒子的初始位置，然后根据 PDR 算法的结果更新粒子的位置。对每一次产生的粒子，计算其与 WiFi 定位结果 $z_k = [x_{w_k} \quad y_{w_k}]^T$ 的相似度，这里假设 z_k 是服从标准高斯正态分布的。这样，每一个粒子对应着一个概率，将这些概率进行归一化处理，使得每个粒子获得一个权值。同时检测粒子在本次移动中是否穿过某些障碍物，如果是，则将该粒子的权值设为 0；如果否，则不变。接着进行一次重采样，使得粒子云的分布与权值正相关。在这个过程中，由于穿过障碍物的粒子的权值被设为 0，它们将从粒子云中消失。

如图 6-18 和图 6-19 所示，分别为粒子滤波融合 WiFi 指纹定位与 PDR 定位的框图和示意图。

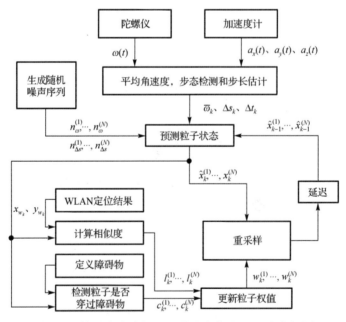

图 6-18　粒子滤波融合 WiFi 指纹定位和 PDR 定位框图

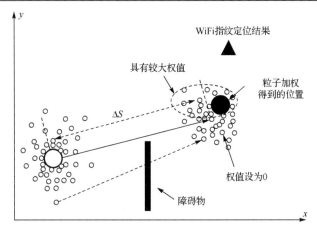

图 6-19　粒子滤波融合 WiFi 指纹定位和 PDR 定位示意图

3. 基于卡尔曼滤波和粒子滤波的融合

前面分别介绍了基于卡尔曼滤波和粒子滤波的融合技术。两者均以 PDR 算法预测出用户下一个时刻可能的位置，并利用 WiFi 定位结果作为辅助加以校正，最终确定用户位置。然而基于卡尔曼滤波的融合技术不能有效地遏制定位过程中的穿墙行为，这在定位导航应用中显然是不合理的。基于粒子滤波的融合技术则较好地解决了这一问题，但是实际应用中可能会出现全都穿过障碍物的情况，此时若权值均设为 0 则可能导致无法归一化权值，因此将一个接近于 0 的小数 ε 代替 0 是一种合理的做法。这样在某些特殊区域，粒子全部穿过障碍物时，粒子的权值主要受 WiFi 定位结果的影响，由于 WiFi 定位的误差方差较大，一旦遇到定位误差较大的时候，会使得由粒子加权确定的用户位置出现极大偏差。

例如，在本节的实验环境中，室内存在一个天井区域，如图 6-20 所示。

当用户按照图 6-20 中所示路径行走时，用户行至拐角 1 处，应该继续沿箭头所示方向前进，然而由于 PDR 算法本身存在一定误差，定位算法计算出的结果可能在 2 处就转弯了，此时粒子由于受到障碍物的阻隔，权值均被设为 ε，由于 WiFi 定位精度的局限，其定位结果出现的另一条路径的概率非常大，这样受到 WiFi 定位结果的影响，粒子将会逐渐漂移到另一条路径上，直接导致最终定位结果明显偏离正确路径，从而严重影响定位精度。因此，本节提出将卡尔曼滤波和粒子滤波联合的方法，其流程图如图 6-21 所示。

该系统是卡尔曼滤波融合系统和粒子滤波融合系统的结合。两个系统分别同时独立运行。每当检测到用户走了一步，则获取一次 WiFi 定位结果，在卡尔曼滤波系统中进行校正后，得到一个校正后的位置，然后将该位置坐标输入粒子滤波系统计算粒子权值，最后得到最终的定位结果。联合卡尔曼滤波和粒子滤波，一方面由于粒子滤波的特性使得出现穿墙的情况大大减少，同时也能限制用户的位置在可到达的区域中，另一方面,卡尔曼滤波融合 WiFi 定位和 PDR 定位的结果比单纯使用 WiFi 定位更加稳定, 相邻两次定位结果相距不会超过 2m, 并且具有连续性, 用该结果去计算粒子滤波预测的粒子的权值, 将会更加可靠, 从而有效减少粒子漂移的现象。

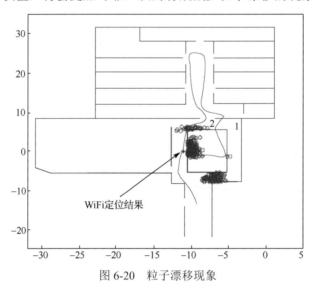

图 6-20　粒子漂移现象

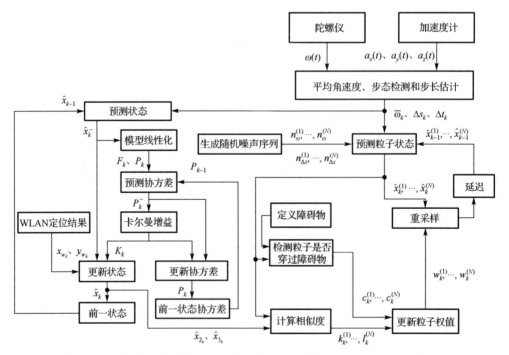

图 6-21　联合粒子滤波与卡尔曼滤波融合 WiFi 指纹定位与 PDR 定位框图

6.3　室内外定位无缝过渡方法

室外定位主要是基于全球卫星导航系统（global navigation satellite system，GNSS）（Mohinder et al.，2011），由于定位的效果很好，在防灾减灾、医疗健康、制造业、物流、交通、电力、安防、家居、军事等诸多领域具有广阔的应用前景。前面讲述了基于 WiFi 的室内定位方法，因为室内外定位技术的原理有着根本性的不同，同时由于 GPS 易受遮挡，WiFi 定位精度有限，而且室外大部分范围内由于无 WiFi 信号或者 WiFi 信号弱而无法实现定位服务，故单独采用任意一种都无法确保定位服务的时空连续性。为提供室内外无缝的位置服务，需要使用室内外过渡区域的定位方法。因此本章提出了基于区域辨识的室内外判决方法，并且在实验环境下得到了验证，提供了室内外无缝的位置服务的解决方案。

目前，国内外学者对室内外过渡区域的定位方法有很多研究，本节介绍两种有代表性的方法，一是 WiFi 辅助 GPS 的无缝定位方法，二是基于区域辨识的室内外判决方法。

6.3.1　WiFi 网辅助 GPS 的无缝定位方法

1. 无缝定位解决方案

该方法将定位环境分为 4 种情况，以便定位系统根据不同的定位场景提供不同的解决方案（陈伟，2010）。4 种情况分别为仅有 GPS 信号环境下，采用 GPS 单独定位；有 WiFi 和 GPS 信号，GPS 不满足定位环境要求，采用 GPS 和 WiFi 组合定位；同时有 GPS 信号和 WiFi 信号且可单独定位的环境下，采用 WiFi 辅助 GPS 定位；有 WiFi 信号无 GPS 信号的环境下，采用 WiFi 单独定位。在现实生活中，可以根据接收的信号情况及特定的切换策略进行环境判定，并进行定位方案的转换，实现无缝定位的需求。如表 6-1 所示。

表 6-1　环境与定位模式

定位环境	定位方案
仅有 GPS 信号环境	采用 GPS 单独定位
有 WiFi 和 GPS 信号，GPS 不满足定位环境要求	采用 GPS 和 WiFi 组合定位
同时有 GPS 信号和 WiFi 信号且可单独定位的环境	采用 WiFi 辅助 GPS 定位
有 WiFi 信号无 GPS 信号的环境	采用 WiFi 单独定位

2. 切换策略

切换是指由于卫星的运行或用户的移动，使用户接收到的卫星数目或无线接入点发生变化的情况。实质是定位模式重新选择的过程，对定位精度和定位可用性具有重要影响。定位环境的变化可能有 4 种情况：室内定位（WiFi）；边界定位（GPS+WiFi）；室外定位（GPS 和 WiFi 组合或 GPS）。使用的定位算法切换策略。①根据卫星数目信息以及 WiFi 信息，选择不同的定位方案。当卫星数为 0 时，选择 WiFi 单独定位；当卫星数小于 4 时，可选择 GPS 和 WiFi 组合定位；当定位数小于 4 时，可选择 GPS 单独定位或者 GPS 和 WiFi 组合定位。②采用 WiFi 定位时，进行 AP 点数和室内外环境的判断。③通过步骤①判断接收到的 GPS 卫星数，如果卫星数目大于 4，则进一步判断，看是否满足可定位条件，如果满足，执行 WiFi 辅助 GPS 的定位程序，如果不满足则执行 GPS 和 WiFi 组合定位程序。

3. 算法的过程和原理

基于区域辨识的室内外判决算法分为两个阶段：初始化室内外判断和室内外切换阶段。

初始化室内外判断阶段，设置 flag 变量的值，若在门口则设置 flag 为 1，为之后室内外切换设置初始值，以此判断上一个位置是否是门口，若在室内直接判断楼层。流程如图 6-22 所示。

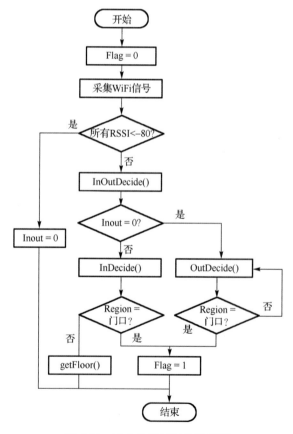

图 6-22　室内外区域切换流程图

室内外切换阶段，采集的 WiFi 数据，若小于 80，则表明在室外，若在采集的值大于 80，同时根据 InOut 和 flag 的进行室内外环境的切换。具体流程图如图 6-23 所示。

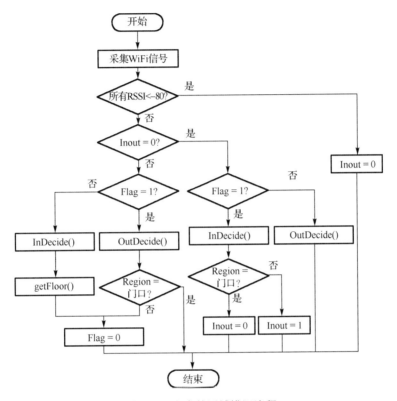

图 6-23　室内外区域辨识流程

6.3.2　实验验证

基于提出的区域辨识的室内外辨识方法，在实验中得到了验证，并有了初步的实验结果。实验场景是应用在武汉大学遥感国家重点实验室，根据算法的两个阶段，过程如下。

初始化阶段：根据空间特性，将室内定位区域划分为 23 个区域，其中包含过渡区域，即门口（门口和室外区域是连通的，也是室外区域）。在做室内外切换之前给是否经过过渡区域设置一个布尔型的变量 flag，若经过了门口，将 flag 的值设置为 1，若没有经过或者经过偶数次过渡区域则将 flag 的值设置为 0。在做室内外定位切换的时候，将根据 flag 的值进行判断是否切换到室内定位。

首先将 flag 值置为 0，采集的 WiFi 数据如果小于-80，则表示该所在区域为室外 Inout=0，若大于-80，则表明该所在区域在定位大楼附近，若前一个位置的 Inout=0，则表明前一个位置在室外，使用 OutDecide()方法判断是否在门口，若在，则 flag=1；若前一个位置的 Input=1，则表明前一个位置在室内，使用 InDecide()方法判断是否在门口，若在，则 flag=1（过渡区域门口既在室内区域也在室外区域）。

切换阶段：切换流程是采集 WiFi 信号，采集的 WiFi 数据如果小于−80，则表示该所在区域为室外 Inout=0，若大于−80，判断前一个位置是否在室外。若在室外，再判断前一个位置是否是门口，若是过渡区域，使用 InDecide()方法，得到区域是门口则 Inout=0，不是门口则 Inout=1，表示在室内；若不是过渡区域，使用 OutDecide()方法。前一个位置不在室外，若前一个位置是门口时，则执行 OutDecide()方法，若当前区域不是门口，则 flag=0；若前一个位置不是门口，使用 InDecide()方法处理，得到楼层，flag 置 0。

实验结果如下。

（1）对室内、室外关门、室外开门 3 种情况进行二次神经网络分类。预先对这 3 种情况两两之间进行神经网络训练，得到 3 组训练权值，这里假设这 3 种情况的状态值分别为 1、2 和 3。测试时，先对测试数据进行室外关门和室外开门两种情况的分类，再根据当前分出的类别用相应的权值进行计算，得到室内还是室外。得到的测试的平均正确率为 0.8586，图 6-24 是每个点对应的平均正确率。

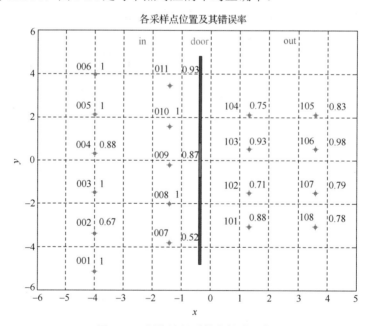

图 6-24　训练过程采样点的错误率

（2）将（1）中的 3 种情况直接当作 3 类进行神经网络分类，分别对应的状态是 0、1 和 2，对于测试的结果 1 和 2 都表示室外，0 表示室内，得到的测试平均正确率为 0.8981，图 6-25 是每个点对应的平均正确率。

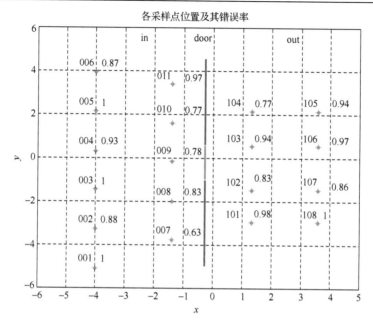

图 6-25　测试过程采样点的错误率

　　（1）和（2）两种情况下，训练数据均为 270 组，室内 110 组，室外开门和室外关门情况都是 80 组。测试数据有 1620 组，其中属于室内的有 660 组，开门和关门各有 480 组数据。

　　综上所述，本节采用初始化室内外判断和室内外切换的方法，在大量实验数据验证的基础上，得到精确的室内外切换效果。

6.4　室内外一体化位置服务网关

　　室内位置传感网是指布设在室内设备上或墙体上的多种传感器，如 RFID、WiFi、摄像头等，通过标准通信协议形成传感器网络，可以定位进入室内环境的移动传感器设备的地理位置和行为，并根据移动设备的请求提供定位服务。室内传感网可以作为大型公共场馆、办公楼等室内场所的安全保障系统的重要信息源。与室外全球卫星导航系统一起，就构成了室内外一体化的位置传感网。在室内外一体化位置服务中，首先以建筑或者建筑群为单元，建立位置传感网，然后给通过位置服务网关联结位置服务数据中心，从而形成可管理、可维护的室内外一体化位置服务能力。本书所述位置服务网关也包含位置传感网的接入与管理部分。

6.4.1　位置服务网关的层次结构

位置服务网关由 4 层构成，如图 6-26 所示。传感器接入层实现异构设备的接入，包括硬件接口、通信协议，形成虚拟化的传感器，包括蓝牙、WiFi、RFID 等固定装置，也包括可以移动的设备如智能手机或者各类标签。位置传感网数据处理层，包括定位场的管理与设备管理、定位场基础信息采集与处理、室内外空间信息融合、定位场建模。位置传感网服务引擎是位置服务网关的核心功能，实现本地的定位信息实时处理、位置结算以及位置服务响应。位置传感网服务层实现定位能力查询服务、定位目标注册、定位目标查询，也是定义内部管理和对外服务的逻辑功能。

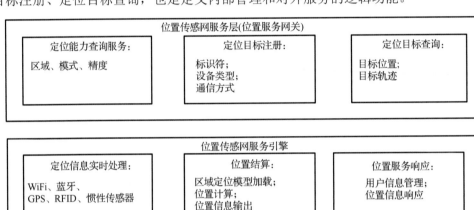

图 6-26　位置服务网关的层次结构

网关设备从开机运行到正常停止，有一系列的运行过程和状态，称为生命周期。生命周期反映了网关设备运行过程中的重要步骤和状态，本节将详细介绍网关设备的生命周期过程。网关设备生命周期如图 6-27 所示。

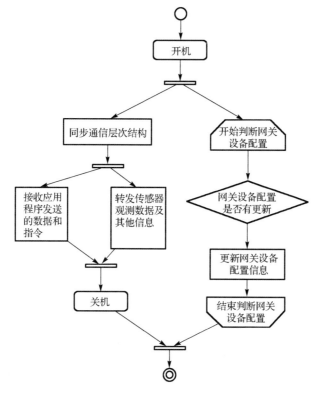

图 6-27　网关设备生命周期

1. 开机

根据前面介绍的 3 种网关设备类型，运行于系统平台环境的网关设备由系统平台开机运行，另外两种类型的网关设备在宿主机开机启动的同时开机运行。在开机运行的同时，网关设备需要根据预先配置的系统平台终端 URL 及凭证，做一些基础性的验证工作，如验证与系统平台通信是否正常、凭证是否过期等。

2. 同步通信层次结构

回顾一下前面介绍的传感器网络通信层次结构，如图 6-27 所示，在资源列表中，网关设备是通信层次拓扑结构的根节点，网关设备的下层结构反映了传感器网络的拓扑结构，这种拓扑结构以快照的方式存放在系统平台中，是传感器网络物理拓扑结构的逻辑表示。传感器网络的物理拓扑结构可能会发生改变，这种改变需要映射到资源列表中的逻辑拓扑结构上，以保证逻辑拓扑结构真实地表示物理状态。

通信层次结构的同步过程可分为两个步骤：①在资源列表中查询网关设备的入口地址；②根据查询到的入口地址，查询子网络的拓扑结构，并且与资源列表中的逻辑拓扑结构同步。第一个步骤允许给网关设备传递一些必要的配置信息，如传感器采集时间间隔。

为了保证资源列表中的信息的实时性，并且保持对传感器设备的全局视图的正确性，需要如下两种机制：①定期触发资源列表的上传操作，在网关设备启动的时候首先运行该操作，并且尽可能的定期重复该操作；②在网关设备运行过程中，传播资源列表的任何变化，即在资源列表发生变化时，触发更新资源列表操作。

3. 接收应用程序发送的数据和指令

经过上面两个步骤，已经确定了资源列表中的拓扑结构，应用程序可以看见并且操作传感器设备。具体序列图如图 6-28 所示。

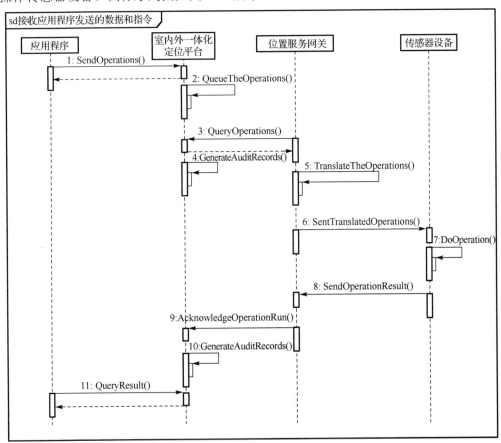

图 6-28   接收应用程序发送的数据和指令序列图

由前面介绍的传感器虚拟化信息可知，应用程序可以向传感器设备发送控制指令，这些控制指令存放在系统平台的控制指令队列中，网关设备需要查询该队列，以获取发送给连接到该网关设备的传感器的控制指令和数据。

如果获取一条发往其子网拓扑结构中某一个传感器的控制指令，网关设备首先解析该指令，并且将指令转化成与对应传感器相关的协议格式，然后使用传感器的通信协议将控制指令下发给对应的传感器。最后，网关设备获取传感器执行结果，并且更新资源列表中的通信层次结构。

4. 转发传感器观测数据及其他信息

网关设备除了可以接收应用程序发往传感器设备的数据和指令，另外一个重要的功能是转发传感器设备的数据，如观测数据、审计事件、警告事件等。

5. 更新网关设备配置信息

通过配置信息，网关设备可以获取与传感器设备及系统平台的连接属性和凭证信息，在某些情况下，需要更新网关设备的配置信息，例如，一个新的传感器网络特定的网关设备 A 需要接入到某一个位置服务网关 B 中，就需要将 A 的设备地址和凭证信息发送给 B，可以通过向 B 发送一条设备控制指令实现该过程。

6.4.2　定位场管理的数据库设计

定位场管理的数据库设计如图 6-29 所示。

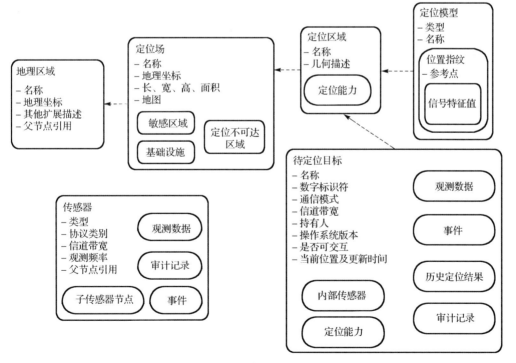

图 6-29　定位场管理的相关数据库

地理区域可以是地理范围、建筑物、楼层或者楼层中的某一区域，如武汉大学测绘学部、测绘遥感信息工程国家重点实验室、实验室 2 楼等，是部署室内位置传感网，构建定位场的物理设施。地理区域之间具有拓扑结构关系，可用父节点引用字段描述这种拓扑结构。

定位场是部署室内位置传感网，具有位置感知能力的场所。其中敏感区域表达了与室内定位相关的上下文关系，如楼层切换区域、室内外一体化定位切换区域等，可为实时室内外一体化定位提供语义支持；基础设施包括室内位置传感网中的传感器设备、具有位置感知能力的资产、位置服务网关等；定位不可达区域描述了定位过程中，行人不可能到达的区域，如天井、电井，在定位过程中可以依据该描述修正定位结果。

定位区域是具有实际定位能力的场所的逻辑划分，其中定位能力集合表示该定位区域能够提供的定位能力，具体的定位能力由定位模型描述，一个定位区域可以具备多种定位能力。

待定位目标与定位区域动态关联，待定位目标内部传感器设备可以为定位过程提供辅助信息，提高定位精度，如陀螺仪、加速度计等传感器设备。其中观测数据是待定位目标在定位过程中发送给系统平台的实时采集的信号值，可以利用该数据更新位置指纹库，即定位模型；审计记录是待定位目标产生的与安全相关的事件，如注册、登录、获取定位结果等；事件是待定位目标产生的基础事件和警告事件，如从室内到室外、电量过低、磁力计受干扰等。

传感器是普通传感器设备的集合，用于观测环境数据。其中子传感器节点集合传感器设备所包含的传感器设备集合。

第 7 章　全息位置地图时空关联分析

7.1　室内外一体化路径规划

随着移动互联网技术的迅猛发展和室内定位技术的日趋成熟，人们对于导航应用的需求已经从原有的室外导航拓展为室内外一体化的导航。目前导航数据主要是面向室外车行导航建立的，室内外一体化的行人导航研究还处在起步阶段，包括地图制作与表达在内的各方面技术亟待完善（赵建娇，2015）。

从本质上看，室内外一体化导航是综合运用现代科学技术，整合基于位置的泛在信息资源，汇聚人的智慧，赋予物以智能，使汇集智慧的人与具备智能的物互存互动、互补互促，以实现路径规划最优化。它标志着导航路径的个性化规划，运用先进室内室外无缝定位技术手段，全面感测、分析、整合基于用户需求的信息推荐以及路径规划中的各项关键技术手段，通过对各个方面各个层次的导航需求做出明确、快速、高效、灵活的智能响应，为公共场所应急调度等工作提供高效的寻径手段，拓展导航服务的新空间。

从导航应用的角度看，室内导航地图数据与室外导航地图数据存在一定差异。室外导航地图内容主要突出道路信息，而对于室内空间信息来说，室内各层及层内数据间的拓扑关系比二维坐标更为重要。室内导航地图内容以 POI 及空间关系为主，甚至不显示道路信息（赵建娇，2015）。

7.1.1　室内路径规划算法

A* 算法其实就是一种特殊的全局最优搜索算法，所不同的是，为了使在问题求解时，能用最快的方法求解出最短的路径，A* 算法在搜索的时候加上一些约束条件。

A* 算法的原理是通过设计一个估价函数 $f(x) = g(x) + h(x)$。其中，$f(x)$ 表示当前节点 n 的启发函数，也就是起始节点通过节点 n 到达目标节点的代价；$g(x)$ 是从起始节点到当前节点 n 的实际代价，是从当前节点 n 到目标节点最优路径的估计代价。根据这个函数可以计算出每个节点的代价，通过这个启发函数对下一步能够到达的每一个点进行评估，每次搜索时，找到估价值最小的点，继续往下搜索。A* 算法的步骤如图 7-1 所示。

（1）首先设起始节点为 S，目标节点为 D，同时还创建两个表，一个是开启列表 Open 表，另一个是关闭列表 Closed 表，并且初始化 Closed 表为空表。

（2）把起始节点 S 放到 Open 表中。

（3）搜索 Open 表中的节点，如果 Open 表为空，则失败退出，表示没有找到路径。

（4）如果 Open 表不为空，就从 Open 表中选择一个 F 值最小的节点 n。

（5）把节点 n 从 Open 表中移出，并且把它放入 Closed 表中。

（6）判断节点 n 是否是目标节点 D。如果节点 n 是目标节点 D，则成功退出，找到最优路径；如果节点 n 不是目标节点 D，就转到（7）。

（7）扩展节点 n，即扩展它的全部子节点。设它的子节点为 m，则对于节点 n 的每一个子节点 m，计算它们的 F(m) 值。

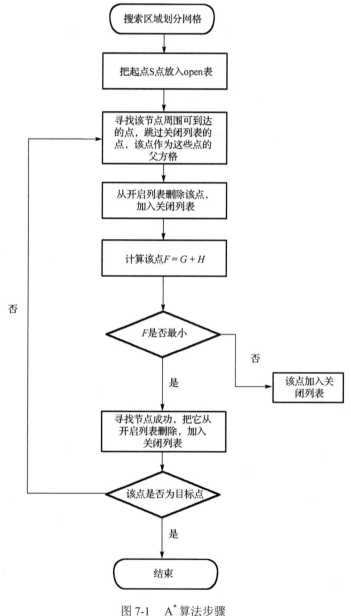

图 7-1　A* 算法步骤

① 如果节点 m 既不在 Open 表中又不在 Closed 表中，就把它添入 Open 表中，然后就给节点 m 加一个指向它的父节点 n 的指针。以后找到目标节点之后根据这个指针一步一步返回，形成最终路径。

② 如果节点 m 已经在 Open 表中了，则比较刚刚计算的 f(m)新值和该节点 m 在表中的 f(m)旧值。如果 f(m)新值较小，表示找到一条更好的路径，则以此新 f(m)值取代表中该节点 m 的 f(m)旧值。修改该节点的父指针，将它的父指针指向当前的节点 n。

③ 如果节点 m 在 Closed 表中，则跳过该节点，返回（7）继续扩展其他节点。

利用楼层栅格导航图，对 A* 算法进行改进，同时考虑障碍物信息，实现动态导航服务。研究重点在于实现基于栅格地图考虑障碍物信息的动态路径寻找，流程图如图 7-2 所示。

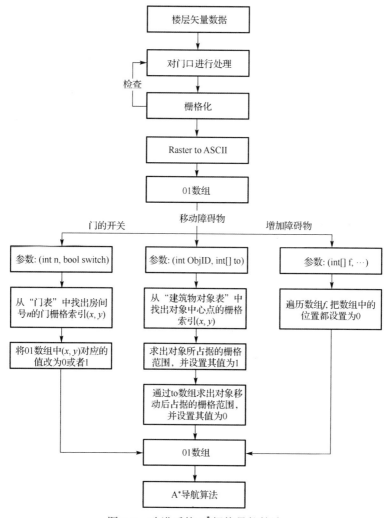

图 7-2　改进后的 A* 栅格导航算法

7.1.2　楼层之间的室内路径规划

室内地图的一个最重要的特点是多层性，一个室内地图不止有一层，而是多个楼层叠加起来的，室内地图数据也是多层组织的，因此室内路径的规划不能只是单楼层的，这里提出一种方法，以单楼层为基础，解决多楼层的路径规划，如图 7-3 所示。这里提出的方法是通过每一层的上下楼结点进行楼层之间的路径规划。

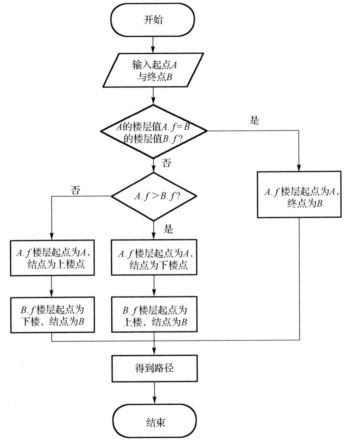

图 7-3　只有一个楼梯时的算法流程

（1）首先判断起点与终点是否在同一楼层上，如果起点与终点在同一楼层上，那直接进行单楼层的路径规划。如果不在同一层楼层上，需要对比起点与终点的楼层，判断需要上楼还是下楼。如果起点楼层大于终点楼层，判断为下楼，如果起点楼层小于终点楼层，则判断为上楼。

（2）当判断完上下楼后，开始针对上下楼进行起始楼层与终止楼层路径规划。如果上楼，起始楼层就按照如此方法进行路径规划：起点为输入的起点，终点为起始楼层的上楼结点。终止楼层的规划方法是：起点为终止楼层的下楼结点，终点为输入的终点。如果为下楼则相反，起始楼层的起点为输入起点，终点为起始楼层的下楼结点，终止楼层的起点为其上楼结点，终点为输入终点。

（3）多楼梯情况。有些时候复杂建筑不可能只有一个楼梯，有可能会有多个楼梯。这种情况下会为每一个楼梯存储一个所有楼层的楼梯口结点列表,每一个楼梯按照(2)中的步骤分别进行路径规划，最后比较通过各楼梯的路径总长度，从中选择最小的路径作为最终路径。

出入口连接表用于描述从一个出口出来，可以到达到另外入口的关系，其用途是为了进行栅格导航时楼层的切换或建筑物之间的切换，如图 7-4 所示。

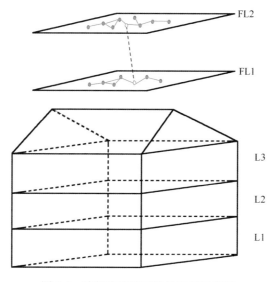

图 7-4　建筑物跨楼层路径规划示意图

7.1.3　室内外切换算法流程

由于在室内环境下，受到建筑物遮挡等因素，GPS 的定位精度会降低甚至无法接收到 GPS 信号，无法完成定位，所以要实现室内外一体化定位，在进入室内时需要自动切换成 WiFi 定位，由于在室外环境下 WiFi 也不能实现有效定位，在出建筑物时，定位方式也需要由 WiFi 定位自动切换为 GPS 定位。室内与室外的切换需要做到较小的延迟。

初次开机时需要对室内与室外进行判断。在室内环境下，GPS 设备有一个最大的特点就是在室内初次开机无法进行定位，因此，通过初次开机时 GPS 的定位状态可以得知室内还是室外的状态。如果 GPS 无法完成定位，但是室内定位可以完成，则可以判断位于室内环境下，并且通过室内定位服务得知位于哪一个建筑中。否则位于室外（WiFi 与 GPS 全不能定位的状态除外，这种状态可以位于没有 WiFi 定位服务的室内）。

当用户处于室外环境时，在室外环境下会搜索到多个建筑物中的 WiFi 信号，所以有可能会得到多个建筑的定位服务，会对进入哪一个室内环境结果造成歧义，因此，这时还需要通过出入口对用户即将进入的建筑物进行判断。通过位于当前服务区域内全部的室内数据来得到所有的出入口，在室外环境下，通过用户当前定位的坐标与出入口坐标进行比较。

出入口的进出判断是通过用户的行动趋向来进行的：每一个出口都有一个指向外出方向的方向值，这个方向值是以顺针方向偏过正北方向的角度来计，单位为度分秒，这个方向的值可以由移动设备的传感器得到。

当用户的定位坐标与出入口坐标的距离小于阈值时，就将用户当前的方向与出入口指向的出方向做差值，如果其绝对值小于 90°，判断为出，这时，需要切换到 GPS 定位，当绝对值大于 90°时，判断为进入建筑，这时切换到 WiFi 定位。如图 7-5 所示，以用户进出 F 出口为例：H 方向表示用户当前的方向值，F 处指向的方向为 F 出口指向门外的方向，F 周围的圆代表 F 出入口的阈值 d，当用户 H 进入到 F 周围圆代表的阈值范围后，被认为是到达建筑的出入口，开始通过方向来判断用户是在进入还是离开建筑。

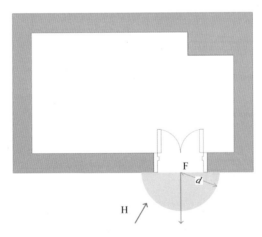

图 7-5　出入口示例

如图 7-6 (a)所示，α 为用户 H 前进的方向，β 为出入口 F 指向室外的方向。当用户方向 α 与出入口方向 β 之差的绝对值大于 90°时，表示用户的行走方向与出入口方向相背，而出入口方向指向的为出建筑物的方向，所以，可以认为用户正在进入建筑物；与之相反，如图 7-6(b)所示，当用户方向 α 与出入口方向 β 之差的绝对值小于 90°时，表示用户行进的方向与出入口的方向相同，可以认为用户正在离开建筑物。

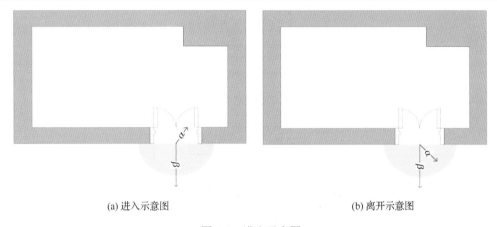

(a) 进入示意图　　　　　　　　　　　　　　　　(b) 离开示意图

图 7-6　进出示意图

　　如果满足某一出入口节点的进入条件,通过出入节点的 InDoorID 来判断用户即将进入哪一个建筑物,如图 7-7 所示。

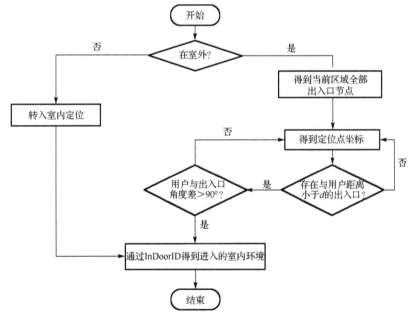

图 7-7　进入流程图

　　离开的判断流程与进入的判断流程相反。但是与室外有几点不同,首先,不同于室外的情况为室内是分层的,而且并不是所有的楼层都会有与室外相连通的出入口节点,当进入有出入口节点的楼层才会对距离与角度进行比较;其次,当进入有出入口节点的楼层后,只需要对位于该楼层的出入口节点进行比较,而不需要与其他节点比较,如图 7-8 所示。

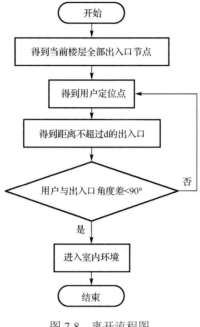

图 7-8 离开流程图

7.1.4 室内与室外之间的路径规划

室外路径规划使用的是现有的室外路网数据作为地图底图与数据。使用分段规划的方法对室内路径与室外路径分别进行规划。

分段的方法即选择一个点作为室内路径与室外路径的连接点，当起点与终点分别位于室内与室外时，使用该点对路径进行连接。这个连接点一般选择建筑物的出入口更为合适。

在进行室内外一体化规划时，需要对输入的起点与终点进行判断，判断它是室内点还是室外点。判断点在室内外的方法有两种。

（1）通过点的坐标是否在建筑物的经纬度区域判断它是否是室内点，这种方法适用于直接由图上输入的点。

（2）通过这个点的搜索来源来判断是否是室内点，即这个点的地名是在室外搜索到的还是由室内搜到的，这种方法适用于由用户使用地名搜索得到的地名点。

通过起点以及终点是在室内与室外来选择不同的路径规划策略。

（1）如果起点与终点都在室内，只进行室内路径规划；如果起点与终点都在室外，则只进行室外路径规划，这两种情况下不需使用室内与室外路径的连接点。

（2）如果起点在室外而终点在室内，这时的路径规划策略：以输入的起点为室外路径的起点，以连接点为终点进行室外路径规划，以连接点为起点以输入的终点为终点进行室内路径规划。

（3）如果起点在室内，终点在室外，这时采用这样的规划策略：以输入的起点为室内路径的起点，以连接点为室内路径的终点进行室内路径规划，以连接点为起点以输入终点为终点进行室外路径规划。单出入口情况下路径规划流程如图 7-9 所示。

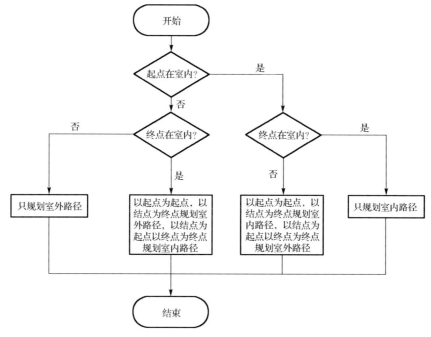

图 7-9　单出入口情况下路径规划流程

有时建筑物不止有一个出入口，也有可能有多个出入口，此时室内地图也会有多个出入口，这种情况下可以使用多个连接点进行路径规划。这时以室内路径为主，如果在有多个连接点的情况下可以分别用不同的连接点与输入的室内的起点或终点进行室内路径规划，最后选择室内路径最短的连接点与输入的室外的起点或终点进行室外路径规划。

7.2　室内外一体化拦截分析

基于最短路径（SP）算法的路网研究在许多研究和应用领域，如网络分析、交通规划等发挥重要作用，大量的应用问题可以形式化为最短路径模型，基于最短路径算法的道路网时空关联分析在公安应用中也具有重要的实用价值。

国内外学术界继 Dijkstra 开创性的工作提出了大量求解最短路径问题的方法，包括标号设置方法、标号修改方法、启发式和双向启发式算法。然而，这些算法属于静态算法，道路网络的静态假设在许多应用具有一定局限性。市公安局信息系统建设和使用也涉及传统道路网络对犯罪嫌疑人的拦截分析，虽然依赖于静态算法的拦截分析在实际工作中取得了一定的成效，为公安信息化工作打下了基础，但是随着社会形势的发展和技术的进步，特别是随着互联网的迅猛发展，传统的路径分析方法已不能满足具有时变特征的拦截分析的需求，路径拦截分析面对许多新情况、新问题。

（1）传统拦截分析方法具有一定孤立性：日常警务调度未能根据警情位置、警力分布、嫌疑人估算速度、时间以及结合道路网拓扑之间的关系，有效考虑这些实体之间的时空关系。

（2）传统拦截分析方法具有机械性、滞后性：指挥研判人员不能随着时间推移根据路网拓扑关系及时调整警力部署，具有一定的机械性、滞后性。

（3）拦截分析呈现新的特点：派出所日常工作呈现出智能性、流动性、突发性、复杂性等特点，对基于时空特点的嫌疑人拦截分析提出新的要求，应具备实时性、动态性的特点。

交通网络可以抽象为时间依赖的网络模型，当模型中弧的长度是时间依赖的变量，最短路径问题的求解变得非常困难。早期的研究者通过具体的网络实例认识到传统最短路径算法在这种情况下是不正确的，因此，给出限制性条件使得传统最短路径算法是有效的。时间依赖的网络中最短路径问题比传统的最短路径问题更具有现实意义，国内外学术界对时变网络进行了大量的研究。许多国内外研究者认识到 TDN 与静态网络的差异性，从各自从事的研究领域、不同的侧面研究这一问题，并通过实例说明传统的最短路径算法的局限性，时间依赖的网络与传统网络模型相比更具有现实意义，具有广泛的应用领域。

因此，利用国内外学术界对时变网络的研究成果，研究警情位置、警力分布、嫌疑人估算速度、时间等基于道路网的时空关联关系，实现警情位置、嫌疑人逃逸路径和嫌疑人拦截点之间的动态关联，是全息位置地图技术在公安领域内的应用，对派出所信息警务的建立具有重要意义。

7.2.1　基于道路网的犯罪逃逸路径拦截分析

基于道路网的犯罪逃逸路径拦截分析实施过程主要包括路网数据的预处理、路网拓扑的构建、以警情位置为中心的速度以及逃逸时间所决定的逃逸距离范围内路网拓扑的构建和路径规划算法实现。通过该流程计算嫌疑人可能的逃逸路径，推荐针对嫌疑人逃逸路径的拦截点，实现警情点与道路拦截点之间的关联。拦截分析如图 7-10 所示。

图 7-10　拦截分析示意图

　　由于路网数据结构比较复杂，道路之间又存在很多复杂拓扑关系，路网在数字化过程中难免存在错误，例如，应该相交的道路由于误操作却没有相交，对于这种情况，如果不进行拓扑检查便进行逃逸路径拦截分析，会得到错误的逃逸路径以及拦截点。因此，在路径分析前有必要对路网数据进行拓扑检查，构建正确的拓扑关系。在进行拓扑检查之后，还要对所有的路段在交点处进行打断处理，并重新进行拓扑构建。点线之间的拓扑关系按以下方式进行构建：以节点为中心，每个节点存储与节点直接相邻的点以及直接相邻的边，每条边存储构成边的点集，以此构建整个路网点线之间的拓扑关系。

　　路径拦截分析算法首先以警情发生位置为中心，估算嫌疑人在一定速度和逃逸时间后的可达距离，并根据该距离以警情点为出发点，以可达距离内的节点为终点，动态搜寻警情点与多个终点之间的最短路径。如果每个两点之间的最短路径长度符合条件，则将该路径保存，并将该路径末端的道路交叉点作为可能的拦截点进行存储。最后将所有满足条件的路径以及拦截点在地图上展示，实现警情位置与嫌疑人可能出现位置之间的动态位置关联。警情位置与拦截点位置间存在一对多的约束关系：

$$\begin{cases} L' = F(L,B,S) \\ B' = G(G,B,S) \\ S = vt \end{cases} \tag{7-1}$$

其中，L'、B' 为拦截点经纬度；L、B 为警情位置经纬度；v 为嫌疑人估算速度；t 为嫌疑人逃逸时间。

　　拦截分析算法主要伪代码如下。

输入值：警情点坐标、速度 v、时间 t
返回值：路径集合、拦截点集合

```
中间变量: OpenL,CloseL,Ncur,Nnext //OpenL 保存所有已生成而未考察的节点，CloseL
记录已访问过的节点，Ncur 当前节点，Ncur 下一节点，Nsta 起始节点，Nend 终点
Initialize(); //初始化起始列表
Initialize(); //初始化关闭列表
Ncur=Node(L,B);
Nsta =Ncur;
intersectionAnalysis( Ncur, Npre, Nsta, Nend)
Ntemp= null;中间节点变量
count = 0;//初始化临时变量
if(Ncur == Ntar) then // 是否为目标节点
    exportPath();//输出路径
    Return true;
else
    if(Ncur. relationNodeCount <= Count) then//索引超限
        Return false;
    end if
    Ntemp = Ncur.getRelationNode(count);//下一节点
```

```
while(Ntemp != null) do
  if(isSatisfyDist(Ncur, Ntar)&& isSatisfyDire(Ncur, Ntar) &&
isSatisfyProj(Ncur, Ntar)) then //满足距离约束条件、方向约束条件、投影长度约束
条件
    if(Ntemp!= Ntar) then //保证不会产生环路
      indexInOpenlist = isListContain (, Ntemp)//当前节点在开放列表中索引
      indexInCloselist = isListContain (, Ntemp)//当前节点在关闭列表中索引
      Cost = distance(Ntemp ,Ncur) //到下一节点代价
      if(indexInOpenlist!= -1) then //如果在开放列表中
        if(Ncur .getG + cost < Ntemp .getG) then // G 值是否更小，即是
否更新 G，F 值
            Ntemp.setParent(Ncur);//设置父节点
            Openl.set(indexInOpenlist, Ntemp);//取代中的值
        end if
        Count++;
        if(Ncur. relationNodeCount <= Count) then
          Ntemp= null;
            break;
        else
          Ntemp = Ncur.getRelationNode(count);//下一节点
        end if
      else if(indexInCloselist!= -1)//如果在关闭列表中
        if(Ncur .getG + cost < Ntemp .getG) then // G 值是否更小，即是
否更新 G，F 值
            Ntemp.setParent(Ncur);//设置父节点
            Openl.add(indexInOpenlist, Ntemp);//添加到中
        end if
        Count++;
        if(Ncur. relationNodeCount <= Count) then
          Ntemp = null;
            break;
        else
          Ntemp = Ncur.getRelationNode(count);//下一节点
        end if
      else // 既不在开启列表也不在关闭列表
        Ntemp.setParent(Ncur);//设置父节点
        Openl.add(indexInOpenlist, Ntemp);//添加到中
        Count++;
        if(Ncur. relationNodeCount <= Count) then
          Ntemp = null;
            break;
        else
```

```
            Ntemp = Ncur.getRelationNode(count);//下一节点
        end if
    end if
else //否则，继续寻找相邻点
    Count++;
    if(Ncur. relationNodeCount <= Count) then
        Ntemp = null;
        break;
    else
        Ntemp = Ncur.getRelationNode(count);//下一节点
        end if
    end if
end if
end while
Collections.sort(); //开启列表中排序，把估价值最小的放到最顶端
if(Openl.size >= 1) then
    Ntemp = Openl.gte(0); //取得最小估价值
end if
if(intersectionAnalysis(Ntemp, Npre, Nsta, Nend)) then
    Return true;
else
    Return false;
end if
end if
```

技术流程图如图 7-11 所示。

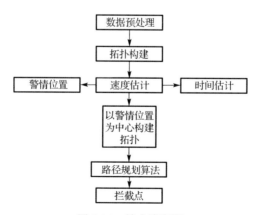

图 7-11　技术流程图

基于道路网的时空关联分析的路径拦截分析算法，实现了根据警情发生位置、警力分布、车速调用路径规划算法，采用红、蓝、紫三层拦截圈的应用模式，在地图上

动态展示嫌疑人在一定时间后所有可能逃逸路径以及拦截点，该研究成果已应用在派出所警务动态地理信息指挥研判系统，对嫌疑人的逃逸路径以及拦截点分析具有一定的实践价值（图 7-12）。

图 7-12　拦截分析结果

7.2.2　基于出入口拓扑关系的室内拦截分析

由于室内空间属于开放空间，不存在类似于室外区域的道路网，所以需要首先构建室内空间出入口的拓扑连通关系图，在此基础上进行室内的拦截分析。根据 3.4.4 节对室内拓扑数据组织的生成、管理与存储的描述，室内拓扑连通图的生成流程：首先根据建筑物功能区域信息进行出入口节点信息的提取，其次以包含出入口节点信息的点要素文件、包含功能区域信息的面要素文件、功能区域与出入口节点的对应关系作为数据基础，根据针对实际应用，所形成的一系列出入口节点拓扑连通关系的生成原则，编写程序自动生成室内外一体化拓扑连通数据。根据以上室内拓扑连通图生成方法，以某市火车站为例，生成的拓扑连通图结果如图 7-13～图 7-15 所示。

采用启发式算法，利用出入口的拓扑联通关系，计算给定时间内逃跑者可能出现的出入口，即警务人员需要进行拦截的出入口位置。整个算法流程包括两个部分：①根据犯罪嫌疑人的位置判断其所在空间语义区，得到所在语义空间对应的出入口；②从语义空间的每一个出入口出发，根据出入口的拓扑联通关系用启发式的算法计算给定时间内所有可能需要拦截的出入口。算法流程如图 7-16 所示。

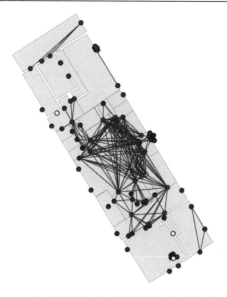

图 7-13　火车站候车室一楼拓扑连通图生成结果

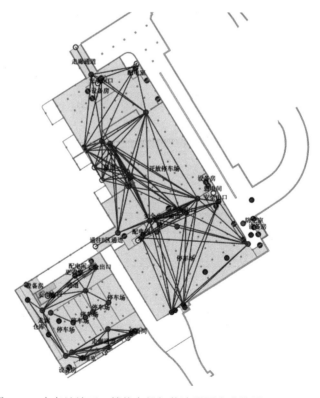

图 7-14　火车站地下一楼停车场拓扑连通图生成结果

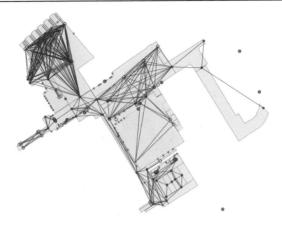

图 7-15　火车站地下二楼停车场拓扑连通图生成结果

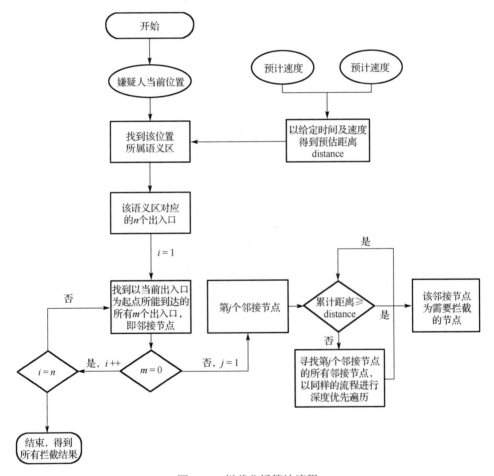

图 7-16　拦截分析算法流程

7.2.3　室内外一体化的拦截分析

室内采用基于出入口拓扑关系连通图的拦截分析算法，利用出入口的拓扑联通关系，计算给定时间内逃跑者可能出现的出入口，即警务人员需要进行拦截的出入口位置。以此判断需要进行拦截的位置；室外采用基于道路网的犯罪逃逸路径拦截分析方法，基于道路网的犯罪逃逸路径拦截分析实施过程主要包括路网数据的预处理、路网拓扑的构建、以警情位置为中心的速度以及逃逸时间所决定的逃逸距离范围内路网拓扑的构建和路径规划算法实现。通过该流程计算嫌疑人可能的逃逸路径，推荐针对嫌疑人逃逸路径的拦截点，实现警情点与道路拦截点之间的关联。室内部分与室外部分是相对独立的两个部分，在室内外一体化的拦截分析中，通过分析室外的道路网以及室内建筑物的出入口，选择广场或者建筑物的出入口作为室内区域与室外区域的过渡点，连接室内与室外的部分。通过室内与室外不同的拦截点计算方式获取室内与室外的连接点，并以广场或建筑物出入口作为过渡点，从而实现室内外一体化的拦截分析。

7.2.4　基于拦截点的警力拦截路径规划

基于路网的时空关联综合路网、警情位置、警力分布、嫌疑人估算速度以及时间这些实体之间的时空关系，将基于路网的警情点、拦截点之间的时空关联分析引入警务实战中，分析嫌疑人、民警、路网之间的关联关系，实现了警力实时动态规划。

传统上，派出所接到警情进行指挥调度时，指挥研判人员会通过警务通或电话派遣方式通知民警到案发地点。这种在不知民警位置、民警与案发地点距离以及民警是否能在第一时间到达现场情况下派遣民警的方式具有一定的盲目性、随意性。民警到达现场时，嫌疑人可能早已逃离现场，不能随着时间推移及时调整警力部署，具有一定的机械性、滞后性。这种出警方式已不能满足现代派出所警务的要求。

警力实时动态规划，涉及路网、警情位置、警力分布、嫌疑人估算速度以及时间这些实体之间的时空关系，如何实时动态规划多个变量之间的时空关系是派出所警务实战中面临的一个难题。通过对变量间的关系分析，发现变量间存在一定的时空关联性，采用路径规划算法，以道路拓扑关系为基础，综合警情位置、警力分布、嫌疑人估算速度这些变量之间的关系，采用红、蓝、紫三层拦截圈的应用模式，根据警情位置，动态展示嫌疑人在一定时间后所有可能逃逸的路径，并在地图上展示其拦截位置，实现警力实时动态规划，如图 7-17 所示。通过地图上展示的民警 GPS 坐标位置、三层拦截圈中拦截点位置以及一定时间后嫌疑人可能出现的位置，指挥研判人员通过短信派遣、电话派遣方式派遣最佳出警民警、最佳拦截民警，直观、高效地实现警力实时动态规划，实现派出所警务的智能化。

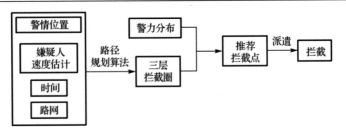

图 7-17　警力实时动态规划路线图

7.3　室内语义关联查询计算

当今社会，人类生活对于室内位置服务的需求日益迫切（朱庆等，2014）。然而，传统空间地理信息系统主要关注室外位置服务，对于室内空间的研究相对较少。随着建筑物结构愈发复杂，为更好地支持人类丰富的室内活动，如何提供室内外一体化的位置服务成为全息位置地图要解决的重要问题（周成虎等，2011）。而室内空间模型则是实现室内位置服务的先决条件和关键所在。目前，室内空间描述模型主要包括几何模型、符号模型等（林雕等，2014）。几何模型以坐标的形式对室内实体进行几何描述，提供丰富的室内几何数据，可作为其他室内空间模型的数据源或用于路径导航和空间分析。符号模型则将室内空间对象表示为带有特定标识的符号元素（林雕等，2014），可用于支持基于简单语义的室内位置查询、范围查询、导航等位置服务，Yang 等采用室内符号模型分别实现室内的范围查询以及 K 邻近查询，Xie 等考虑室内空间距离对室内范围查询进行定义，为高效的距离感知的室内信息查询提供一套完整的技术。对于复杂的室内环境，上述以几何模型及符号模型为基础的室内空间信息查询方式不足以支持复杂的语义查询，例如，查询某建筑物"204 号房间对面办公室及该办公室的老师"。原因有如下两个方面。

（1）几何和符号形式的室内位置坐标信息不足以表达室内丰富的语义信息，例如，室内不同类型功能区域的属性，以及相关人、事、物与室内空间的关系等。

（2）一些室内空间特有且被广泛使用的空间关系表达，例如，"对面""楼上-楼下"等缺乏相应关系描述以及动态计算的支持。

相对于几何模型以及符号模型，面向全息位置地图对室内空间进行语义建模可以对不同类型功能区域的属性及其空间或非空间关系进行描述，为室内复杂语义查询提供基础。这种建模方式通常与本体论相联系（Rabiee et al.，1996）。例如，Yang 等提出室内本体模型服务于室内个性化导航，朱欣焰等则描述室内空间领域本体层不同方面的特性。然而当前针对于标准网络本体语言（ontology web languadge，OWL）的研究还未开展，较多研究集中于对资源描述框架（RDF）的标准查询语言——SPARQL的研究（倪欢等，2006），用于查询访问任何可以映射到 RDF 模型的数据资源。而

GeoSPARQL 则在 SPARQL 语法的基础上进行扩展，包括增加几何体的表示以及几何查询函数，从而提供地理空间信息的表示与查询。目前 GeoSPARQL 语法提供的空间查询函数对于实例空间关系的表达局限于基本拓扑关系如相交、包含、覆盖等，对于室内特有的且广泛应用的空间关系无法表达，如"对面""楼上""楼下"等。针对于当前室内空间信息查询方法中存在的问题，本章首先在本体技术对室内空间相关的人、事、物信息及其关系进行本体建模的基础上（朱欣焰等，2015），扩展了 SPARQL 基本查询语法，设计针对于室内本体查询的查询语言 IndoorSPARQL，以本体类及其属性作为查询原语代表室内空间信息，并设计查询函数实现室内特有空间关系计算。最后设计相应的语言解析工具，实现顾及空间计算的室内复杂语义查询。

7.3.1　室内关联查询语言设计

本章所设计的查询语言 IndoorSPARQL 针对室内空间语义查询，因此，在 IndoorSPARQL 查询语言中采用室内本体模型中的类及其数据属性、对象属性作为查询语句中的基本查询原语。

一个本体概念代表了能被用户和计算机共享的领域知识，本体对概念进行了明确的定义并对它们之间的关系进行了描述（Tsetsos et al.，2006）。本章选择武汉大学测绘遥感信息工程国家重点实验室为研究区域，并采用朱欣焰等所提出的人、事、物本体模型为室内空间建模。该文献首先根据语义认知将室内空间分层抽象为一组本体概念，如"房间""通道""出入口"等。在室内空间本体概念的基础上，设计满足实验室建筑物复杂语义查询的"人、事、物"本体模型。该本体模型描述与室内环境相关的人、事以及建筑物空间对象的各类属性信息，并清晰地表达了本体概念之间的空间与非空间关系。该本体模型所描述的丰富的语义及空间信息可以有力的支持室内复杂语义的空间查询。模型描述两类本体概念：一类为与该建筑物有关的人物本体概念，如教师、学生；另一类为该建筑物室内空间对象本体概念，如楼层、房间（如机房、办公室）等。除此之外，人物本体概念之间的关系及其与建筑物对象本体概念之间的关系通过本体概念的对象属性进行表达。例如，教师与学生之间指导（Teach）与被指导（BeTaugt）的关系，教师与办公室之间拥有（Has_Office）与被拥有（Owned）关系等。同时，本体模型中的每个本体类均拥有描述名称等基本信息的数据属性。

在 IndoorSPARQL 查询语言中，室内本体模型中的本体概念类如"Teacher（教师）""Student（学生）""（ComputerRoom）机房"，以及本体类所拥有的数据属性如"Name（名称）"、对象属性如"Teach（指导）"等均作为查询语言中的查询原语来代表室内空间相关人、事、物的信息及其之间的关系。

图 7-18 所示为利用 IndoorSPARQL 语言进行室内空间语义查询的一个例子。以本体模型中的本体类及其属性作为查询原语，例如，代表办公室的本体类"Office"，以及代表名称的属性"Name"。以计算"对面"关系的查询函数"Opposite"来约束本体实例的空间关系。这里以此为例对 IndoorSPARQL 查询语言的基本语法进行介绍。

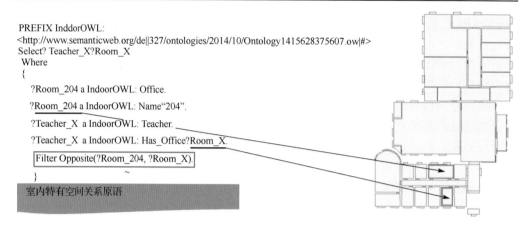

```
PREFIX InddorOWL:
<http://www.semanticweb.org/de||327/ontologies/2014/10/Ontology1415628375607.ow|#>
Select? Teacher_X?Room_X
 Where
 {
    ?Room_204 a IndoorOWL: Office.
    ?Room_204 a IndoorOWL: Name"204".
    ?Teacher_X  a IndoorOWL: Teacher.
    ?Teacher_X  a IndoorOWL: Has_Office?Room_X.
    Filter Opposite(?Room_204, ?Room_X).
 }                            ~
室内特有空间关系原语
```

图 7-18　查询 204 办公室对面的办公室及该办公室的老师

1. IRI 语法

IRI 在本体知识中，代表本体实例的资源地址；在 IndoorSPARQL 查询语言中，利用关键字"PREFIX"定义 IRI 前缀的缩写。同时可以利用关键字 BASE 代表根 IRI，其他以此为根的 IRI 可以写成相对形式。例如，同一个 IRI 在查询语言中有如下 3 种表达方式：

```
(1)<http://example.org/building/building1>
(2)BASE < http://example.org/building/>
   <building1>
(3)PREFIX building: <http://example.org/book/>;
   building:building1
```

2. 查询文字语法

在本体查询中，可以使用查询文字来表达或者约束本体概念所具有的数据属性。查询术语有可能是字符串类型、数字类型或者布尔类型变量，例如，查询语句?Room_204 IndoorOWL:Name "204".中，以字符串"204"表示变量，"? Room_204"所代表的本体实例的"Name"数据属性值为"204"。

3. 查询变量语法

在查询语句中，使用字符"?"或者"$"标识查询变量，但是标识字符不属于变量的一部分；例如，"?Teacher_X""?Room_X"等分别代表"教师""办公室"本体类实例。

4. 三元组语法

本体模型描述了本体概念的属性及其关系，在 IndoorSPARQL 查询语言中，采用查询变量可以代表某一类本体实例或其对象属性，采用查询文字可以表示实例的数据属性，而三元组语句则可以表达实例与对象属性、数据属性之间以及本体实例之间的关系，从而对变量所代表的实例或属性等进行描述为变量赋值。

三元组语句，由主语、谓语、宾语 3 部分组成，变量可以出现在主语或者宾语部分，宾语部分既可以为查询文字，也可以为变量。而谓语部分则代表主语与宾语之间即实例与对象属性、数据属性之间的某种关系。三元组查询语句是室内本体查询语句的主要组成部分，它表达了变量之间的关系，对查询范围进行限定。例如，查询三元组语句"?Teacher_X IndoorOWL:Has_Office ?Room_X."，图 7-19 表示该语句的组成部分。

图 7-19　三元组语句示例

5. Filter 约束语句语法

三元组语句描述实例与其数据属性、对象属性之间的关系，但有时在进行查询时，希望对实例的属性值进行约束从而过滤变量，限制查询的结果。除此之外，对于需要通过计算来获取的空间关系表达，同样可以利用 Filter 语句来对实例间的关系进行约束。Filter 语句的约束条件是对布尔值进行计算的逻辑表达式，表达式包括"&&""‖"等逻辑操作符，以及计算室内空间关系的查询函数。例如，"Filter Opposite(?Room_X, ?Room_Zhu)."语句，采用查询函数"Opposite()"对变量"?Room_X""?Room_Zhu"所代表房间实例的"对面"关系进行判定与约束，从而对变量进行过滤。针对不同空间关系的定义，应当实现不同的查询函数。本章面向室内本体概念采用几何计算的方式提供一种空间关系的计算。

6. 查询形式

在 IndoorSPARQL 本体查询语言中，标准查询由 Select、From、Where 3 部分构成。

Select 关键字代表标准查询，返回与查询变量绑定的值。From 是一个可选的子句，它提供了要查询的数据集地址。Where 关键字代表查询逻辑中的约束集，由一组三元组语句以及 Filter 约束语句构成。

7.3.2　室内空间关系计算

在 SPARQL 的扩展查询语言 GeoSPARQL 中，空间关系查询函数提供了对于几何对象基本拓扑关系的计算，例如，函数 ogcf:intersection 计算出几何体对象之间相交的部分、函数 ogcf:boundary 计算几何体对象的边界几何体等，但是对于人类日常生活中应用广泛的对室内空间关系的表达，如"对面""楼上""楼下"等，在当前的室内查询语言以及查询方式中是被忽略的。因此，为满足人类丰富的室内活动，针对室内环境特征，本章面向室内本体概念实现 4 种室内特有的空间关系的定义以及计算，分别表达室内空间本体概念之间的"对面关系""楼上-楼下关系""邻接关系""包含关系"，同时，将 4 种室内空间关系的计算定义为语言 IndoorSPARQL 中的查询函数，通过空间计算对本体实例之间的空间关系进行约束。IndoorSPARQL 语言中扩展的空间关系查询函数及其对应的描述如表 7-1 所示。

表 7-1　室内空间关系查询函数

查询函数	描述
private boolean Opposite(String iri1, String iri2)	判断两个本体实例是否存在"对面"关系
private boolean DownStairs(String iri1,String iri2)	判断 iri2 代表的本体实例是否在 iri1 代表的本体实例的楼下
private boolean UpStairs(String iri1,String iri2)	判断 iri2 代表的本体实例是否在 iri1 代表的本体实例的楼上
private boolean Adjacent(String iri1, String iri2)	判断两个本体实例是否有相邻的关系
private boolean Contain(String iri1, String iri2)	判断 iri1 代表的本体实例是否包含 iri2 代表的本体实例

根据对室内空间关系不同的定义应当利用不同的空间关系计算方式来实现 IndoorSPARQL 语言中的查询函数。在实现部分，本章采用基本几何计算的方式实现查询函数。这里，以对面关系为例介绍其定义及对应的几何计算方式。

1. 定义

以"大厅""走廊"等水平通道概念作为第三方参照物，即当两个功能区域的出入口属于同一个走廊或者大厅，且出入口连线与所在走廊/大厅方向呈一定角度时，说明这两个功能区域符合本章所定义的"对面"关系。

2. 约束条件

基于室内空间本体模型，两个室内空间对象"对面"关系的存在，应当基于一定的约束条件：

（1）空间对象属于同一楼层；

（2）对面概念只针对于空间对象具有出入口的一侧；

（3）两个空间对象"对面"关系的存在一定以第三方对象作为参照物。

满足以上约束条件的"对面"关系具有实际意义。对于第三个约束，本章定义"对面"关系的第三方参照物为本体模型中通道类（Passage）下的子类——水平通道类，即以"走廊""大厅"等作为第三方参照物来判断两个空间对象之间是否存在"对面"关系，这样的定义符合人类对室内特有建筑物结构的空间关系的认知。

3. 计算方式

根据"对面"关系的约束条件以及定义，本章采用如图 7-20 所示的计算流程实现两个本体实例之间"对面"关系的计算判断。

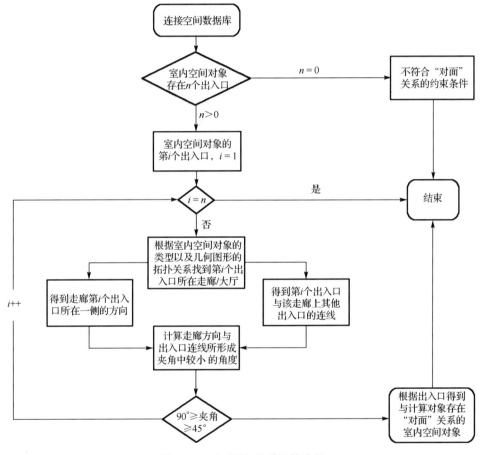

图 7-20　"对面"关系计算流程

根据"对面"关系的约束条件以及定义，计算房间 roomID 符合"对面"关系的空间对象主要过程可以大致分为以下几个步骤：找到房间 roomID 所在的走廊；找到在同一走廊的所有房间；计算房间 roomID 所在走廊一侧的方向；计算房间 roomID 与其他房间出入口的连线的方向，判断与走廊方向的夹角是否满足"对面"关系条件。如下为实现"对面"关系计算的伪代码。

算法 oppositeRoom(String roomID)伪代码

输入：roomID：室内空间对象在空间数据库中存储的 ID
输出：List<String>：与 ID 为 roomID 的对象符合对面关系的空间对象的 ID 列表

```
room_IDs = List /*对面关系计算结果列表*/
door_IDs= found_doors(roomID) /*找到房间 room_IDs 的所有出入口对象的 ID 列表*/
cooridor_ID=found_cooridor(roomID) /*找到房间 roomID 所在走廊的 ID*/
candidate_IDs = found_rooms(cooridor_ID) /*找到走廊上所有房间作为候选结果*/
for each door_id in door_IDs do
    cooridor_dir = cooridor_direction(cooridor_ID,roomID) /*计算走廊
cooridor_ID 的出入口 door_id 所在一侧的方向*/
    for each candidate_id in candidate_IDs do
        connect_dir = connectline_direction(roomID, candidate_id) /*计算
两个房间对象出入口连接线的方向*/
        angle = cooridor_dir - connect_dir
        if angle < 0 then
        angle = angle + 360
        If angle > 180 then
        angle = 360 - angle
        if angle >= 45
            if angle <= 135 then
                    room_IDs.add(connect_dir)
```

　　计算房间的出入口及其所在的走廊或者走廊上的房间，采用室内对象类型判断以及基本拓扑关系判断的方式，即存储在空间数据库中代表室内空间对象的几何图形满足邻接拓扑关系。计算走廊的某个出入口所在一侧的方向时，遍历代表走廊的几何图形的所有线对象，计算出入口的几何图形存在拓扑邻接关系的线对象的方向。

7.3.3　室内语义关联查询实验

　　本章采用的实验区域为测绘遥感信息工程国家重点实验室实验楼，基于朱欣焰等所设计的室内本体人、事、物关系模型，利用 Protégé 软件对该室内空间以及人事物信息进行实例录入构成查询本体实例集合。包括实验室部分办公室、机房等房间实例，实验室部分教师、学生等实例；以及本体关系模型中所描述的人、物等实例之间的关系。利用本章所涉及的自定义本体查询语言 IndoorSPARQL，实现对该建筑物的复杂语义查询，最后将查询结果进行可视化。如下为两个查询实例，分别查询"206 房间对面办公室及该办公室的老师"以及"学生韩会鹏所在机房隔壁的机房以及该机房的学生"。

示例一：查询 206 房间对面的办公室及该办公室的老师

```
PREFIX IndoorOWL:
<http://www.semanticweb.org/dell327/ontologies/2014/10/Ontology14156
28375607.owl#>
    Select ?Teacher_X ?Room_X
    Where
      {
          ?Room_206  a  IndoorOWL:Office .
    ?Room_206  IndoorOWL:Name "206" .
    ?Teacher_X  a  IndoorOWL:Teacher .
    ?Teacher_X  IndoorOWL:Has_Office ?Room_X .
          Filter Opposite(?Room_206, ? Room_X) .
      }
```

如图 7-21 所示，查询结果包括，在实验室建筑物二维地图中高亮显示的 205 办公室，它位于 206 房间的对面。以及在左侧查询面板中显示的该办公室的老师信息。该查询的可视化结果显示，以上查询语句可以准确地获取与 206 房间具有"对面关系"的房间实例 205，以及与 205 房间具有"所属关系"的教师实例。

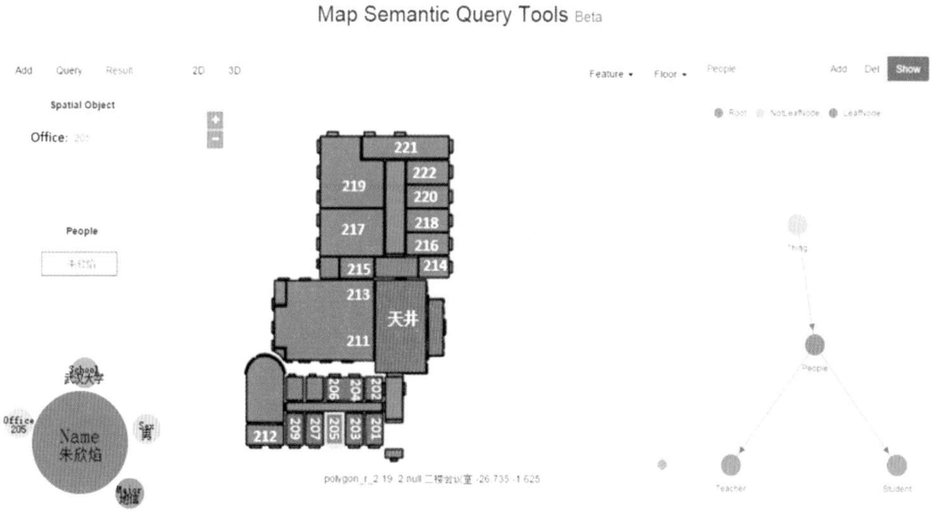

图 7-21　示例一查询结果

示例二：查询学生韩会鹏所在机房隔壁的机房以及该机房的学生

```
PREFIX IndoorOWL: <http://www.semanticweb.org/dell327/ontologies/
2014/10/Ontology1415628375607.owl#>
Select ?Room_X ?Student_X
```

```
Where
{
?Student_han a IndoorOWL:Student .
?Student_han IndoorOWL:Name "韩会鹏" .
?Student_han IndoorOWL: Locate_ComputerRoom ?Room_han .
?Room_X a IndoorOWL:ComputerRoom .
?Room_X IndoorOWL:Has_Student ?Student_X .
FILTER (Opposite(?Room_han,?Room_X)) .
}
```

如图 7-22 查询结果信息所示，韩会鹏同学所在机房为 325 机房，隔壁机房为 327 机房，高亮显示在建筑物二维模型中，以及该机房的杨龙龙等学生信息显示在界面左侧的面板中。该查询的可视化结果显示，以上查询语句可以准确地获取与某学生具有"所在"关系的机房实例，以及与该机房具有"相邻关系"的其他机房实例。

图 7-22　示例二查询结果

7.4　位置关联模型

位置关联模型是在语义位置模型基础上，实现位置之间的动态关联，进而建立与位置相关人、物、事之间的关联关系。在全息位置地图中，位置关联主要包括单对象位置关系、个体间关联关系和群体关联模式 3 个层次，如图 7-23 所示。

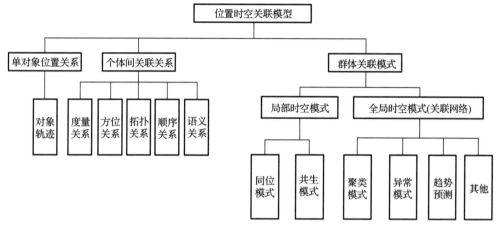

图 7-23　位置时空关联模型

单对象位置关系是不同空间位置相关的位置对象属于同一空间对象，这些空间位置形成单个空间对象的运动轨迹。例如，若干公交站点在地理空间上呈现离散分布，但是各个站点均与同一公交车对象相关，因此这些站点具有单对象位置关系，形成公交车对象的运动轨迹。

个体间关联关系是两个位置对象的语义位置在空间和语义方面具有的关联关系。个体间空间关系主要包括度量关系、方位关系、拓扑关系和顺序关系，语义关系包括连通语义、隶属关系、因果关系、部分-整体语义等。

群体关联模式是多个位置对象的语义位置作为整体在局部尺度或全局尺度上呈现的时空分布模式，包括同位模式、共生模式、聚类模式、异常模式等。

7.5　犯罪数据时空关联分析

从时空的角度而言，犯罪事件的发生具有一定的时空关联性，由此表现出时空分布规律。目前，国内针对犯罪地理学的理论研究还在发展当中，在实际应用中，研判分析手段多为依靠研判人员个人经验，被动式地总结规律。对积累的犯罪数据中蕴涵的犯罪时空关联信息未能高效有组织地利用，使得研判工作对实际警务的指导能力和定向打击的支持能力不足。从时间、空间、时空交互三个维度看，目前的研判分析存在以下不足。

在时间维，对犯罪时间分布规律的研究集中于使用犯罪案件发生总量、单位时间犯罪案件平均发生量或频率等统计量，这些统计量包含的犯罪时间分布特征信息较少，也难以反映出犯罪时间的实际分布规律。

在空间维，集中在犯罪热点分析方面，在国内警务工作中，常见的热点性质描述包括犯罪高发区域、犯罪高发时段、犯罪高发类型。目前通常是对一定研究地区内和一定时间单元内的犯罪案件总量进行统计并进行同比、环比的对比分析，从而得到具体的犯罪高发时段。对犯罪热点类型的分析，通常是统计一定研究地区及一定时间区间内不同类型的犯罪案件总量，然后对得到的统计结果进行对比分析，从而得出某个犯罪高发类型。而对于犯罪热点区域的分析，一般通过统计不同管辖区域内的犯罪案件总量来对比分析得出某些犯罪案件高发区域，但这种高发区域受到地理学中的可变区域单元问题影响，且并不能突破警方固定的管理辖区单元的限制。

在时空维，目前的犯罪案件分析方法多将案件的时间和空间信息割裂开来，并未利用案件的时空关联信息来辅助案件的时空发案及分布规律的挖掘。

本章后面几节重点研究犯罪案件的时空位置关联分析方法，将犯罪案件抽象为时空点对象或区域时空统计指标对象，把犯罪问题的研究转换为针对时空点过程和时空面数据过程及其内在机理的研究，其目的是将过程中的时空规律和时空异常部分识别提取出来，利用时空规律进行针对性的警务防范，对时空异常部分进行预警。犯罪时空特征分析目前在我国研究较少，特别是应用层面。一方面由于犯罪数据的保密性，更重要的一方面是还缺少犯罪时空特征分析在实战中的应用和检验，未能体现出大量犯罪时空数据所蕴涵的价值。因此，本节将基于武汉市犯罪数据，通过建立犯罪事件的时空统计分析框架，挖掘重要犯罪类型案件的时空分布模式和变化规律，重点实现对案件时空分布聚集特征的识别和表达，为犯罪防控决策提供科学参考，提升时空分析方法的实际应用价值。

7.5.1　犯罪时空数据分析框架

将具有时空属性的犯罪案件点视为时空点过程，或者经过分区域统计后视为时空面板数据，犯罪时空分布模式识别即从整体上研究犯罪的时空分布特征，反映犯罪在时空上是否存在聚集现象及其聚集程度和分布趋势等。可综合采用时间、空间和时空联合的分析方法进行分析。本节介绍时间、空间以及时空分析方法在犯罪热点分析中的应用，并着重于时空维的联合分析。

在时空联合分析中首先需要把握案件的聚集特性，如果案件呈现出聚集性，那么可以进一步分析案件的时空聚集区域，即案件的"热点"。对于热点的定义不同，热点所呈现的方式和结果也不相同。本节从两个角度分析案件的局部时空热点：①从时空点过程的角度，时空热点表现为案件点在时空范围内聚集的区域，在区域内的案件发生频数要显著高于其他子区域；②从区域统计数据的角度，通过统计每个社区在不同时段的犯罪率，时空热点表现为高犯罪率社区聚集的区域和时段。前者从案件纯粹的时空位置出发定义，得到的热点范围可以突破行政区域大小即可变单元的限制，但不容易融合考虑社会经济背景因素，后者采用区域的统计指标结合区域之间的时空关系进行定义，由于采用区域的融合指标，损失了一部分案件的时空位置精度信息，但热点结果有天然行政边界，有利于区域的比较和管理。

针对犯罪时空热点分四部分进行分析。第一部分对案件整体聚集性进行检验，利用时空聚集性检验方法 Knox 指数法和空间 K 函数检验案件整体是否存在时空聚集现象，对时空聚集程度进行量化评估，并对该现象的成因结合现有的犯罪分析理论进行初步探讨。第二部分为局部时空热点识别和可视化分析。首先从时空点过程的角度，采用层次聚类（spatio-temporal analysis of crime，STAC）方法和核密度估计法对社区级别的时空热点进行识别与可视化。最后在热点可视化的基础上进行热点成因探讨，分析各区域发案率与社会人口等要素之间的关系。第三部分为时空案件链分析，从案件时空关联的角度探索案件在时空上扩散的过程，也从侧面反映了案件的时空热点分布。第四部分对区域犯罪率进行时空关联分析，采用时空贝叶斯方法，建立广义空间自回归模型，考虑区域的人口、就业率等相关因素对犯罪率的影响以及时间、空间变异性，同时分析犯罪率的时间、空间分布规律和趋势。整体流程如图 7-24 所示。

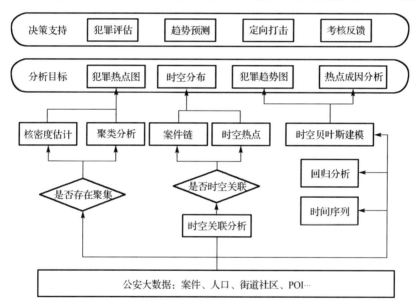

图 7-24　犯罪时空数据分析框架

7.5.2　案件总体时空交互性检验

对案件进行时空热点分析，首先需要从宏观层面了解案件的整体分布模式，其潜在含义是分析案件点在时空区域内相互之间的作用关系。将附带有时空属性的案件点及其分布区域抽象为时空点过程，应用时空点过程模式挖掘的方法可对案件之间时空交互的模式进行检验并对交互程度给出量化的评估方式。

时空点过程是空间点过程的三维拓展，与空间点过程类似，时空点过程具有两个基本性质：一阶点过程强度（intensity）和二阶点过程交互性（interaction）。点过程强

度 λ 描述案件点在时空区域内任何一点发生的局部密度，表现为单位时空单元内发生的案件数量：

$$\lambda(u, v) = \lim_{ds \to 0} \frac{E(N(ds))}{ds} \qquad （7-2）$$

其中，ds 代表以（u, v）点为中心的时空区域。

根据点过程强度不同，点过程可分为均匀泊松过程（点在时空域内的分布强度处处相同）和非均匀过程（点过程强度是时空位置的函数，其值随时空位置变化而变化）。时空点过程的总体分布模式由其二阶特性决定：均匀泊松过程中案件点之间没有相互影响，称为随机模式（randomness pattern）；若案件点之间存在时空吸引，则表现为聚集模式（clustering pattern）；若案件之间存在时空排斥，则表现为规则模式（regularity pattern）。根据犯罪学研究和国内外针对入室盗窃案件和偷车案件的分析（Youstin, 2011）表明，犯罪案件往往表现出聚集模式，故本书讨论的重点是点过程的聚集模式。案件时空聚集表现为在空间上接近的案件，在时间上也有接近的趋势。常见的时空检验指标有 Knox 指数、Mantel 指数，用单一的指标数值来判断时空聚集性虽然方便易行，但无法体现出时空点过程聚集程度随时空尺度变化的特征，因而常使用时空聚集判别函数的方法进行判别，判别函数作为时空距离的函数，包含了尺度信息，可以判断在不同的时空尺度下时空聚集的程度。时空判别函数主要有 K 函数、G 函数、F 函数及其各种改进类型等。本书采用改进的时空 K 函数方法对两类犯罪的时空聚集性进行检验。

1. 时空聚集性检验——Knox 指数法

案件的重复和近重复的实证研究产生了十分有前景的理论发现，研究者一致认可这一发现在政策应用方面的巨大潜力。重复与近重复研究始于入室盗窃案件的时空关联分析，重复和近重复研究传递了一个重要信息：在一定时空尺度内，过去的入室盗窃犯罪对未来的犯罪是有预测性的。对基于分析区域内的案件时空信息进行重复和近重复模式分析后，可以更为科学地预测犯罪"传染"的具体时空尺度、风险水平以及机制，从而更好地指导犯罪预防的工作。通过衡量犯罪风险传播在时间和空间上的衰变过程，警务人员可以获取案件的时空分布并定量衡量不同空间区域的案件风险程度。综合考虑时间、空间、案件之间的相互作用下，公安部门可以制订合理的警力资源调配措施，实现对管辖范围内针对入室盗窃案件的差异化精细管理，从而将有限的警力资源进行效率最大化的分配。

相近重复分析方法通过划分时空网格，统计所有已发案件之间形成的时空案件对在网格中的分布情况判断入室盗窃案件对是否存在空间上相近同时在时间上也趋于相近的现象，即是否存在时空聚集。时空聚集的显著性和显著程度以及相近重复风险值通过对事件随机分布这个零假设的比较得出，零假设条件下的分布采用蒙特卡罗模拟生成。该时空分析模型得到的风险值用于量化新发案件周边再次发生同类案件的风险水平。其具体流程如图 7-25 所示。

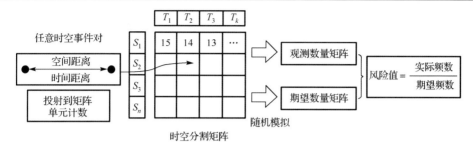

图 7-25　重复及相近重复模式分析方法示意图

利用重复与近重复的研究成果，可建立一个"层级式"的预警模式。具体而言，当对城市整体的入室盗窃进行重复和近重复分析后，可得到入室盗窃在城市范围内的传播风险时空尺度（X 天与 Y 米）和水平（Z%）。当在城市的各个局部区域进行类似分析后，可以得到一系列时间参数（$X_1, X_2, X_3, \cdots, X_n$）和空间参数（$Y_1, Y_2, Y_3, \cdots, Y_n$），以及风险参数矩阵，如表 7-2 所示。另外，在局部分析中定位具体的引发盗窃事件集中的地点和地点群。经过这种由宏观到微观的纵向的分析，可得到一个对风险地点基于风险性的优先排列。当对所有上述指标结合城市局部的环境性因素进行综合的风险评估后，对评估结果进行排列并在地图上标出一个城市不同地点的不同的预警级别。当实时的入室盗窃数据和该预警分析系统相连接后，地理化的预警级别也会随着城市每发生一起新的入室盗窃而被重新计算，从而能在任何一个时间点上进行科学的动态犯罪预防，指导合适警力资源在预警地点和时间段进行巡逻活动。

表 7-2　时空风险参数

空间距离/米	时间距离/天				
	$0 - X_1$	$X_1 - X_2$	$\cdots$	$X_{n-1} - X_n$	X_n+
同一地点	$Z_{0,0}$%	$Z_{0,1}$%		$Z_{0,n-1}$%	$Z_{0,n}$%
$1 - Y_1$	$Z_{1,0}$%	$Z_{1,1}$%		$Z_{1,n-1}$%	$Z_{1,n}$%
$Y_1 - Y_2$	$Z_{2,0}$%	$Z_{2,1}$%		$Z_{2,n-1}$%	$Z_{2,n}$%
$\vdots$	$\vdots$	$\vdots$		$\vdots$	$\vdots$
$Y_{n-1} - Y_n$	$Z_{n-1,0}$%	$Z_{n-1,1}$%		$Z_{n-1,n-1}$%	$Z_{n-1,n}$%
Y_n+	$Z_{n,0}$%	$Z_{n,1}$%		$Z_{n,n-1}$%	$Z_{n,n}$%

另外，入室盗窃事件未破案件多，其中系列案件所占比例大。对系列案件进行串联合并，减少重复侦查，可以降低破案成本，节约侦查的人力、物力和财力。现存的串并案一般是根据已发案件的某些特征，到案件数据中进行"碰撞"，找到具有相同对象或属性信息的案件，将其串并在一起。但是这种模糊匹配通常效率和准确度较低，还需要大量的人工排查。在现今"信息化"的框架下，如何利用科技化手段来降低破案成本，提高盗窃分子的犯罪成本，是一个重大的实践问题。目前系列案件的串并主要是指把不同的多起案件，通过对案件中发现的各种痕迹、线索进行分析，认为这些案件可能为同一犯罪主体所为，进而进行合并侦查。从案件之间的时空关联性的角度，

时间和地点这两个因素，并没有被充分地运用在串并案的工作中。与重复和近重复现象在犯罪预防中的应用一样，其在侦查中的应用同样要求对局部微观的犯罪数据进行分析，发现具体的犯罪风险的时空规律性。不同点在于侦查工作需根据在重复和近重复中发现的规律性来回溯式分析当下的入室盗窃和以往的事件存在串并案的可能。系列案件在时空坐标上的分布情况是一种重要的犯罪时空情报，可更好地用于指引关联信息侦查。目前已知入室盗窃存在稳定的近时空聚集现象，以及这些近时空聚集的入室盗窃更可能为同一人或者同一盗窃团伙所为。这些先验知识有助于科学地指导侦查工作，提高串并案正确率和减少漏案。

2. 时空交互性检验——时空 K 函数

在空间 K 函数的基础上，Diggle 提出了扩展的时空 K 函数来检验时空点过程的聚集性：

$$K(u,v) = \frac{1}{\lambda} E\big(N(u,v)\big) \tag{7-3}$$

其中，$N(u, v)$ 代表研究区域内任意一个以 u 为底圆半径、v 为高的时空圆柱体内所包含的事件点数量；λ 为时空点过程的一阶点过程平均强度。当时空点过程为随机分布模式时，无时空交互的假设成立：

$$K(u,v) = K_1(u)K_2(v) \tag{7-4}$$

其中，$K_1(u)$ 和 $K_2(v)$ 分别代表空间维的 K 函数和时间维的 K 函数。$\lambda_1 = \lambda \,|\, T |$，$\lambda_2 = \lambda \,|\, S |$ 分别代表单独的空间和时间点过程强度。其中，空间 K 函数和时间 K 函数的估计方法如下：

$$\hat{K}_1(u) = \big(n(n-1)\big)^{-1} \,|A|\, T \sum_{i=1}^{n}\sum_{j\neq i} w_{ij}^{-1} \left|\left\{ x_j : d_s(x_j,x_i) \leq u, d_t(x_j,x_i) \leq v \right\}\right| \tag{7-5}$$

$$\hat{K}_2(v) = \big(n(n-1)\big)^{-1} \, T \sum_{i=1}^{n}\sum_{j\neq i} v_{ij}^{-1} \left|\left\{ x_j : d_t(x_j,x_i) \leq v \right\}\right| \tag{7-6}$$

其中，T 为时空区域的时间范围长度；$d_s(x_j,x_i)$ 和 $d_t(x_j,x_i)$ 分别代表时空域中两点之间的空间距离和时间距离；u 和 v 分别代表空间和时间维的边界矫正因子。为了评估事件点时空交互的程度，在时空 K 函数的基础上可进一步构造 D 函数对由时空交互引起的聚集效应进行量化：

$$\hat{D}_2(u,v) = \frac{\hat{K}(u,v) - \hat{K}_1(u)\hat{K}_2(v)}{\hat{K}_1(u)\hat{K}_2(v)} \tag{7-7}$$

时空 K 函数在无时空交互情况下可分解为单纯时间和空间 K 函数的乘积，代表随机模式下的期望事件点期望值，对应 D 函数值期望为 0。若存在由时空交互引起的聚集，排除单纯的时间和空间效应后，D 函数应大于 0。故 $\hat{D}_0(u,v)$ 代表了由时空交互引起的超过随机期望数量的比例，换言之，可定义为由时空聚集而提升的过量风险。

D 函数所代表的时空聚集显著性检验可利用类似于残差诊断的方式进行初步的判断，再采用蒙特卡罗模拟的方式给出伪随机 P 值检验。其计算步骤如下：

（1）根据残差计算公式 $\hat{R}(u,v) = \hat{D}_0(u,v) / \sqrt{\mathrm{Var}\left(\hat{D}_0(u,v)\right)}$ 得到标准化残差（ $\mathrm{Var}(\cdot)$ 代表方差）；

（2）以 $\hat{R}(u,v)$ 为纵轴， $\hat{K}_1(u)\hat{K}_2(v)$ 为横轴绘制标准化残差散点图；

（3）根据残差图表现出的特征进行初步判断是否存在时空聚集。

构造检验整体时空分布的统计量，对该统计量进行蒙特卡罗随机模拟如 999 次，比较真实值与模拟得到的抽样分布，若真实值显著地大于随机模拟的最大值，则在 0.001 的显著性水平下判断存在统计显著的时空聚集。

3. 案件总体时空交互性分析实验

1）Knox 风险指数分析

以武汉市武昌区 2013 年 1～8 月入室盗窃案件为例，进行 Knox 风险指数的时空关联分析。考虑到武昌区的人口密度，时空聚集性检验选用 100m 作为基本的距离单位，7 天作为基本时间单位，并使用 Manhattan 距离（两点间的网格距离），以及 999 次蒙特卡罗模拟。结果如表 7-3 所示。它包括了每一个时空带的时空聚集现象（入室盗窃近重复风险）的统计显著性和风险水平。显著性代表特定的时空区间内是否存在统计上显著的入室盗窃的态势，而每个格子里的数值则表示特定的时空区间内入室盗窃的风险水平，数值越大表示再次发生入室盗窃的风险水平越高。例如，在表 7-3 的左上端，数值 1.337 表示当武汉市武昌区某一地点发生一起入室盗窃事件后的 7 天内，在该地点周边 0～100m 范围内再次发生入室盗窃事件的风险比该地区平均入室盗窃风险高 33.7%。从整体来看，可以看见表格的风险值展现了一个清晰的时空衰减态势。风险值较高的范围为 700m、21 天内。

表 7-3　武昌区 2013 年 1～8 月入室盗窃风险值时空分布

	0～7 天	8～14 天	15～21 天	22～28 天	29～35 天	大于 35 天
0～100m	**1.337**	1.285	**1.343**	1.316	1.308	0.814
101～200m	**1.259**	**1.357**	1.203	1.082	0.739	0.916
201～300m	**1.204**	1.178	1.065	1.153	0.975	0.93
301～400m	**1.29**	0.959	1.078	1.042	1.082	0.946
401～500m	**1.179**	**1.243**	1.017	1.069	0.976	0.941
501～600m	**1.232**	**1.175**	0.929	1.045	**1.233**	0.929
601～700m	1.137	1.089	1.015	1.026	1.061	0.961
701～800m	**1.174**	1.072	0.893	0.866	0.952	1.002
801～900m	1.023	0.945	0.895	0.95	0.97	1.025
901～1000m	0.998	0.839	0.95	1.161	0.884	1.02
大于 1000m	0.993	0.996	1	0.998	**1**	**1.002**

注：加粗字体代表显著性

此外根据风险值较高的时空范围定义近重复案件对，通过空间热点可视化方法展现时空相近案件的聚集区域，如图7-26所示。针对该部分案件热点的防控，理论上可以起到抑制入室盗窃犯罪近重复犯罪的发生，从而起到预防的作用。

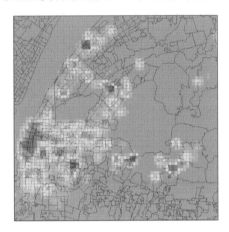

图7-26　近重复（时空相近）案件的聚集热点

2）时空 D 函数分析

图 7-27 展示了江岸区入室盗窃案件时空聚集性检验的结果。图 7-27(a)为残差诊断图，其中残差整体向上偏离 95%置信区间的上限值 2，表明存在时空聚集现象。图 7-27(b)为 999 次蒙特卡罗模拟结果的频数统计柱状图，u_1 位于右侧且明显偏离总体抽样分布，在样本值排序后为最大值，说明在 0.001 的显著性水平下江岸区入室盗窃犯罪存在统计显著的时空聚集现象。

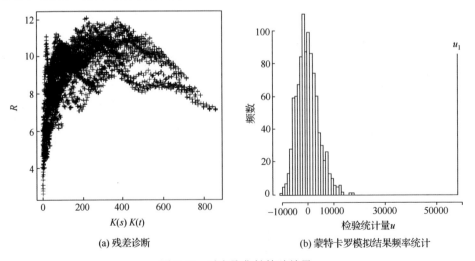

(a) 残差诊断　　　　　　　　　　(b) 蒙特卡罗模拟结果频率统计

图7-27　时空聚集性检验结果

图 7-28 展示了代表时空聚集引起的过量风险 $\hat{D}_0(u,v)$ 的计算结果。$\hat{D}_0(u,v)$ 在局部区域有所波动，但总体上随着时间距离和空间距离的增加而减小，这表明时空聚集现象集中在近时空区域内，聚集程度总体上呈现出一种明显的时空衰减趋势。对入室盗窃犯罪而言，近时空范围的时空聚集意味着一起入室盗窃案件发生后，在其周边地区短时间内再次发生入室盗窃的风险增加，这也验证了江岸区入室盗窃犯罪存在重复和相近重复现象。

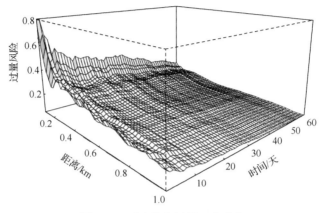

图 7-28　时空聚集过量风险分布

表 7-4 列举了一些特定时空范围组合下呈现的过量风险值。可以看到，100m 和 7 天范围内的时空过量风险达到了 52%，代表在这一时空尺度下再次发生入室盗窃案件的风险比该地区平均水平高出 52%。当时空范围扩展到 800m 和 42 天之后时空过量风险降低到了 10% 以下。时空过量风险值较高的时空尺度能够为入室盗窃案件的防控和巡逻范围提供一定的科学参考。

表 7-4　时空聚集过量风险值表

空间距离/m	时间距离/天							
	7	14	21	28	35	42	49	56
100	52%	45%	42%	40%	35%	32%	26%	23%
200	29%	24%	25%	23%	19%	20%	17%	16%
400	24%	19%	18%	17%	15%	14%	13%	11%
600	20%	15%	15%	14%	13%	12%	11%	9%
800	17%	14%	13%	12%	10%	10%	9%	8%
1000	13%	10%	9%	8%	7%	7%	6%	5%

在对入室盗窃案件的环境犯罪学研究中，该现象的内在解释机制主要有两种。一种为"旗帜说"（flag thesis），从被盗地点本身及其周边环境所固有的特质出发，如位

于冷僻区位、较少居民活动并且自然监控较差的住宅，其本身具备入室盗窃的吸引力，从而导致该处相较于其他地方更容易频繁被盗。另一种学说为"推促说"（boost thesis），从犯罪人的角度出发，其在盗窃一处特定目标后，由于对环境的熟悉，更容易在短期内返回该处重复或在周边作案。对于两种学说的验证还需要结合嫌疑人的历史犯案信息进行。

重复和近重复的实证研究具有很客观的政策应用前景，该现象传递了一种重要信息即在一定的时空尺度内，过去的犯罪对将来的犯罪具有预测性。对基于历史数据的分析可以更为科学地预测犯罪风险传播的具体时空尺度、风险水平以及机制，从而更好地指导犯罪预防工作。

7.6 局部时空案件热点分析

近重复案件的空间热点在一定程度上表达了在整个研究时段内时空聚集案件的空间分布情况，聚集区域可作为近重复犯罪风险较高的待防控区域。但仅在空间层面表达时空热点是不全面的，犯罪热点是时间和空间相互作用产生的结果，研究历史案件聚集区域在时空维的分布，对于确定空间热点在时间维的演化情况，掌握犯罪活动时空分布规律具有重要意义。本节采用分时间片空间核密度估计法和时空重排扫描统计量方法（space-time permutation scan statistic，STPSS）对案件的局部时空热点进行探测分析。

7.6.1 分时间片空间核密度估计

时空热点研究的直观方式是将时间进行分段，然后研究各时间段上空间热点随时间的动态变化情况。常用的时间段的选择有自然周期年月日以及季度。根据分析的时间粒度需要进行调整。该方法能直接反应空间热点的转移情况，有助于研究空间热点的稳定性。

核密度估计法（kernel density estimation, KDE）是一种通过离散点获取区域内点密度平滑估计值的插值方法。通常采用分级设色图的方式来表现连续密度曲面结果。记 $\{s_i\}_j^n$ 为研究区域 $S \subset R^2$ 内案件点位置，则在研究区域内任意一点 s 的核密度估计值为（Sheather，1991）

$$\lambda(s) = \sum_{i=1}^{n} \frac{1}{\pi r^2} k\left(\frac{d_{is}}{r}\right) \qquad (7\text{-}8)$$

其中，n 为研究区域内案件点的数量；d_{is} 为待估计点 s 到其他点 i 的距离；k 为核函数，决定了计算待估计点密度时，根据距离给周围点赋予的权重；r 为带宽参数，决定了核函数的影响范围，并间接决定密度曲面平滑程度。当带宽增大时，核函数影响范围增加，计算待估计点密度值时考虑的周围点数量增多，导致密度曲面趋于平滑。可以通过经验设定带宽来适应不同级别热点显示的需要。

核密度图能够平滑地反映空间热点的分布情况，但热点的平滑程度受到带宽参数的影响。带宽过小反映出的热点细节多，但凸显不出较大尺度热点才能体现的规律性。带宽过大也会导致细节的淹没，使结果过于宏观。因此根据社区的尺度以及案件在空间上的聚集尺度经验的设定核密度带宽为 500m，核函数为 2 次核函数（quadratic kernel）。按月对两类案件的空间热点进行核密度估计并可视化，核密度估计方法采用 arcGIS 的空间分析模块中的 kernel density 方法实现。

图 7-29 为盗窃电动车案件 1～8 月空间热点分布结果。整体而言，盗窃电动车类案件的空间分布较为稳定。稳定热点集中在江汉区北部的汉兴街常二社区、常三社区、华苑里社区及其周边以及南部的民意街、前进街一带。北部聚集区域为小区住宅密集区域，且邻近汉兴街城中村姑嫂树村和汉口火车站，环境和交通较为复杂。南部的民意街、前进街地处汉口六渡桥商业闹市中心，人流量大。

图 7-30 为入室盗窃案件 1～8 月空间热点分布结果。整体热点分布也较为稳定。北部案件聚集区域为汉兴街华安里社区、汉兴街常二社区及周边，中部地区聚集区域为唐家墩街陈家墩社区及周边，南部聚集区域为民意街、前进街、花楼水塔街等汉口老居住区。这些社区的共同特点是多是老旧小区，房屋安全性不高，容易发生入室盗窃案件。

7.6.2　时空重排扫描统计量方法

时空重排扫描统计量是扫描统计方法中的一种，扫描统计的核心思想在于通过位置和大小变化的时空窗口沿时间维和空间维对研究区域内的数据进行扫描，并对窗口内外的事件数量进行统计，每一个窗口都是潜在的异常聚集区域，根据假定数据服从的分布和窗口内外统计的事件发生率差异构建似然比检验统计量，根据每个窗口的似然比确定最有可能发生聚集的窗口，并对其聚集性进行统计意义上的显著性检验。其结果为一个或多个时空窗口，代表着在时空上事件最为聚集的区域。

时空重排扫描统计量的实现主要包括 3 个步骤：①确定时空扫描窗口的移动和变化方式；②计算评价窗口内事件时空聚集程度的似然比统计量，通过似然比统计量确定最有可能发生聚集的窗口；③对窗口的时空聚集程度进行显著性检验。

1）确定时空扫描窗口的移动和变化方式

时空重排扫描统计量采用的扫描窗口为时空圆柱体，时空圆柱体的底面圆为扫描的空间范围，高为扫描的时间范围，时空圆柱体的位置在研究区域内不断移动进行扫描，时空圆柱体的大小也不断地逐级变化直至到达设定的最大时空范围。扫描示意图如图 7-31 所示。

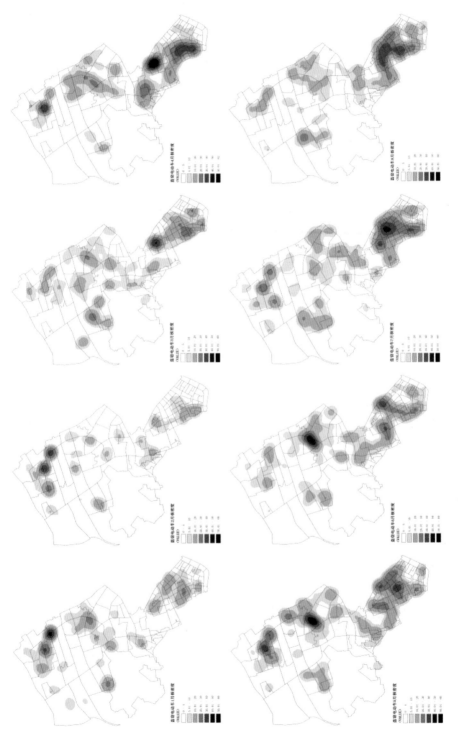

图 7-29　盗窃电动车案件 1～8 月空间热点分布

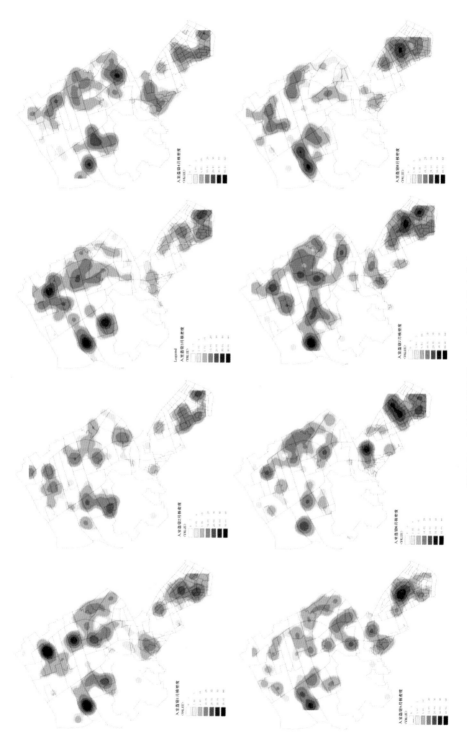

图 7-30　入室盗窃案件 1～8 月空间热点分布

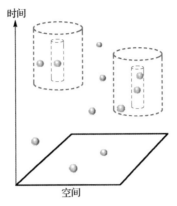

图 7-31　时空扫描示意图

2）计算评价窗口内事件时空聚集程度的似然比统计量

构建窗口内事件聚集的统计量首先需要假定窗口内事件数量的概率分布模型，最常用的概率分布模型为泊松分布模型（Poisson distribution model）。在给定一个时空圆柱体 A 的条件下，A 内的事件数量 c_A 近似服从一个均值为 μ_A 的泊松分布。记整个时空研究区域内的事件数量为 C。根据 A 内的事件数量 c_A 的概率分布可得到泊松广义似然比统计量（generalized likelihood ratio，GLR）：

$$GLR = \left(\frac{c_A}{\mu_A}\right)^{c_A} \left(\frac{c - c_A}{c - \mu_A}\right)^{C - c_A} \tag{7-9}$$

可以看出该检验统计量与窗口内外的实际观测事件数量与期望数量比值有关。窗口内实际观测数越多且与期望值比值越高，相反的窗口外实际观测数越少且与期望值比值越低，检验统计量的值越大，越能够体现出窗口内事件的时空聚集性。

3）聚集区域的显著性检验

对于根据似然比检验统计量获得的时空聚集区域，需要进一步确定时空聚集的置信度，以区别于随机分布可能产生的聚集。由于扫描统计量的具体分布情况很难获得，故采用蒙特卡罗随机模拟的方式来计算伪 p 值检验，其检验过程如下。

（1）随机重排真实数据集的时间和空间属性，创建随机模拟数据集。随机重排保证了模拟数据集的时空边界与真实数据集相同。

（2）根据模拟 $N = 999$ 次的随机数据集，计算时空聚集窗口的 GLR，将真实数据集相同时空窗口的 GLR 与 999 次随机模拟得到的 GLR 放在一起排序，若真实数据集的 GLR 按从大到小的顺序排在前 R 位，则伪随机 p 值 $p = R/1000$。当 R 小于 50，则在显著性水平 $\alpha = 0.05$ 下，窗口的时空聚集性是显著的。

7.6.3 案件局部时空热点分析实验

采用时空重排扫描统计量方法对 2013 年 1～8 月的盗窃电动车案件的局部时空热点进行探测。探测结果有助于分析在连续时段内发案集中的区域即短期热点。与 STAC 方法相比，时空重排扫描统计量不需要根据经验设定需要搜索的空间半径，而只需要确定最大搜索半径，半径小于最大搜索半径的圆都将得到聚集性的检验。本小节根据江汉区的地理范围设定最大搜索半径为 1km，时间范围最大为 2 个月，采用 SatScan9.4 软件的时空重排统计量模块实现。

图 7-32 和表 7-5 显示了盗窃电动车类案件的时空热点分布和热点信息。将时空聚集区域叠加到空间聚集的核密度图上显示，以寻找时空热点和单纯空间热点之间的差异，显示了按检验统计量高低排序的每个时空聚集区域的描述性信息，包括空间圆中心坐标和半径、时间维的起止时间、区域内的实际观测案件数量、期望案件数量、观测案件数量与期望案件数量之比以及显著性检验 p 值。

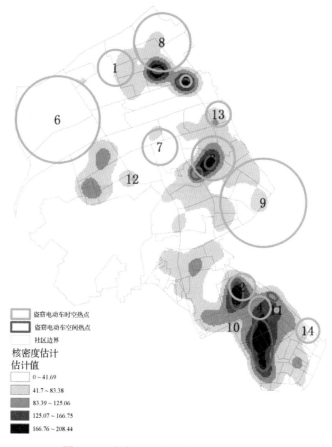

图 7-32　盗窃电动车类案件时空热点分布

表 7-5   盗窃电动车类案件时空热点信息

编号	中心 坐标 x	中心 坐标 y	半径 /km	起止日期	检验 统计量	p 值	观测数	期望数	观测/ 期望
1	114.243	30.632	0.39	2013/1/27~2013/3/2	16.58	0.001	17	2.79	6.1
2	114.273	30.589	0.28	2013/3/10~2013/5/4	13.65	0.005	37	13.69	2.7
3	114.266	30.614	0.47	2013/5/19~2013/6/22	11.67	0.047	39	16.17	2.41
4	114.277	30.585	0.24	2013/7/28~2013/8/17	11.15	0.099	16	3.71	4.31
5	114.259	30.629	0.12	2013/1/20~2013/2/23	11.15	0.1	14	2.86	4.9
6	114.229	30.622	0.94	2013/1/20~2013/3/16	10.55	0.164	21	6.34	3.31
7	114.253	30.617	0.39	2013/2/24~2013/3/9	8.51	0.791	7	0.87	8.09
8	114.254	30.637	0.63	2013/1/1~2013/3/2	8.22	0.874	28	11.7	2.39
9	114.277	30.606	0.96	2013/7/21~2013/8/3	7.97	0.933	16	4.86	3.29
10	114.271	30.582	0.088	2013/4/7~2013/4/13	7.96	0.937	3	0.08	37.57
11	114.281	30.585	0.038	2013/6/16~2013/6/22	7.89	0.952	3	0.082	36.7
12	114.247	30.610	0.02	2013/3/24~2013/3/30	7.70	0.976	3	0.087	34.3
13	114.267	30.623	0.27	2013/5/5~2013/5/11	7.62	0.982	6	0.7	8.61
14	114.288	30.581	0.26	2013/5/5~2013/5/18	7.26	0.999	7	1.06	6.57

由结果可知，盗窃电动车类案件共检测出 14 个时空聚集区域，前 3 个区域的聚集性最为显著。整体分布与纯空间热点相比，有重叠部分，如编号 2、3、5、8 的区域，分别为新华街省运社区、唐家墩街汽运社区、汉兴街新华家园社区和常二社区。这些区域同时是空间热点、近重复热点和时空热点，意味着这些区域既是长期易发案区域，也是短期连续发案的区域。其他非重叠区域包括 1 区域汉兴街常四社区（2013/1/27~2013/3/2）、4 区域前进街燕马社区（2013/7/28~2013/8/17）、6 区域汉兴街常远里社区和华安里社区（2013/1/20~2013/3/16）、7 区域常青街邬家墩社区（2013/2/24~2013/3/9）、9 区域唐家墩街天门墩社区和西桥社区（2013/7/21~2013/8/3）、10 区域民意街仁厚社区（2013/4/7~2013/4/13）、11 区域花楼水塔街老甫社区（2013/6/16~2013/6/22）、12 区域常青街复兴社区（2013/3/24~2013/3/30）、13 区域唐家墩街八古墩社区（2013/5/5~2013/5/11）和 14 区域花楼水塔街交通路社区（2013/5/5~2013/5/18）则可认为是历史发案记录中的短期爆发出来的时空聚集热点。

7.7   时空案件链分析

时空的总体聚集性以及重复和近重复犯罪现象表明一些符合时空聚集分布规律的犯罪案件之间通常具有时空关联性，即在空间上相近的案件通常在时间上也有相邻的趋势。针对入室盗窃案件的分析就表现出了显著的近重复犯罪现象，100m 和 7 天范围内的时空过量风险达到了 52%。本节在时空关联性得到验证的基础上，构造时空案件链，设计关联度检验指标对案件的时空关联性进行定量评估，初步探索时空关联案件的分布规律。

7.7.1　时空案件链定义

定义时空案件链首先需要定义近重复案件对，即时空相邻的案件对，对任意案件对若其时空距离小于自定义的阈值则称案件存在时空相近关系，记为近重复案件对，发案时间顺序为关联的方向，如图 7-33 所示。

(a) 空间相近　　　　　　　　(b) 时间相近　　　　　　　(c) 时空相近

图 7-33　时空相邻案件对示意图

在近重复案件对的基础上定义近重复案件链，即由近重复案件对的节点和有向边构成的连通图，代表了近重复案件对之间的关联和近重复现象在空间上的扩散趋势，如图 7-34 所示。

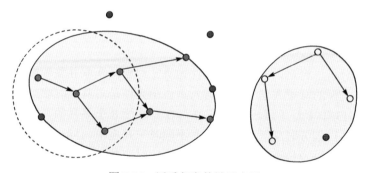

图 7-34　近重复案件链示意图

进一步，定义近重复案件链的物理性质及网络性质，具体描述如下。

物理性质包括以下两点。

（1）链条生命期：构成链条的案件集合的时间跨度。可用于度量近重复现象在时间上的传播距离。

（2）链条分布区域：由构成链条的案件集合形成的最小生成椭圆面积，及椭圆偏心率。用于度量近重复现象在空间上的传播范围和方向。

网络性质包括以下两点。

（1）节点的度：包括每个节点的入度和出度。根据入度和出度可将所有事件点分为 6 类，代表案件之间的引发关系，如图 7-35 所示。

（2）网络边的时空距离属性：每一条有向边附加各类可满足分析需求的属性值，如时间距离、空间距离等。

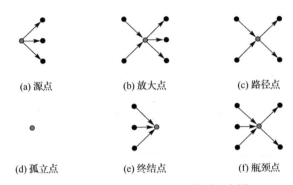

(a) 源点   (b) 放大点   (c) 路径点

(d) 孤立点   (e) 终结点   (f) 瓶颈点

图 7-35   近重复案件链网络性质示意图

对具有近重复分布模式的案件如入室盗窃，通过现有数据分析一定时空阈值约束下的案件链分布情况，以有向图的形式进行可视化。统计分析近重复案件链的物理性质及网络性质，以评定案件链的重要程度，筛选出重要案件链；根据案件点之间的引发关系，筛选重要案件点在图上进行高亮，结合热点图分析空间分布规律。

7.7.2   时空案件链分析和可视化实验

通过警务分析平台，以入室盗窃案件为研究对象，获取并整理案件的时空分布信息以及已侦破案件的嫌疑人信息。针对入室盗窃案件是否具有时空关联性的验证，选取全武汉市 2013 年 1 月 1 日～2013 年 9 月 5 日连续 8 个多月的入室盗窃案件及嫌疑人记录信息，通过划分时空区域，统计在不同时空尺度下，同一嫌疑人在已侦破入室盗窃案件对参与率以及构造优势率指标衡量比较时空相近和时空不相近的事件对中的嫌疑人的参与程度。以验证入室盗窃案件的时空关联性，即时空上越接近的案件，越倾向于同一犯罪团伙或个人所为。在实证分析基础上，实现案件链计算及可视化方法，并应用于入室盗窃案件的时空关联性分析。

在表 7-6 的每一个时空区间里，计算共发生了多少对被侦破的入室盗窃事件，以及其中有多少对事件至少涉及同一嫌疑人。如果数值为 100%代表在该时空区间内，所有的入室盗窃事件对都涉及同一嫌疑人的参与，50%则表示所有入室盗窃事件对中有一半涉及同一嫌疑人，而另一半是由不同嫌疑人所为。观察表 7-6，左上角的 89%表示那些发生在同一地点并于 7 日内相继发生的已侦破案件所形成的事件对中，有 89%涉及了同一个嫌疑人，而剩余的 11%的事件对虽然时空相近但却是由不同嫌疑人所为。表 7-6 呈现出规律性的随着时间、空间距离的增加，同一嫌疑人参与频率递减的现象。当时空区间到达 1000m 和 92 天时，同一嫌疑人参与的事件对仅占所有事件对的 17%。在 3 个月和 1000m 的范围内的事件对几乎没有涉及同一嫌疑人。

表 7-6　　在已侦破入室盗窃事件对中同一嫌疑人参与的累计百分比

时间距离/天	空间距离/m						
	同一地点	≤100	≤200	≤300	≤400	≤1000	≤25000
≤7	89%	50%	47%	44%	41%	32%	1%
≤15	64%	43%	41%	39%	36%	28%	1%
≤31	56%	36%	35%	33%	31%	24%	0%
≤62	43%	32%	29%	26%	25%	20%	0%
≤92	40%	27%	25%	22%	21%	17%	0%
≤365	39%	23%	21%	19%	18%	14%	0%

由以上结果，入室盗窃案件的时空关联性得到了验证。再通过时空案件链分析的方法，设定时间阈值为 6 天，空间阈值为 300m，针对 2013 年青山区的入室盗窃案件进行案件时空链条分析，找出案件链条的整体分布情况，如图 7-36 所示。案件链局部示意如图 7-37 所示，同时显示案件链条周边的嫌疑人信息，辅助人案的关联和案案的串并分析。重要案件节点（源点，即入度为 0 出度大于 0 的引发点），结合空间热点探测可视化方法绘制引发型案件的热点图以发现引发型案件热点，为犯罪预防和警力部署提供参考，如图 7-38 所示。

图 7-36　案件链整体分布图

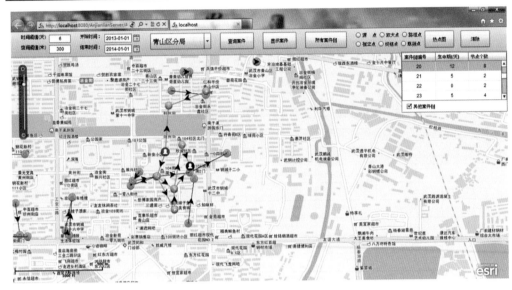

图 7-37　案件链局部分布图

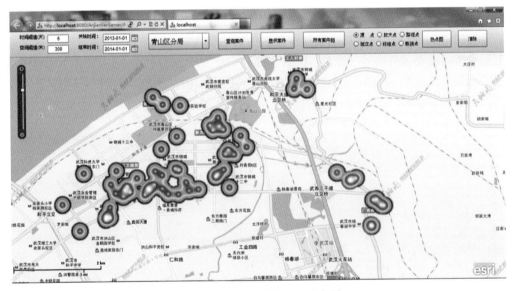

图 7-38　案件链源点案件热点图

7.8　区域犯罪率时空关联分析

　　近重复案件热点和时空重排扫描统计量获得的时空热点,能从时空点过程的角度揭示案件的时空分布规律,并对时空聚集区域进行可视化分析,为犯罪防控区域的选择提供参考。但在热点分析中仅考虑了案件的时空属性，并没有将案件与其他因素进行关联分析，不利于寻找案件热点背后的成因。本节从另一个角度，以社区面数据格式对社区级别的小区域犯罪率进行贝叶斯时空建模，并将犯罪数据与人口及社区内可能影响犯罪发生的相关因素进行关联分析。旨在分析小区域的犯罪率在空间上的分布规律以及随时间变化的趋势，确定高犯罪率集中的区域和犯罪率显著提升的趋势热点，并确定对犯罪率有影响的因素。

　　传统的基于区域统计数据的犯罪率分析，通常通过确定某种行政区域为单元（如区、街道、社区等），按照某种时间单位（如年、月、日等）计算案件总量或者犯罪率等统计指标，并制图来描述性地分析犯罪率在空间和时间上的分布模式和趋势。这种描述性的犯罪趋势分析具有一定的局限性。首先，统计的行政单元和时间单元必须足够大，每个时空区域单元的案件量必须足够多，才能够看到较为稳定的变化趋势。当研究区域过小如社区尺度，犯罪发生的频率很低时，将导致稀疏数据问题，进而很难对犯罪率进行趋势判断。其次，通过实际犯罪数量来判断一个区域某段时期的犯罪水平具有误导性。例如，当一定时空区域内入室盗窃数量为 0 时，得到的犯罪率也为 0，但并不表示该时空区域没有潜在的被盗风险。另外，通过分区域统计的方式仅仅考虑了本区域内的信息，而损失掉了与其相邻的其他区域的信息。区域划分越细，损失的信息越多。

　　针对该问题，目前已有学者采用时空贝叶斯建模的方法进行改善，应用于大范围的局部小区域犯罪趋势分析研究中，Law 等首次采用时空贝叶斯建模方法分析加拿大约克市各局部地区的侵财类案件的发案率随时间变化的趋势，该方法能够在考虑时空相关性和变异性的基础上，估计总体趋势兼顾得到各局部区域的变化趋势，并能得到时空趋势热点和冷点。时空贝叶斯方法是在空间流行病学研究中被广泛采用的方法，用于对小范围区域疾病分布制图、疾病地理聚集性分析研究和疾病地理相关性研究，由于犯罪风险与流行病传染之间具有一定的相似性，时空贝叶斯方法在犯罪时空分析领域具有极大的应用和发展价值。

7.8.1　贝叶斯时空模型

　　贝叶斯时空模型的基本思想是基于贝叶斯理论，将回归模型中的所有未知参数当成待估计的随机变量，对犯罪时空分析而言，贝叶斯时空回归模型将发案风险在时空上的变异性用随机效应表示。对未知的参数的取值首先赋予一主观的概率分布，称为先验分布（prior distributions），用来描述在未获取数据前参数取值的不确定性。进行统计推断时，利用样本信息对先验分布进行调整获得参数的后验分布（posterior distributions），通过对后验分布进行抽样获取后验分布的特征（如平均值、方差、分位数等）作为未知参数的估计结果。

　　贝叶斯时空模型由传统的空间回归模型如空间滞后模型（spatial lag model）和空间误

差模型（spatial error model）发展而来。传统的空间回归模型假设因变量是连续的变量且服从正态分布，并且要求参数为确定的非随机变量，通过在模型中加入空间自回归项来处理数据的空间依赖性。贝叶斯时空模型从 4 个方面对空间回归模型进行了拓展。

（1）使用贝叶斯思想将传统的固定参数（又称固定效应）求解问题转换为确定参数随机变量（又称随机效应）的后验分布问题，降低了模型的求解难度。

（2）去除了空间回归模型中因变量只能为连续正态分布的假设限制，将经典回归模型推广为广义线性模型，可允许因变量的分布为其他连续或者离散分布族，进而能够处理多种类型的数据，如犯罪数据分析中常见的区域计数数据。

（3）通过加入服从空间自回归正态分布的空间随机效应（spatial random effect）来体现犯罪数据空间上的依赖关系以及不同区域之间的变异性，使得模型在因变量的估计中能够"借力"邻近区域的信息，解决数据稀疏问题，最终使估计的结果趋于稳健。

（4）通过加入时间效应和时空交互效应可用于研究因变量随时间变化的发展轨迹，不仅可以分析研究对象随时间发展的区域内变化，也可以分析这种变化的区域间差异。

1）犯罪分析贝叶斯时空模型设定

贝叶斯时空建模的研究对象是分隔的时空区域，以入室盗窃犯罪为例，设第 t 个月（$t=1, 2, \cdots, T$）内社区 i（$i=1, 2, \cdots, N$）的犯罪率为 p_{it}，当犯罪率不低时，可认为该时空区域内的发案量 Y_{it} 服从二项分布：

$$Y_{it} \sim \text{Binomial}(n_{it}, p_{it}) \tag{7-10}$$

其中，n_{it} 代表第 t 个月社区 i 的潜在被盗对象数量，这里使用社区人口总数代表，并假设人口数量不随时间变化。使用 log it 连接函数将犯罪率 p_{it} 与其他相关因素连接起来，一般形式为

$$\log \text{it}(p_{it}) = \alpha + u_i + s_i + \gamma \text{time}_t + \delta_i \text{time}_t \tag{7-11}$$

其中，α 代表犯罪平均相对风险的对数值；u_i 和 s_i 分别代表空间非结构化随机效应和结构化随机效应；γ 代表时间效应即总体犯罪率随时间变化的趋势；$\delta_i \text{time}_t$ 代表了时空交互效应，体现了区域犯罪率在总体发展趋势的基础之上相互之间的差异。广义上，该模型将犯罪率与空间效应、时间效应和时空交互效应关联起来，实现了系统化的时空同时分析。

当区域内的犯罪率较低时，可认为发案量 Y_{it} 服从泊松分布：

$$Y_{it} \sim \text{Poisson}(\lambda_{it})$$
$$E(Y_{it}) = \lambda_{it} = e_{it}\theta_{it} \tag{7-12}$$

其中，e_{it} 代表第 i 个社区第 t 个月入室盗窃犯罪的期望数量；θ_{it} 代表第 i 个社区第 t 个月实际入室盗窃犯罪数量与期望数量的比值，即犯罪的相对风险，也是需要进行分析的关键变量。使用 log 连接函数将其与时空随机效应连接起来：

$$\log \theta_{it} = \alpha + u_i + s_i + \gamma \mathrm{time}_t + \delta_i \mathrm{time}_t \tag{7-13}$$

在一般形式的模型中，由于犯罪的空间模式通常和社会经济因素相关。为了控制这一因子，可在模型中添加固定效应 βX_i，其中，X_i 代表可能与犯罪率相关的因素如社区失业率、旅店数量等，β 为相关因素的回归系数。以二项分布为例，最终模型形式为

$$\log \mathrm{it}(p_{it}) = \alpha + \beta X_i + u_i + s_i + \gamma \mathrm{time}_t + \delta_i \mathrm{time}_t \tag{7-14}$$

2）贝叶斯时空模型估计及检验

贝叶斯时空模型中所有未知参数的边际后验分布由于不能够直接估计，通常通过马尔可夫链蒙特卡罗（MCMC）采样方法从收敛于参数后验分布的平稳分布中抽取样本进行间接估计。从后验分布中抽取样本的基本步骤如下：

（1）构造马尔可夫链，使其具有收敛于待估计后验分布的平稳分布；

（2）选择初始值 θ^0；

（3）从初始值出发，利用构造的马尔可夫链抽取后续样本 T 个；

（4）使用收敛诊断方法，监测抽样序列的收敛性，直至达到平稳分布；

（5）截断样本序列中前 B 个观测值，保证后续观测值来自于收敛的平稳分布；

（6）通过后验分布样本计算均值、方差、分位数等进行统计推断。

参数样本的收敛性诊断采用 Geweke Z 得分检验，其原理为将抽样样本视为时间序列，检验从整体中抽取的两个不同样本子集的均值是否相等，验证序列均值的稳定性从而判断序列的收敛性。对参数 θ 的两个样本子集 A 和 B，计算样本均值 $\overline{\theta}_A$ 和 $\overline{\theta}_B$ 以及谱密度（spectral density）$S_\theta^A(w)$ 和 $S_\theta^A(w)$，均值的标准误差为 $\sqrt{S_\theta^A(0)/T_A}$ 和 $\sqrt{S_\theta^B(0)/T_B}$，T_A 和 T_B 分别为两个样本子集的样本数。最终的 Z 得分检验为

$$Z = \frac{\overline{\theta}_A - \overline{\theta}_B}{\sqrt{s_\theta^A(0)/T_A + s_\theta^B(0)/T_B}} \tag{7-15}$$

Z 得分将渐进服从标准正态分布，本书采用 R 语言的 MCMC 诊断包 CODA 实现 Z 得分检验，取整体样本的前 10%为子序列 A，后 50%为子序列 B。整体样本可将前 50%样本每次截掉一部分做 Z 得分检验，得到 Z 得分序列，若 95%的|Z|<2，则认为后验分布样本序列收敛。

贝叶斯时空模型的拟合程度及模型比较检验采用 DIC（deviance information criterion）准则。它是一般模型使用的赤池信息量准则（Akaike information Criterion, AIC）评价准则的扩展，适用于具有随机效应的模型。贝叶斯偏差（Bayesian deviance）定义为原始数据对数似然函数的后验分布：

$$D(\theta) = -2\log(p(y|\theta)) + 2\log(f(y)) \tag{7-16}$$

$f(y)$ 是设定的标准项，仅仅是原始数据的函数因而不影响模型的比较。模型的拟合优度使用贝叶斯偏差的后验分布期望来表示：$\overline{D} = E_{\theta|y}[D]$，DIC 准则在评价模型拟

合优度的基础上加入和参数数量相关的惩罚项:

$$p_D = E_{\theta|y}[D] - D\big(E_{\theta|y}[\theta]\big) = \bar{D} - D(\bar{\theta}) \tag{7-17}$$

最终的 DIC 定义为模型拟合优度和模型复杂程度的综合评价:

$$\text{DIC} = \bar{D} + p_D = D(\theta) + 2p_D \tag{7-18}$$

DIC 的计算通过在 MCMC 迭代过程中同时监测参数 θ 和 $D(\theta)$ 的样本产生得到,在迭代结束后,通过 D 的样本均值和 θ 的样本方差得 $\bar{D}$ 到和 $D(\bar{\theta})$,从而计算 DIC 值,DIC 值越小,代表模型综合的拟合程度越好。

3)贝叶斯时空模型预测分布

在贝叶斯理论框架下,所建立的模型对未来观测值(如犯罪率)的估计(预测)依赖于预测分布的计算(predictive distributions)。记模型中的参数集为 θ,在没有观测记录的条件下,对未来观测值 y 的估计基于以下边际似然函数:

$$f(y) = \int f(y\,|\,\theta) f(\theta) \mathrm{d}\theta \tag{7-19}$$

$f(y\,|\,\theta)$ 是基于所有可能参数值的似然函数平均,称为先验预测分布。通常已经观测了 n 期的观测值如前 n 个月的犯罪率 y,需要对下一期的犯罪率进行估计,采用后验预测分布进行:

$$f(y'\,|\,y) = \int f(y'\,|\,\theta) f(\theta\,|\,y) \mathrm{d}\theta \tag{7-20}$$

后验预测分布是基于后验参数分布所有可能值的似然函数平均。通过后验预测分布的计算可以基于已有数据的经验对未来观测值进行推断,计算其均值和方差来判断最有可能值和不确定性。

7.8.2　犯罪率时空关联分析实验

为同时对犯罪率的时空分布以及与潜在背景因素之间的关系进行分析,本节对江汉区 116 个社区 2013 年 1~8 月份的盗窃电动车犯罪率构建时空贝叶斯模型,分别以二项分布和泊松分布形式进行建模并对模型结果进行比较。估计各个社区每月的犯罪率,以期模型能够体现出整体的犯罪率时空分布规律,并用模型所体现的时空关联规律进行一定的预测研究。

首先构建二项分布下的时空贝叶斯模型,模型形式如下:

$$Y_{it} \sim \text{Binomial}(n_{it}, p_{it})$$
$$\log \mathrm{it}(p_{it}) = \alpha + \beta X_i + u_i + s_i + \gamma \text{time}_t + \delta_i \text{time}_t \tag{7-21}$$

其中,Y_{it} 代表第 i 个社区($i=1, 2, \cdots, 116$)第 t 个月($t=1, 2, \cdots, 8$)的实际盗窃电动车案件数量;n_{it} 代表第 i 个社区第 t 个月的总人口数,这里认为在研究时段内,社区的总人口数每月是不变的,即 $n_{it} = n$;p_{it} 代表了潜在的社区犯罪率,也是模型的建模目标。模型通过 log it 函数将犯罪率 p_{it} 与时空变异性和相关因素连接起来。其中，α 代表全区域的犯罪平均相对风险；s_i 和 u_i 分别代表反映社区之间相关性的空间结构化随机效应和社区之间差异性的非结构化随机效应；γ 代表时间效应即总体犯罪率随时间变化的趋势；$\delta_i \text{time}_t$ 代表了时空交互效应，体现了区域犯罪率在总体发展趋势的基础之上相互之间的趋势差异。$X = (X_{i1}, X_{i2}, X_{i3}, X_{i4}, X_{i5})$ 为相关因素向量，本小节根据所采集得到的数据考虑可能的相关因素，依次为社区内的旅店数量、网吧数量、商业办公楼数量、小区数量以及失业率。其中为了与犯罪率相匹配，前 4 个变量均考虑人口因素转换为人均数量，单位为数量/万人。失业率为总人口中 18～60 岁年龄段失业或待业人口所占比例。$\beta = (\beta_1, \beta_2, \beta_3, \beta_4, \beta_5)$ 为相关因素对应的线性系数。

采用 MCMC 方法从参数后验分布抽样，迭代 10 万次后，退火（burn in）迭代次数设为 5 万次，即去除前 5 万次迭代产生的样本，用剩余样本做模型的统计推断。为减少样本之间的相关性，设定抽稀比例为 50：1，即间隔 50 个样本抽取一个作为最终有效样本。最终根据后验分布样本得到模型主要参数估计结果如表 7-7 所示，其中 p2.5%和 p97.5%指 2.5%和 97.5%的样本分位数。

表 7-7　二项分布模型主要参数估计结果

参数	平均值	标准误	MC 误差	p2.5%	中位数	p97.5%	Z 检验
alpha	−9.256	0.222	0.0126	−9.690	−9.259	−8.799	1.348
beta1	0.019	0.012	0.0003	−0.005	0.019	0.042	0.158
beta2	0.070	0.051	0.0018	−0.031	0.071	0.167	−1.444
beta3	0.041	0.028	0.0008	−0.013	0.042	0.093	−1.629
beta4	0.137	0.033	0.0017	0.069	0.137	0.204	−0.756
beta5	−5.134	2.312	0.1233	−9.680	−5.122	−0.807	−0.680
gamma	0.074	0.013	0.0004	0.048	0.075	0.099	−1.305
sd.delta	0.118	0.027	0.0009	0.070	0.118	0.174	−0.024
sd.s	0.938	0.251	0.0136	0.431	0.946	1.413	0.311
sd.u	0.480	0.115	0.0055	0.234	0.486	0.698	0.282

模型 2 为泊松分布设定，模型形式如下：

$$Y_{it} \sim \text{Poisson}(\lambda_{it})$$
$$\lambda_{it} = e_{it}\theta_{it}$$
$$\log \theta_{it} = \alpha + \beta X_i + u_i + s_i + \gamma \text{time}_t + \delta_i \text{time}_t \tag{7-22}$$

同样采用 MCMC 方法从参数后验分布抽样，迭代 20 万次后，退火迭代次数设为 15 万次，用剩余样本做模型的统计推断，设定抽稀比例为 50：1。最终根据后验分布样本得到模型主要参数估计结果如表 7-8 所示。

表 7-8　泊松分布模型主要参数估计结果

参数	平均值	标准误	MC 误差	p2.5%	中位数	p97.5%	Z 检验
alpha	−0.685	0.238	0.0296	−1.155	−0.693	−0.238	−0.410
beta1	0.018	0.013	0.0010	−0.006	0.019	0.044	4.017
beta2	0.068	0.053	0.0041	−0.035	0.066	0.173	−0.193
beta3	0.042	0.028	0.0017	−0.013	0.042	0.098	0.013
beta4	0.139	0.033	0.0030	0.077	0.139	0.201	−0.304
beta5	−4.969	2.554	0.3345	−10.300	−4.852	−0.050	0.669
gamma	0.074	0.014	0.0007	0.046	0.074	0.102	−0.988
sd.delta	0.118	0.026	0.0013	0.070	0.118	0.172	1.192
sd.s	0.985	0.279	0.0364	0.448	0.986	1.519	0.312
sd.u	0.451	0.139	0.0168	0.150	0.464	0.695	−1.477

　　模型估计结果与二项分布下的结果基本相同。泊松分布作为二项分布在小数据量下近似分布，两种假设下模型的 DIC 值如表 7-9 所示，二项分布下的 DIC 值略小，故认为两个模型具有同等效用，这里采用模型 1 二项分布假设下的结果做进一步分析。

表 7-9　模型 DIC 评价

模型	DIC			
二项分布模型	2724.54	2610.76	113.782	2838.32
泊松分布模型	2724.87	2610.59	114.278	2839.14

　　参数的样本分布核密度估计如图 7-39 所示。所有参数都近似服从对称分布，均值和中位数接近，MC 误差远小于标准误差，说明后验参数分布估计可靠，可使用均值作为参数的最终估计值。图 7-40 为参数迭代序列的 2.5%、50% 和 97.5% 分位数序列图，由图可见 3 条分位数序列都趋于平稳，初步判断迭代序列是收敛的，由表 7-8 的参数 Geweke Z 得分检验也进一步验证了参数后验分布样本的收敛性。图 7-41 自相关序列图显示样本滞后一阶后，相关性显著降低，滞后三阶的样本自相关系数趋于 0，样本间的独立性较好。

　　由表 7-7 的参数估计结果可知：相关因素中，小区人均占有量系数 beta4（0.137，置信区间（0.069, 0.204））、失业率系数 beta5（−5.134，置信区间（−9.68, −0.807））在 0.05 的置信水平下是统计显著的。而其余参数包括网吧人均占有量、旅店人均占有量和商业办公楼人均占有量的系数估计值都是非统计显著的。这表明在所考虑的相关因素中，对社区盗窃电动车犯罪率有正相关影响的是小区人均数量，与居民区易发生盗窃电动车案有关，有负相关影响的是失业率，一般而言，失业率低的社区经济商业较为发达，这可能与盗窃电动车易发生在商业闹市区相关。

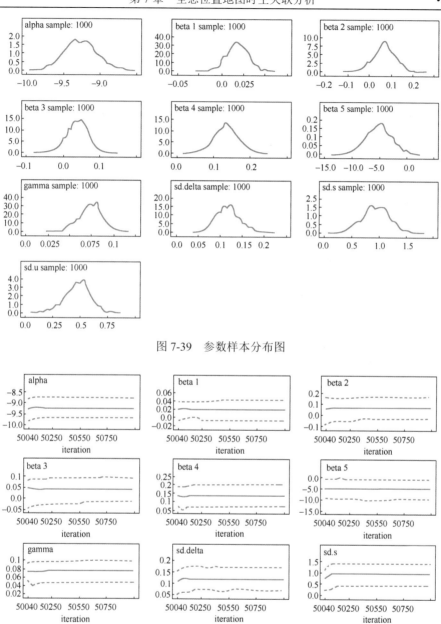

图 7-39　参数样本分布图

图 7-40　参数分位数序列图

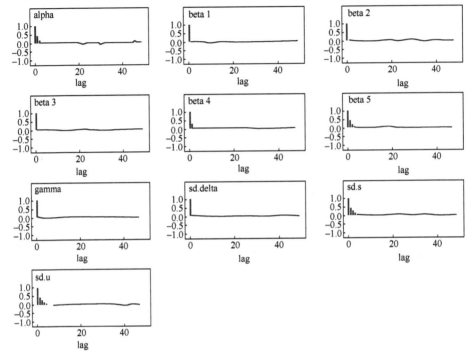

图 7-41　自相关序列图

时间效应的参数 gamma 估计结果为 0.074，置信区间为（0.048，0.099），在 0.05 的置信水平下具有统计显著性，表明整体社区犯罪率在 8 个月内随时间变化的趋势是上升的。

犯罪率随时间的发展趋势由截距项和趋势项共同决定。结构化空间随机效应、非结构化随机效应以及时空交互的随机效应都是与空间随机效应相关的参数，三者的方差参数估计结果在 0.05 的置信水平下都是显著的。按大小顺序排列为（0.938，置信区间（0.431，1.413））、（0.48，置信区间（0.234，0.698））、（0.118，置信区间（0.07，0.174））。s_i 的方差远大于 u_i 和 δ_i 的方差，表明空间关联性在对犯罪率的社区差异性影响上占主导地位。δ_i 的显著性表明犯罪率发展趋势在社区之间存在显著的差异性。通过每个社区的估计及其置信区间，可以对社区的犯罪率发展趋势进行制图，找到犯罪率上升的趋势热点以及犯罪率下降的趋势冷点，通过对趋势热点进行预防和抑制，有助于提高打击盗窃电动车犯罪的效率。图 7-42 显示了各社区犯罪率发展趋势的分布结果，粗边线区域为趋势斜率在 0.05 置信水平下统计显著的区域。结果表明江汉区二环线以北地区的社区犯罪率在考虑了全局的趋势后呈现显著的下降趋势，为趋势冷点聚集区域。趋势热点集中在南部轨道交通一号线两侧，包括万松街公园社区和武展社区、新华街单洞社区和协和社区、前进街燕马社区。从图 7-43 实际的案件量时间序列也可以验证，整体上每个显著的趋势热点社区都表现出上升趋势。与空间热点、近重复热点对比可发现，空间热点和近重复热点最为集中的 1 区域（前进街、民意街），在犯罪率发展趋势上却是较为平稳的。趋势热点区域中仅有新华街单洞社区和万松街公园社区同时存在空间热点，这类区域需要进行重点防范。总体而言，犯罪率趋势分布展现了与空间热点、近重复热点不同的分布规律，趋势热点区域可用于对未来短期内犯罪发展方向的评估参考。

图 7-42　盗窃电动车案件犯罪率趋势热点图

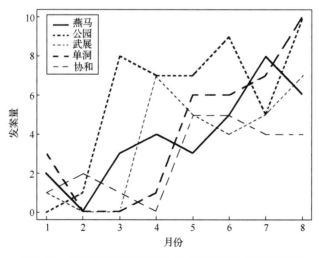

图 7-43　盗窃电动车案件趋势热点社区案件量时间序列

　　进一步利用所建立的时空贝叶斯模型可对未来短期内的社区发案量或犯罪率进行估计，作为模型拟合程度验证和趋势预测参考。将前 7 个月的社区犯罪数据作为测试数据，采用预测分布对第 8 个月 116 个社区的发案量和犯罪率进行统计推断，并与真实发案量和犯罪率进行比较。图 7-44 为编号 1～6 的社区 8 月份发案数量后验分布图。由图可知发案量服从偏态分布，因此相对于均值采用中位数作为最终预测值。

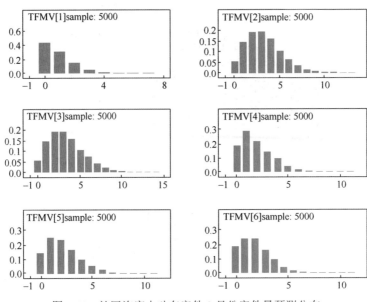

图 7-44　社区盗窃电动车案件 8 月份案件量预测分布

　　图 7-45 为 8 月份 116 个社区发案量的实际值和预测值散点图，实际值与预测值 Pearson 相关系数为 0.698，体现了较强的相关性。显著的趋势热点区域估计结果如表 7-10 所示。总体而言对于具有显著犯罪率上升趋势的社区，虽然标准差较大表明预测值波动性也较大，但预测中位数与实际值相比，除公园社区外偏差较小。图 7-46 为 8 月份社区犯罪率实际值与预测值空间分布情况，结果表明总体上预测分布能体现出实际犯罪率分布规律。

表 7-10　显著趋势热点区域估计结果

社区名	预测平均数	预测中位数	实际案件量	标准差	p2.5	p97.5
燕马	6.389	6	7	3.168	1	14
公园	6.588	6	10	3.165	1	14
武展	6.951	7	6	3.209	2	14
单洞	10.1	10	10	3.995	3	19
协和	4.879	5	4	2.703	1	11

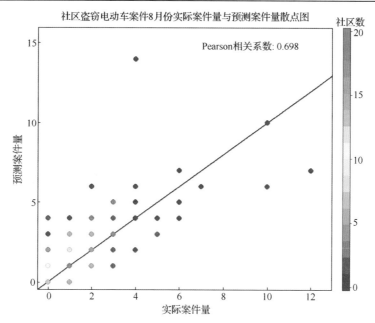

图 7-45　社区盗窃电动车案件 8 月份实际案件量和预测案件量散点图

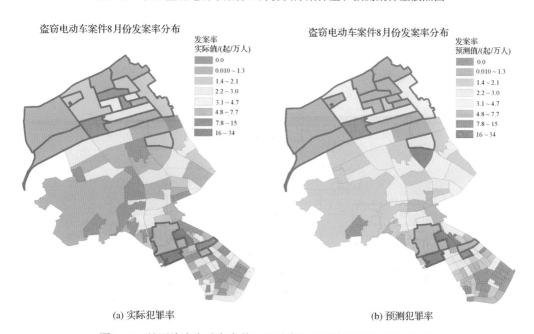

(a) 实际犯罪率　　　　　　　　　　　(b) 预测犯罪率

图 7-46　社区盗窃电动车案件 8 月份实际犯罪率和预测犯罪率分布

第8章 全息位置地图可视化

8.1 泛在信息可视化

基于语义实体对象关联的泛在信息集成方法主要是以全息位置地图网络三维可视化为核心，将"全息位置"信息（朱欣焰等，2015）（包括视频、文字、声音、图片、全景图、互联网信息、定位信息等）与三维场景进行融合，通过三维场景中的语义实体对象与泛在信息进行语义或者几何关联，构成三维场景中的"全息位置"对象；在场景漫游过程中，根据观察者所在位置和视域范围与语义实体对象的空间关系自动地在场景中显示与"全息位置"相关的泛在信息。

通过"全息位置"对象的三维融合与管理，根据全息位置地图泛在信息，在三维场景中实时加入创建"全息位置"实体对象，如建议虚拟模型、广告版模型等；或者将泛在信息与三维场景中的实体关联，实现全息位置与场景的融合。通过"全息位置"对象的三维融合与管理，在实现全息位置与场景的融合后，在漫游过程中，通过视线与实体对象的碰撞检测，或者用户交互的手段，将与"全息位置"对象关联的泛在信息如属性、介绍、视频、网页等信息通过窗口的方式进行提示。通过坐标位置的关联，实现全景图与三维场景的集成，实现真三维与全景图的实时切换，如图 8-1 所示。

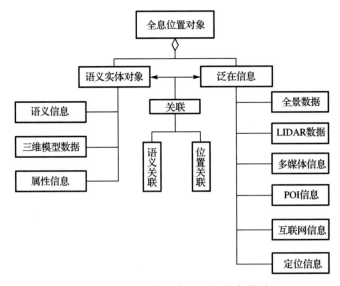

图 8-1 语义实体对象与泛在信息关联

　　在三维场景中使用语义实体对象来关联泛在信息，构成全息位置地图概念中的
"全息位置"对象。在全息位置地图网络三维可视化平台的基础上，重点实现视频信息
的场景融合播放和文本信息的显示、"全息位置"对象的三维融合与管理、"全息位置"
对象信息的视点主动触发、全景图和三维场景的集成等。通过视频信息的场景融合播
放手段，可以在场景中自动播放多媒体，例如，正在打开的电视画面、室外多媒体广
告屏等，通过这些动态对象的创建和管理，实现全息位置地图中多媒体信息的即时显
示。实时接入导航定位信息服务，可视化定位信息以及导航信息。通过全景图位置与
三维场景位置的计算集成全景图服务。

　　以武汉大学测绘遥感信息工程国家重点实验室室内三维展示为核心，实现了全息
位置地图泛在信息与三维场景对象的融合、管理和自动推送机制，能够依照用户漫游
的视点，通过自动碰撞检测或者人工交互模式实现视频等多媒体信息的展示；通过与
移动设备定位与服务的集成，实现了移动设备或者人员的定位与实时信息推送。通过
与全景图的集成，实现了三维模式和全景图模式的实时切换；并在场景中自适应显示
导航信息，如图 8-2～图 8-6 所示。

图 8-2　泛在信息与三维场景实体的融合（王之卓塑像）

图 8-3　泛在信息集成多媒体窗口

图 8-4　泛在信息与全息位置对象的融合（定位信息）

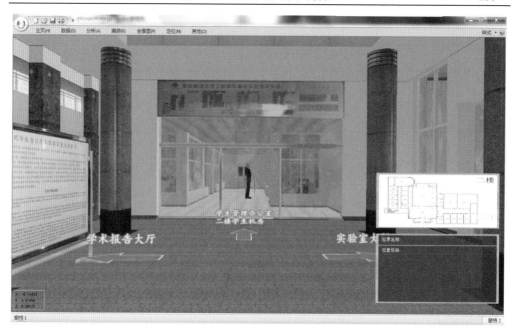

图 8-5　导航信息集成

图 8-6　全景图集成显示

8.2　室内外一体化可视化

全息位置地图室内外一体可视化涉及的数据包含 3 大类：一类是全球多源多尺度的地形数据、遥感影像、矢量图形、地名标注；一类是局部区域的三维场景模型数据；一类是室内三维场景数据。本书需要对这 3 类数据进行有效的组织，便于室内外一体三维可视化调度和绘制。其中，第一类数据在室外大规模场景可视化中涉及，第二类数据则在室内外过渡场景中涉及，第三类数据在室内三维场景绘制时涉及。

8.2.1　室外场景可视化方案

针对全球多源多尺度的地形数据、遥感影像、矢量图形、地名标注可视化数据，提出一种以绘制瓦片块为基础，层优先的基于四叉树的可视化方法（李德仁等，2006）。每个瓦片块包含了相同地理范围的地形、影像、矢量与注记数据，具体的可视化方案如下。

1.　全球网格构建策略

网格的构成是以瓦片块为单位，瓦片块是以经纬度为坐标的正方形网格，顶层的瓦片块的跨度是 180 度，首层分为东西半球两块。每增加一层，瓦片的跨度减少一半。每个瓦片块都可以分为左上、右上、左下、右下 4 块独立的绘制或裁剪。整个网格都是由这样的瓦片块构成的，每个瓦片的顶点个数和索引都是固定不变的，因此可以利用图形处理器（graphic processing unit，GPU）加速绘制，将瓦片块大批量的送到显卡中，加大了显卡的吞吐量，减少绘制的批次量和渲染状态的改变，提高了渲染的效率。构建嵌套网格首先确定网格中心。以相机的正下方为网格的中心由粗到细构建多层次的网格，其中的每一层都是以 4×4 个该层瓦片块构成，如图 8-7 所示。

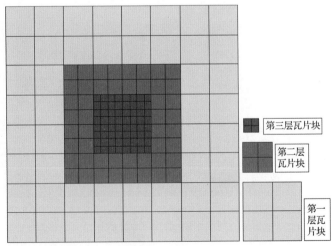

图 8-7　原始网格

　　构建网格的时候从最粗的那层开始构建，当全部构建完后，构建下一层的时候如果下一层的数据已经准备好，便将与下一层数据重叠的粗一层瓦片块剔除。以此类推从最粗一层一直到最精细一层构建多层嵌套网格。在两层之间为了消除 T 型裂缝，可以通过向下绘制裙边或者改变高细节层次地形块的相邻边顶点间的连接方式，忽略多余顶点的绘制，匹配低层次细节地形块的相邻边来实现裂缝的消除。接边处的跳跃现象可以使用平均法线消除。

　　2. 瓦片块调度策略

　　网络调度瓦片块时原则是从粗到细地调度，从最粗的层次开始调度并绘制，当更精细一层数据已经缓冲到内存，再将重叠区的粗一层瓦片块剔除。其中有两个参数要确定：L_{max} 和 L_{min}。这两个参数由相机的高度决定。L_{max} 是指此时需要绘制的最精细的层级，而 L_{min} 是指此时绘制的最低分辨率层级。如图 8-8 所示，L_{min} 和 L_{max} 确定了在金字塔中绘制所需请求的数据，保证了数据能覆盖球面的视野范围，确定了相机下方显示的合适的精度的地形块。

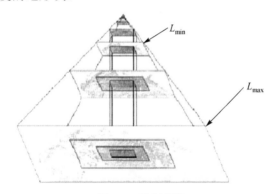

图 8-8　绘制层数

　　3. 网格更新策略

　　当相机移动的距离超过了一个最精细瓦片块跨度的时候网格需要更新，保证相机正下方的地形块始终是最精细的。相机移动的方向是任意的，表现到网格偏移上就只有 8 个方向，下面取其中的一个方向来说明，其他 7 个方向的偏移是类似的。图 8-9 的说明示例说明的是 3 层网格，更多层次的网格情况是类似的。如图 8-9(a)所示，当相机移动后精细网格随之发生偏移，偏移的距离为半个精细的瓦片块跨度，此时其他层的瓦片块不需要更新。当精细网格偏移距离是一个精细瓦片块跨度的时候，会发生如图 8-9(b)所示的情况，此时会给接边带来困难，此时应该更新粗一层的瓦片块如图 8-9(c)所示，这样就能保证接边的两层是相邻的两层，给消除裂缝和跳跃现象提供了方便。

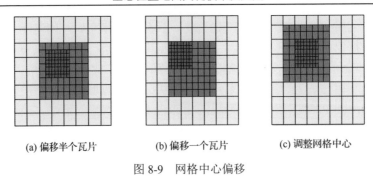

(a) 偏移半个瓦片　　　　　　(b) 偏移一个瓦片　　　　　　(c) 调整网格中心

图 8-9　网格中心偏移

8.2.2　室内场景可视化方案

建筑物室内场景可能包括成千上万个细节物体，构成这些物体几何模型的三角形数目可达数百万，导致漫游效率低，难以达到流畅、平滑的交互漫游效果。实际上，由于不透明墙面的遮挡，在室内某个位置观察到的内容仅仅是整个场景的很小一部分，所以，应用可见性算法提高漫游速度成为必然。潜在可见集合（potentially visible set，PVS）计算在提高建筑场景漫游效率方面具有重要的意义（John，1990）。

基于室内外一体化组织的方法，可使用根据区域之间的连通性关系构建 PVS 的方法。该方法适用于任意结构布局的建筑物场景，具有通用性。如图 8-10 所示，整个室内场景的 Portal 和 Region 都被提取出来，构建成两个索引列表，分别为 Portal List 和 Region List。Region 之间是通过 Portal 来连接的，而一个 Region 往往包含了多个 Portal。Entity 被包含在不同的 Region 当中，Entity 的可视性与包含它的 Region 保持一致。通过两个索引列表，根据相机当前所在位置，可以实时地计算出与当前所在 Region 相连通的潜在可见 Region，以及这些潜在可见 Region 所包含的 Entity，这个计算过程与漫游的速率无关。通过初步的连通性推算，剔除掉不可见的 Region 及其包含的 Entity，可以将大部分不可见的室内模型剔除掉。由于潜在可见的 Region 是通过 Portal 推算出来的，所以，该 Portal 如果不在视野范围内，则通过该 Portal 相连的 Region 及其包含的 Entity 集合也应该被剔除掉。Portal 的剔除则需要使用相机的视椎体裁剪方法进行更为精细的裁剪。通过两次裁剪，需要绘制的室内场景数据极大地被削减，有效地提高了室内可视化效率。采用此算法后，室内实时漫游时仅需绘制当前潜在可见的物体集合，而该集合仅仅是整个建筑物场景中所有物体集合的一个非常小的子集，因此，可使实时交互漫游时实际需要绘制的多边形（三角形）数目大大减少，漫游效率得以有效提高。一般而言，采用可见算法后，实时绘制效率完全能满足交互漫游帧率（15fps以上）的需要。此外，也可应用细节物体模型的细节层次（levels of detail，LOD）技术加快漫游速率，只是由于室内场景物体一般距观察者非常近，如使用较低级别的物体模型，可能导致视觉效果不理想（周艳等，2006）。

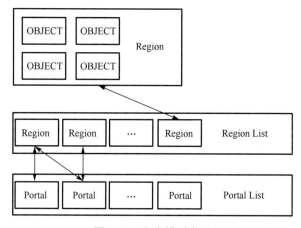

图 8-10　室内模型索引

8.2.3　室内外一体化实时可视化方案

现有的室内外一体化实时可视化方法较少，代表性的基于 BSP（binary space partition）的室内外一体化可视化方法由 Valve 公司提出，其将室内外场景全部融入到 BSP 框架中，算法分 3 种情况：①在室内场景，直接使用 BSP 算法进行分割；②在高楼林立的街道场景，算法使用一种类似 BSP 的分割方法，只是叶子节点并不一定是由凸多边形组成；③对于室外地形，算法使用了 DisplacementMap 技术（Robert，1984），将 DisplacementMap 的基平面作为计算平面融入 BSP 框架中。通过这 3 种情况的算法结合，初步解决了室内外场景融合的问题，并且使用 DisplacementMap 在表现室外地形时可以使场景具有很高细节。但是，在表现大规模广阔的地形时并不能达到很好的速度要求（Losasso et al.，2004）。

针对泛在位置信息的海量数据，根据场景的空间局部性关系和多分辨率关系，实现了基于外存（out-of-core）的 TB 级空间信息实时可视化技术。在海量数据上 out-of-core 数据调度可体现为显存-内存-硬盘-网络 4 级，越处于前端的级别，可视化计算速度越快，容量越小。系统根据视觉和分析重要性，对不同数据进行优先级装载排序，对近期将使用的数据进行缓存，对长时间不用的数据进行卸载。根据场景复杂性及系统性能差异，通过在线的检测与反馈，灵活地对数据调度、任务分配及绘制流水线进行自适应的优化配置；强调以用户任务为中心，对用户感兴趣的区域进行重点可视化。充分利用各种计算资源，采用并行可视化技术，包括分布式网络集群并行、多核并行、多绘制流水线并行和 CPU/GPU 协同等（郭彤城等，2002）。

将室外与室内三维信息采取统一的全球球体构架，集成在同一空间参考基准下。通过共享智能指针，可视化的调度与数据库的调度实现一体化的内存缓存机制，避免不必要的数据结构转换，提高数据调度与装载效率。室内外不同语义的物体可以有不同的表达方式，但可以通过统一数据查询接口对不同类数据进行检索。在此基础上实现一体化的可视化。在可视化模块里，不同类物体混合在同一个绘制流程内，大大减少了限制绘制效率的绘制状态切换。室内外物体在同一坐标系空间内按误差需求进行统一的可见性计算、排序和调度，保证当视点从室内穿越到室外，或从室外穿越到室内，三维信息的显示内容不会出现跳跃。室内外物体在同一数据空间内进行的装载/卸载/层次细节的调度计算，从而在视点穿越时，对多源数据采取连续过渡的多细节模型，使绘制时间不发生跳跃（张立强，2004）。

全球球体构架要求以双浮点精度为核心的高精度构架模型，但由于现代 GPU 显卡的底层运算是基于单浮点精度的，这两者之间存在巨大的差异。为保证显示结果的正确性，需要加入很多 CPU 端的优化处理，本模块内置了很多逻辑处理的方式，在数据流传入 GPU 做绘制工作之前，就将其双精度的高位进行优化处理，使得显卡的可视化计算精度保持了实际精度。对视频监控的三维交互可视化进行二、三维互动和多窗口的可视化研究（黄丙湖等，2011）。

首先开展了对达到全球规模的海量高程/影像（DEM/DOM）数据压缩与实时可视化技术研究。全球规模的 DEM/DOM 数据量可达 PB 字节，远超当前的单机硬件资源限制。前面实现了构架在现代 GPU 的高并行化特性之下的基于 out-of-core 的按需装载设计，并对 DEM/DOM 数据的组织方式进行进一步优化，使可视化系统具有更大的数据吞吐量。

其次开展了对视频监控的三维可视化，通过对视频监控的范围在三维视图上进行可视化显示的方法进行了初步的探索。同时可以在子窗口上显示监控录像内容。最后基于武汉大学测绘遥感信息工程国家重点实验室的三维模型，将其与全球规模的高程/影像数据进行集成。

实现了对 DEM/DOM 数据的组织方式进一步优化，使可视化系统具有更大的数据吞吐量。实现了在三维环境中对视频内容的叠加显示。实现了对武汉大学测绘遥感信息工程国家重点实验室的三维模型的集成，完成了从高空到室内视点的室内外一体化实时可视化，正确显示透明/半透明效果，如图 8-11 所示。

图 8-11　武汉大学测绘遥感国家重点实验室三维模型

图 8-11 武汉大学测绘遥感国家重点实验室三维模型（续）

8.2.4 室内外无缝漫游方案

1. 室内外场景关联

本书技术方案改变单一的经纬度坐标集成模式，采用多种坐标系数据混合集成方案，提出一种支持直接经纬度表达为核心的全球数据集成、支持高斯局部坐标系表达的局部精细三维模型集成和支持用户自定义相对坐标系表达的室内三维模型数据集成的方案。根据全球、局部（室外）、室内的空间变换规律，动态实现不同坐标系之间的数据快速过渡策略，保证在不改变数据坐标与组织模式的前提下，直接进行不同坐标系数据的一体化集成。室内外场景通过一个特殊的 Portal 进行关联，这个 Portal 链接的两个 Region 中，一个是室内场景，一个是室外局部场景，要做到室内外无缝漫游，必须对室外局部场景的数据做关联处理，如图 8-12 所示。室外局部场景中的多源数据被关联为 Entity 类型和 Portal 类型，与室内场景数据保持了一致性，方便室内外一体化索引的构建。

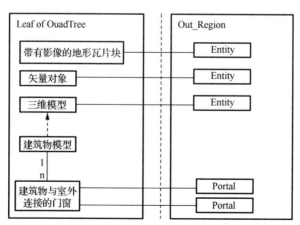

图 8-12 室内外三维场景数据关联

　2. 室内外无缝漫游

　　大范围漫游时，仅根据四叉树索引对室外场景数据进行调度和可视化；当漫游进入到四叉树最细一级叶子节点时，则调用以区域形式组织的局部区域室外场景数据以及根据区域-入口关联得到的相连的室内区域的数据；进入室内漫游时，则根据"Entity-Region-Portal"方式进行数据的调度与可视化。由室内遍历到室外时，如有室内区域通过 Portal 与室外区域相连，则将室外区域数据与室内区域数据一并绘制，直到重新退回大范围漫游，再重新启用四叉树索引进行调度。

8.3　具有深度信息的全景地图可视化

　　依据场景生成过程，三维全景地图可视化的方法可分为基于建模的三维全景方法和基于实景图像绘制的三维全景方法。基于建模的三维全景方法是指利用空间数据（如 DEM、遥感影像、CAD 数据等）对场景建模，利用场景实景照片、纹理图片以及多媒体数据辅助模型贴图丰富场景细节，最终还原现实生成虚拟三维场景，之后，通过渲染得到拟真的全景图。其计算量较大，还原场景的真实度与建模复杂度成正比（秦国防，2011）。

　　基于实景图像绘制的三维全景方法是指利用相机对场景进行拍摄，得到实景图像，以此为信息来源并运用图像绘制技术构造不同视点空间（view point space）以还原场景三维空间。基于实景图像建立虚拟现实技术具有速度快、真实感强、较好的现实还原性、易于网络传输诸多优点，目前使用较为广泛。

　　除此之外，使用计算机生成拟真质量图像也是三维全景图像的一个重要来源，但与实景图像的三维全景技术相比，其画面感和真实感不足，有着较大的感官体验差异。本书主要研究室内场景中三维全景可视化，因而采用基于实景图像绘制的三维全景技术。

　1. 全景图获取

　　全景图像获取方法有两类，一类是使用全景照相机可直接获得全景图像，全景相机价格昂贵，实际应用不多。另一类更为常见的方法是用普通照相机或摄像机，获取连续图像序列，之后进行拼接得到全景图。全景照相机通过融合图像旋转拍摄和拼接等过程降低了时间消耗，但方法实现本质上与传统获取法一致。全景图获取的步骤分为图像采集、图像拼接、投影转换。如图 8-13 所示。

　　传统的图像采集需要固定在可水平旋转的支架上，使用照相机拍照时转动相机一周，每间隔一定的角度拍一张照片，以保证相邻照片有一定的重叠，摄像机则需缓慢地绕中心点旋转一周拍摄，图像重叠是为图像拼接做准备。图像拼接是在原图像与目标图像建立连接关系的过程。包括图像预处理、图像匹配、图像融合等步骤。由于拍摄角度的差异，匹配拼接之后的图像并不在一个投影面上，为了保持透视效果和视觉一致性，需要对拼接后的图像进行投影转换。

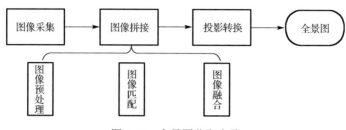

图 8-13　全景图获取步骤

2. 深度提取

图像深度信息是指图像场景所表述的空间维度信息，与图像成像二维度相对应。在虚拟环境构建中，深度信息一方面丰富了信息维度，另一方面也为立体感知表现提供了可能性，场景的立体显示可以此得以实现。三维全景技术中，单纯全景图只表达两个维度的信息（平面信息），为了描述完整的虚拟空间，需要从其他维度体现描述，深度信息具备上述特性。

目前实景图像深度获取方法有两种，一是采用深度摄像机直接获取；二是依据计算机视觉原理恢复深度信息。常见的深度摄像机的工作基于 TOF（time of flight）原理，通过物体对红外线反射时间的差异来计算物体与摄影机成像面的距离。测得深度距离经由量化处理后记录为深度图保存。由于深度摄像机成本较高，而且在实际应用中也存在大量不包含深度信息的二维图像，所以通过立体视觉原理恢复计算场景空间深度是最为实用的方法。

计算视觉的图像深度恢复主要分为立体匹配和深度估算，立体匹配使用约束条件，对多幅图像的对应特征点的关系进行求值计算视差，之后通过视差求得深度。对多幅图像进行立体匹配需要对相机进行标定，相机标定是通过对相机的内部、外部参数求值以确定相机坐标系与拍摄空间坐标系的转换关系。深度估测依据单眼深度理论，通过对场景中深度线索的提取估测得到深度信息。深度估测算法根据人为参与可分为人工估测、半自动估测和全自动估算，人工估测需要依靠主观经验以及拍摄技巧规则，对场景的连续序列进行层次划分和深度评估，其品质好于自动估测但却最为费时。

3. 三维全景场景可视化

根据全景图信息，将全景图对象与三维场景相关联，实现全景图与场景的融合，在漫游过程中增强现实感与沉浸感，如图 8-14 所示。

场景构建将通过特定空间几何模型将平面的全景图投影表现为立体虚拟实景，同时保持空间透视效果及视觉一致性（高剑，2009）。三维场景构建应用球面投影法或立体投影将全景图片投影到场景表面，采用细分贴图还原视点。为了降低网络负载，全景图被切割为若干瓦片（Tiles）作为纹理贴图，分批加载。全景图浏览包括转换视角（前后左右四方向）、改变聚焦点（镜头拉伸）、场景切换（场景级漫游）。全景图三维场景与泛在信息关联，实时监听泛在信息变化，在可视化浏览中实时推送相关信息。

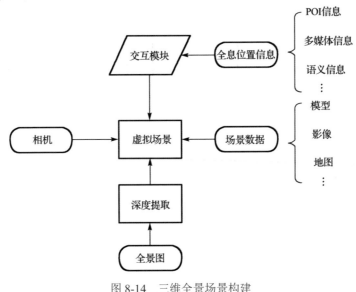

图 8-14　三维全景场景构建

8.4　全息位置地图自适应可视化

8.4.1　角色驱动的地图自适应可视化

1. 基于角色兴趣的场景自适应选择方法

1）角色兴趣的定义与内涵

当角色持有者扮演某个角色时，必然有该语境下的目的和行动，以此相对应地存在采取行动、完成目的时需要的事物或活动场所，这些就是角色兴趣，即角色感兴趣的事物。不同的角色概念具有不同的角色兴趣，并且这些角色兴趣的重要性也分层次体现，存在直接兴趣和间接兴趣。直接兴趣是角色概念对应的显性兴趣，而间接兴趣是通过一定的推理得出的兴趣。下面分别对关系角色、过程角色和社会角色的角色兴趣进行介绍。

（1）关系角色的角色兴趣。关系角色的语境为关系，隐含着相关联的两个或两个以上的角色。例如，在父子关系中隐含着父亲和孩子两个角色，那么父亲角色的直接兴趣可以认为是关注孩子本身的成长，如婴儿奶粉等。再进一步考虑，父亲会站在孩子的角度为其考虑，也就是说孩子的兴趣间接影响了父亲的兴趣，例如，孩子喜欢芭比娃娃，父亲可能也会对芭比娃娃感兴趣，这是父亲角色的间接兴趣。从以上例子可以看出，关系角色的直接兴趣体现了角色的特征，而间接兴趣由关系推导而来，并根据不同的个体呈现出不同。

（2）过程角色的角色兴趣。过程角色的语境是过程，多数情况下人们考虑过程的目的和行动，并优先以时间为依据来拆分过程。过程角色的直接兴趣是以目的为中心，例如，购物角色的角色兴趣是商品。在此基础上，过程角色的间接兴趣可以是具有相似目的的过程，例如，去商场购物的相似兴趣是去市区游玩，也可以是由时间推导的过程。例如，购物完成之后，角色很可能去餐饮店吃饭，或者去电影院看电影。

（3）社会角色的角色兴趣。社会角色通常是具有社会性质的，对于社会角色而言，角色的直接兴趣显得突出而明显。例如，消防员的角色兴趣是消防设施，空调修理工的角色兴趣是待修理的空调，这些都有着相对应的职业特征。相对于关系角色和过程角色，社会角色的间接兴趣也较为明显，凡是与职业相关的信息均可进行推理。例如，消防员的间接兴趣是建筑物的出入口和通道，关注消防抢险时的人员通行。

根据以上的分析，不同的角色具有一些基本的直接兴趣，在此基础上的间接兴趣依据具体情况而定。因此在不同的情况下，探寻符合实际的角色兴趣显得十分必要，其他方法的应用如用户信息挖掘也能在其中起到重要作用。

2）基于非空间关系的本体推理

在上面分析了角色兴趣的定义和内涵，为了让建筑物室内场景的各类物体对角色产生适应性变化，仅仅有角色兴趣显然是不够的，有必要在此基础上进行本体推理得到更多层次的角色感兴趣的内容，如图 8-15 所示。

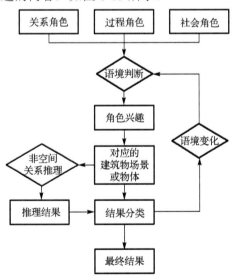

图 8-15　基于非空间关系的本体推理流程图

（1）语境判断。基于语境判断用户当前角色，属于关系角色、过程角色或社会角色，如果是在复杂的语境下，优先选择最突出的角色。此时用户成为角色持有者并有着该角色概念对应的角色兴趣。

（2）角色兴趣对应的建筑物场景或物体。将角色的直接兴趣和间接兴趣与建筑物中的场景或物体相对应，例如，消防员的角色兴趣是消防相关的物体，那么能够对应建筑物中的灭火器箱、报警器等消防设施。

（3）非空间关系推理。以建筑物的消防设施为基础，在建筑物室内场景的本体库中进行非空间关系的推理，能够进一步得到相互关联的事物。例如，消防设施相关的有出入口和通道，甚至能推理出障碍物能阻碍通行的事物。

（4）结果分类。角色兴趣对应的建筑物场景或物体、非空间关系推理出的结果应当进行优先级的划分，具有等级显示的效果，如此在场景的自适应显示时，才会具有层次感，而不会杂乱无章。

（5）语境变化。当语境发生变化时，用户的角色也随之改变，应该重新进行语境判断并再进行一次非空间系推理以及结果分类。

2. 基于角色位置移动的场景自适应选择方法

1）角色位置的定义与内涵

随着近年来室内外定位技术的迅速发展和移动存储设备处理能力的不断提高，位置的概念和移动位置服务成为人们关注的热点。Pradhan 区分了 3 种基本位置类型，包括以精确数值表示的物理位置、以文字或符号表示的地理位置和将位置属性与其他位置的联系拓展到地理位置中的语义位置（Sugano et al.，2010）。

（1）物理位置。物理位置指的是地球上一点在某种参考坐标系下唯一精确的数值描述，通常使用元组的方式来表达，即 Location $= (X_1, X_2, \cdots, X_i, R_s)$，其中，$X_1$、$X_2$、$\cdots$、$X_i$ 分别表示若干个分量，分量的维数由具体的应用需求而确定；R_s 则是定义这些分量的参考坐标系。由定位技术获得的位置信息，通常是以物理位置的形式来表示。

（2）地理位置。地理位置指的是对地球上某一区域在某一范围内的文本性描述，可以使用形式化的二元组进行描述，即 Location $=$ (Name, Area)，式中，Name 就是对此位置信息的文本描述；Area 则是指此名称的使用范围。常用的地理位置有两种：一是地球上某一点或某一区域的行政区划所赋予的名称；二是地球上某区域中的地物地貌所具有的地理名称（Blumenthal et al.，2007）。

（3）语义位置。语义位置是含有相互关系的地理位置（Ni et al.，2004），但若仅仅从位置之间关系的角度来阐述语义是不够的，位置本身所具有的属性也是不可缺少的重要组成部分。语义位置就是包括了地理位置、位置属性以及位置关系的三元组，即 Location $=$ (Name,{Properties},{Neighbors})，Name 是地理位置；{Properties}是此位置本身所包含的一系列属性元素及其属性值的集合；{Neighbors}是与此位置相关的一系列位置及其与此位置之间的关系的集合。

本书中使用语义位置对角色位置进行描述，不仅从位置之间的关系阐述语义，也阐述了位置本身的属性。捕捉角色的位置移动，能够实时地判断角色的视野变化，满足场景自适应性的需要。

2）基于空间关系的本体推理

在上面分析了角色位置的定义和内涵，为了让建筑物室内场景的各类物体对角色产生适应性变化，不仅需要基于角色兴趣的场景自适应选择方法，还需要基于角色位置移动的场景自适应选择方法。

以角色位置为中心进行本体推理，流程如图 8-16 所示。

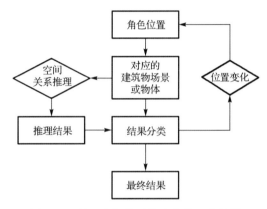

图 8-16　基于空间关系的本体推理流程图

（1）角色位置判断。基于定位判断用户当前位置，使用室内导航技术能得到用户的物理位置，再进行地址库的匹配得到地理位置，最后综合得到语义位置。

（2）角色位置对应的建筑物场景。将角色位置与建筑物中的场景相对应，例如，用户进入建筑物的大厅，那么虚拟漫游中的角色也应进入大厅。

（3）空间关系推理。以角色当前位置为中心，利用三维空间拓扑关系进行空间关系推理，得到角色当前位置的相离、相等、相交、包含、覆盖、相接等空间位置，扩大场景显示的结果集。

（4）结果分类。角色位置对应的建筑物场景、非空间关系推理出的结果应当进行优先级的划分，具有等级显示的效果，使得场景在自适应显示时具有层次感。

（5）角色位置变化。当角色位置发生变化时，用户所在场景也随之改变，应该重新进行位置判断并再进行一次空间关系推理以及结果分类。

8.4.2　情景上下文驱动的地图自适应可视化

情景上下文驱动的地图自适应可视化系统的基本思路是根据上下文情景的不同，自适应地调整地图可视化，以达到最佳的展示效果。相比于传统地图可视化系统，情景上下文驱动的地图自适应可视化系统在设计过程中考虑上下文环境以及操作特征，实现自适应的系统结构，更好地为用户提供功能和个性化特征。

用户和情景上下文密不可分，用户的兴趣和偏好可以看作情景上下文的一个重要组成部分。合适的情景上下文模型必须能够根据用户当前所在的位置从网上获取其他的上下文信息（环境信息、设备信息以及用户信息）。情景上下文驱动的地图自适应系统需要考虑情景上下文的特征信息，并依据这些特征，进行不同形式的表达。通过记录用户的历史操作信息和电子地图的不同用途，可以得到表达不同目的的地图。例如，以浏览为主的地图可视化中，会提供用户漫游与定位、放大与缩小、平移与旋转等功能，并显示位置信息、比例尺等地图要素；以分析为主的地图可视化，则会提供用户距离测量、可视分析、面积测算、统计分析等功能性操作，显示分析结果；以查询为主的地图可视化，则会显示查询数量、大小、范围等信息，并显示查询结果。地图自适应可视化系统是地图表达的趋势，并且将更加注重个性化、大众化等特征。

1. 获取情景上下文信息

上下文信息包含用户上下文（兴趣和偏好）、设备上下文（网络宽带、资源状态）、环境上下文（时间、地点）等。合适的上下文模型必须能够根据用户当前所在的位置从网上获取其他的上下文信息。获取情景上下文信息必须从用户情景出发，针对请求的任务，进行数据要素的综合取舍，从而得到对应情景的地图服务。基本步骤为用户向服务器提出服务请求，自适应服务端获得请求后，通过用户信息、任务和情境等情景上下文信息，从数据库服务器上提取相关数据，对这些数据编辑、融合等空间数据制图综合处理后，结合用户特点、上下文和用户任务生成自适应地图服务，从而在客户端显示接收到的移动地图。

2. 自适应可视化策略

根据不同上下文环境下，地图的可视化内容也应不同，从而满足不同类型和层次用户的需求。因此，需要采用内容分层显示和载负量的动态调整的自适应策略，从而实现快速美观、层次分明的地图可视化效果。

为了地图能够快速显示，必须对地图数据进行实时自动压缩。地图图形放大时，显示的要素数量相对较少，速度将很快；而缩小时，不但要素数量增多，随之而来的是几何点的相对集中，造成重复计算和绘制，所以实时自动的数据压缩相对也能提高地图的显示速度。在地图的内容显示设计中，应针对用户的需求和图形信息的层次，设计地图要素显示的分层方案和动态载负量调整的参数。地图要素的分层显示方案设计取决于地图的数据情况和地图的目的和功能。

8.4.3　情景与角色关联的地图自适应可视化

情景的广泛定义是描述某个场景中实体特征的任何信息，实体是用户和应用程序交互中关联的任何对象，包括应用程序和用户自身（Dey et al.，1999）。设 U 描述用户特征（用户兴趣，用户统计学特征如职业、年纪、职务等），R 描述资源特征（资源类别、主题等），C 描述语境特征（用户地点、接入服务的时间、交通等），则当前情景 c，目标用户 u 以及资源 r 可综合匹配，与自适应感知系统相交互产生推理结果。情景与角色关联的推理模型如图 8-17 所示。

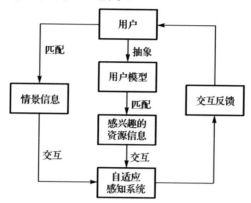

图 8-17　情景与角色关联的推理流程图

1. 用户模型 U

用户模型描述为"怎样的用户发出怎样的需求"，抽象成二元组模型形式如下：
UserModel(<User_Context>,<User_Demand>)，即 UserModel(UC,UD)。
模型元素描述如下。

User_Context：描述的是发出服务需求的主体，即用户背景信息。

User_Demand：表示用户的认知需求，用文字或者特定标识描述。

将用户背景信息参数化并设置值域是用户基本信息获取与表示的有效方式，是用户聚类与建模的基础。用户背景信息参数及其值域层次的划分又与建模的精度和效率有密切的关系，划分得越精细，建模的准确度就越高，而效率就降低；相反，划分得越粗糙，建模的精度就越低，而效率就越高。用户需求信息参数包含两类，一类是用户行为参数，主要描述用户与系统交互过程中的行为表现特点，通过记录或跟踪用户使用系统的行为偏好，进一步对用户行为聚类和行为关联规则进行挖掘；另一类是用户认知参数，主要描述用户对资源信息的认知需求，通过对用户特性信息和目的解析，获取用户的兴趣内容。上述两类参数，都是为了对用户初始模型进行更新和修正，提高用户模型的可行性。

2. 情景特征 C

情景特征 C 抽象成三元组模型形式如下：
ContextModel(<Location>,<Time>,<Surroundings>)，即 ContextModel (L,T,S)。

Location：用户当前所在的位置。

Time：用户发出需求的时间。

Surroundings：描述当时与位置相关的周围环境。

位置信息参数是触发用户动态需求的关键，是决定用户当前兴趣内容和预知行动的因素，该信息参数由定位技术获得当前的位置属性和状态。时间参数是实现用户兴趣内容实时或者近实时得到匹配和推送。建立统一时空框架，保持与位置信息参数一致性。环境信息参数是描述用户当前位置相关的客观环境要素，是空间信息与用户位置相关联的具体描述，也是对资源信息兴趣点集合的描述。

3. 资源信息 R

资源信息 R 抽象成二元组模型形式如下：

ResourceModel(<Resource_type>,<Display_style>)，即 ResourceModel(RT,DS)。

Resource_type：资源的分类。

Display_style：资源的可视化模式。

资源的分类参数将地图资源按照一定规则进行划分。根据地图场景的复杂程度，资源的分类规则不同，如室内场景中的不同空间范围下，建筑物概念和房间概念的资源种类具有较大差异。可视化模式参数规定了资源的显示方式，每种资源的可视化模式应具有视觉上的差异感，能够分辨出物体的种类，合理的物体可视化模式将使得场景具有多样化和层次感。

4. 自适应感知系统

从用户的认知需求中提取兴趣特征并对此模型化，依据上下文和用户兴趣的对应关系，确定当前场景下所涉及的兴趣信息关联类型，同时建立适宜兴趣内容重构的自适应规则，主要包括时空兴趣区域设置，相关度标准的选取等。自适应感知系统的信息过滤与融合是相互结合的，信息的推送与反馈将对用户模型进行自适应性的调整。

第9章 全息位置地图服务平台

9.1 平台架构

全息位置地图智能服务平台基于 SOA 架构，采用多种语言混合编程的方式开发全息位置地图的相关核心组件库，同时将这些核心组件和天地图基础服务平台进行集成，形成基于天地图的全息位置地图智能服务平台，并以统一的 WEB 服务接口形式向外提供全息位置地图服务。支持的服务有 OGC 服务（WMS、WFS、WCS、WPS、WMTS、WFS-G）、瓦片服务、地形分析服务、标绘服务、三维地名服务、GPS 服务、路径分析服务、坐标转换服务、聚合服务等 22 种服务，另外用户也可以自定义服务类型。所有的服务最终形成一个集"天地图"、GeoGloble 为一体的全息位置地图智能服务平台，以统一的服务接口对外提供全息位置地图智能服务，在此基础上，通过调用相应的服务访问接口开发相应的应用示范。全息位置地图智能服务平台及示范应用的总体架构如图 9-1 所示。

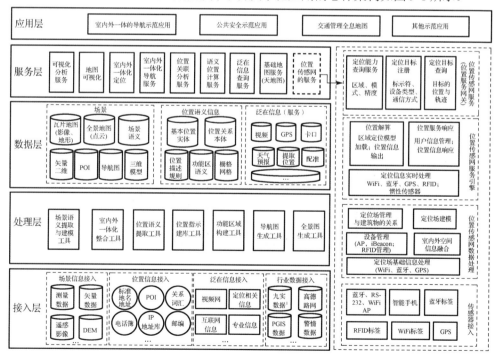

图 9-1 全息位置地图总体框架

注：九实数据是指面向交管部门的实有驾驶员、实有车辆、实有道路、实有运输企业、实有停车场、实有警力、实有违法、实有事故和实有交通设施数据

全息位置地图智能服务平台实现的技术路线：构建全息位置地图数据中心->开发支持全息位置地图的"天地图"数据源驱动->开发全息地图的核心组件->将核心组件与"天地图"进行集成->包装"天地图"实现全息位置地图智能服务平台。全息位置地图数据中心的建设包括硬件设施的选型与配置，虚拟化方案，安全、可靠、高效的地理计算服务等。在数据中心中部署集群调度系统、空间数据文件管理系统、建立全息位置地图数据库，包括泛在信息数据库、全景地图数据库、真三维地理数据库、影像地图数据库等对真三维地理地图、全景地图、影像地图及泛在时空信息进行一体化的存储与管理。

9.2　功　能　组　成

全息位置地图智能服务平台由数据采集与建模、传感器信息接入与定位、时空关联分析、可视化服务、数据存储与调度、移动终端位置服务六大功能组成，如图 9-2所示。其中，数据采集与建模提供室内外一体的地图数据采集与建模功能；传感器信息接入与定位提供基于 GPS、RFID、无线信号等多种形式的室内外一体的位置感知功能；时空关联分析提供空间维（三维）、时间维和属性维 5 个维度的全方位时空关联分析功能；可视化服务提供全息位置地图的二、三维可视化，包括查询、浏览以及各种分析数据的可视化；数据存储与调度提供全息位置地图的数据管理及存储调度功能；移动终端位置服务针对各种移动便携式设备（手机、平板电脑）提供室内外一体化的连续定位与导航服务。

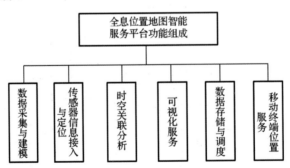

图 9-2　全息位置地图智能服务平台功能组成

9.3　核　心　组　件

为了实现全息位置地图智能服务平台，除了包装、改造"天地图"现有功能，还需要设计和开发专门针对全息位置地图的核心功能组件，各组件的功能如下。

1. 数据采集与建模组件

该组件提供室内外一体的地图数据采集与建模功能、采集的数据类型主要包括平面结构图、全景图、点云数据、Kinect 扫描数据、定位传感器数据与兴趣点，并结合 LiDAR 快速获取技术，联合多种采集设备（LiDAR、Kinect、全景相机等），对复杂场景进行全方位的三维快速重建，对三维场景中蕴含的拓扑关系、方位关系、语义属性、场景内动态目标的行为轨迹、形态变化、属性信息等进行建模，为空间分析奠定基础。

2. 传感器信息接入与定位组件

该组件提供基于 GPS、RFID、无线信号等多种形式的室内外一体的位置感知功能，对于室外环境则通过 GPS 进行位置感知，对于室外 GPS 无信号的地区则通过 WiFi、ZigBee 和 UHF RFID 等无线信号，基于 RSSI 值概率分布实现全息位置地图的无缝位置感知，位置感知组件屏蔽具体实现细节，以统一的接口透明地向上层提供位置感知功能。

3. 时空关联分析组件

基于统一时空编码的目标关联框架实现多源数据时空关联分析组件，提供空间维（三维）、时间维和属性维 5 个维度的全方位时空关联分析功能。其中，空间维以空间位置、遥感图像的分辨率、矢量地图的比例尺等为坐标点，时间维以数据的获取时间为标定点，属性维以传感器的类型、地理要素、目标类型等属性为关联点，从而形成多层次、多粒度、全方位的关联关系，同时时空关联分析组件为这些关联关系提供统一、规范、灵活、可扩展的关联分析接口，方便用户使用。

4. 可视化服务组件

该组件提供二维浏览视图和三维浏览视图。所有全息位置地图的数据、查询分析的结果都能在上述两个视图中表现，同时用户通过相应的工具按钮即可对各类数据进行浏览、查询等操作。浏览主要包括放大、缩小、漫游、旋转、二三维切换、数据定位。二维浏览视图中的场景为平面效果，用户在二维浏览模式下可以浏览矢量、影像数据，获得宏观、完整的二维地理信息。三维视图提供矢量数据、影像数据、地形数据、三维模型及地名数据一体化显示的功能，用户通过三维视图可获得立体的三维视觉逼真效果，同时通过矢量、影像以及三维模型、地形数据的叠加浏览，可以对数据所在区域进行全方位的展示。

5. 数据存储和调度组件

以分布式数据库作为全息位置地图数据库的概念模型，针对各种传感器设备获取的实时观测数据以及三维场景数据，提出兼顾时间关系、空间关系与语义关系的分布式全息位置数据库模型及其数据结构，并针对分布式数据库管理系统，设计兼顾传感器数据时间连续性、空间关联性、语义相似性的高效的分布式全息位置地图数据库组织与存储结构。

针对传统数据库管理模式在 PB 级海量泛在时空数据存取访问中存在的严重 I/O 瓶颈和服务器性能瓶颈，利用分布式数据库的均衡负载，实现泛在时空数据并行写入和并行读取的高可用性。针对泛在时空数据的大规模海量性、非结构化变长等特点，依据泛在时空数据调度的粒度特性进行分块，采取连续时间、相邻区域泛在时空数据的并行划分、并行存储，通过组织协调，实现泛在时空数据读取的并发高效。针对泛在时空数据的实时写入，采用数据最终一致性保证多用户的数据访问服务，并通过设计可扩展、可伸缩的分布式数据库存储架构实现海量数据存储需要。基于多层次并行空间索引结构，利用分布式数据库服务器实现对大规模泛在时空数据的高性能并行管理。

针对整个市区范围的三维模型数据具有范围广、数据量大、对象数量多等特点，三维模型数据采用基于数据内容的分区方法进行组织，并按建筑模型、道路网络模型、环境模型等专题进行分类组织；针对建筑物内部空间导航的典型应用，系统可提供专题数据的组织方式和建筑物内部空间结构、属性及各类三维模型数据的组合模型，将耦合度高的数据内容紧密结合，以提高应用的效率。数据管理和调度提供参数操控和调整界面。

针对泛在时空数据时间连续、空间相邻、语义相似的数据特点以及海量泛在时空数据实时可视化过程中的 I/O 瓶颈和资源竞争问题，建立基于泛在时空数据内容的多线程动态调度方法，建立自适应的缓存机制，将泛在时空数据的实时调度与预调度进行有机结合，有效提高泛在时空数据动态调度的效率，满足无缝集成可视化快速的数据请求的需要。

建立面向多核环境的多线程动态调度方法以及基于泛在时空数据内容和分布式数据库组织架构的多线程分配机制，针对泛在时空数据、三维模型数据、地形数据，建立多个数据调度线程，并合理分配多数据调度线程在多核处理器上的工作负载，提高数据调度的性能。

建立海量泛在时空数据实时调度与预调度有机结合的调度机制，通过基于时间连续性、空间相邻性、语义相关性计算与调度任务关联信息的调度机制，将下一步可能用到的数据，预先从泛在时空数据库中读取出来并在缓存中进行管理，直接从缓存中调度所需的数据，减少从泛在时空数据库中实时调度数据的次数和时间，进一步提高数据调度的效率。

建立基于泛在时空数据内容和负载压力的自适应缓存机制，根据泛在时空数据的内容分别建立传感器、地形、三维模型数据的几何及纹理等多个缓存池，并在服务器端建立高效的数据缓存，大幅提高海量泛在时空数据、三维模型数据和地形数据的调度能力以及并发访问能力，同时针对分布式数据库系统的应用模式，实现随并发访问负载压力的缓存自适应设置。

6. 移动终端位置服务组件

该组件提供针对智能手机、PDA、平板电脑等移动便携式设备提供室内外一体的全息位置服务，将常规的导航与位置服务进行延伸，专门针对移动终端提供面向行人和面向室内外一体化的连续导航与位置服务。该组件是快速开发和部署基于设备的全息位置服务的核心组件，除了提供地图浏览、多源矢栅数据的叠加显示、查询定位、符号绘制、图层管理、插件管理等基本的基本功能，还提供全息位置服务的连续导航与室内外一体导航功能，同时可通过 GRPS、3G、WiFi 等多种方式进行网络通信，并提供二次开发接口，可以快速地嵌入各种应用程序中，能在多种移动嵌入式设备（手机、PDA、平板电脑）上运行。支持包括 WinCE、WinWM、Android 和 iOS 多个操作系统平台，具有良好的跨平台性；同时支持丰富的数据源和地图数据格式，能够直接打开和保存包括 ArcGIS、GeoStar、MapInfo、MapGIS 等主流 GIS 软件的地图数据，并提供了扩展接口支持自定义的数据源；在数据的组织和管理上，实现了基于 R 树和空间聚簇树相结合的矢量数据管理和基于多金字塔的影像数据管理，使其能够快速地进行地图查询与可视化；在地图绘制方面，采用设备无关的绘制技术，封装了抽象的设备上下文环境，然后由此派生出了各种具体的设备上下文环境，能够在多种设备上进行高质量地图输出，并支持实现反走样、反锯齿和多种地图渲染方式。

9.4　室内外定位服务

全息位置地图采用基于位置指纹法的室内外定位系统。基于位置指纹法定位技术的工作流程是，首先构建指纹库，然后通过定位算法进行匹配得到精确位置，返回给用户。

在室内外定位服务的系统体系中，基础资源层作为室内外定位服务技术的基础支撑层，用于为室内外定位服务提供室内外定位信号的获取与传输、空间数据与互联网信息的集成融合和实现定位服务所需的基础计算处理资源，包括连续运行基准站、移动通信定位设施、空间数据及互联网信息资源和计算处理与存储资源等。信息处理层利用基础资源层所提供的资源，实现广域实时精密定位处理、室内高精度定位处理，并构建协同实时精密定位信息的处理平台。信息服务层主要实现精密定位信息的播发和室内位置信息的服务。用户层完成终端接入，实现精密定位，并提供各种位置服务业务的第三方服务内容接入，如图 9-3 所示。

1. 室内外定位服务功能

通过对系统详细的分析和研究，最终得出了室内外一体化定位与位置服务的后台系统的功能需求。系统基于位置服务的架构，最终得出的功能需求有对基础资源层的管理、注册和提供定位服务的功能。

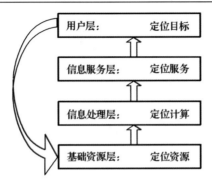

图 9-3　位置定位服务基本框架

1）用户注册和设备注册

注册模块作为后台的一个大的模块，因为本书所构建的系统是为用户层的定位目标提供定位服务的，所以要提供给定位目标注册的功能，可以分为用户的注册和用户持有的设备的注册。

（1）用户的注册。当一个新的用户需要得到本系统的位置服务的需求，必须先注册到该系统中，然后才能进行定位服务的请求。

（2）设备的注册。用户注册完成之后，持有的设备必须进行注册，否则也得不到位置服务的功能，将设备基本的信息注册到数据表中，方便后台管理。

2）用户管理和定位基础设施管理

在用户注册之后，紧接着的工作就是通过对基础资源的定位场组成的基础设施和用户层注册的用户的管理，使定位服务得以实现。系统后台可以对用户进行管理，对注册的设备进行管理，定位场中的基础设施管理有楼层、楼层部件信息、楼层部件的管理，同时在后台可以查看楼层部署的卡片的位置信息，如图 9-4 所示。

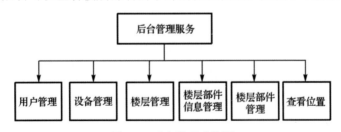

图 9-4　后台管理功能图

（1）用户管理。后台对注册的用户进行管理，可以对用户进行添加和注销。

（2）设备管理。对注册的设备进行管理，查看在线状态，修改移动设备的基本信息。

（3）查看位置。后台查看楼层中部署的卡片位置信息，后台显示卡片的位置信息。

（4）楼层管理。对定位场中的楼层进行增删改查。

（5）楼层部件信息管理。楼层部件信息的管理，如更改部件所在定位场的位置、所在的楼层、部件所提供的服务等。

（6）楼层部件管理。对楼层当中所有的部件进行管理，增删改查等操作。

3）位置服务功能

位置服务模块，是室内外定位服务后台管理系统的核心，待定位的用户发送定位请求给服务器，服务器响应用户的定位请求将位置信息发送给用户，同时在后台查看定位场中的部件在地图中的位置。

4）系统用例图分析

通过后台进行如下工作：用户管理、设备管理、楼层管理、楼层部件信息管理、楼层部件管理、查看位置，如图 9-5 所示。

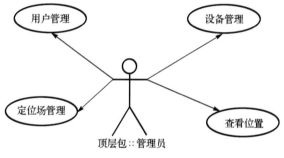

图 9-5　后台用例图

用户定位用例图如图 9-6 所示。

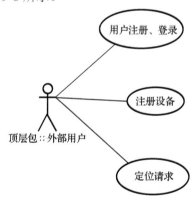

图 9-6　用户定位用例图

2. 室内外定位服务系统设计

1）用户数据库设计

数据库设计是系统实现最重要的一步，良好的数据模型将会使用户的需求清楚、准确地描述出来。概念数据模型是一种面向问题的数据模型，是按照用户最直观的需求对数据建立的模型。

数据字典是关于数据信息的集合，作为分析阶段的工具有着很重要的用途。数据字典是开发数据库的第一步，本小节将相关的数据以表格的形式呈现，如表 9-1 和表 9-2 所示。

表 9-1 用户实体数据字典

用户信息表	
别名	用户资料
描述	定位用户资料
定义	用户信息=用户名+密码
位置	输入到用户表（T_LANDING）

表 9-2 移动设备数据字典

移动设备信息表	
别名	移动设备资料
描述	移动设备信息资料
定义	移动设备=型号+生产厂家+MAC 地址+移动设备国际身份码
位置	输入到设备表（T_EQUIPMENTINFO）

2）注册响应登录

（1）用户注册。客户端发送请求，服务器进行响应，客户端和服务通过 json 数据相互通信。用不同数值标记注册成功和不成功的状态，返回给用户。

（2）用户登录。用户发送请求，后台系统响应，用户登录时会将自身设备信息和用户信息一起发送给后台系统，后台系统首先判断用户名是否存在，如果存在，判断密码是否正确如果正确返回成功，接着判断接收得到的设备是否也已注册，如果没有注册，注册到系统中，同时用日志表记录用户登录的时间。

（3）移动设备注册和登录。移动设备的注册和登录是伴随着用户登录过程。若设备不存在数据库，注册设备到数据库。

3. 定位基础设施数据库设计

定位场中包含的定位基础设施包括了定位场中布置的 NFC 卡片，定位场中的楼层，定位场中的实体，对它们的管理首先得对它们进行数据库设计。

（1）NFC 卡片数据字典的设计见表 9-3。

表 9-3 NFC 卡片数据字典

定位设备信息表	
别名	NFC 卡片资料
描述	部署的 NFC 卡片的资料
定义	NFC 卡片信息=NFC 卡片数字+卡片内容+建筑名+楼层+位置 X+位置 Y
位置	输入到 NFC 卡片表（T_TDCODE）

（2）楼层实体数据字典的设计见表 9-4。

表 9-4　楼层实体数据字典

楼层信息表	
别名	楼层资料
描述	定位场覆盖楼层信息
定义	定位设备信息=楼层 ID+楼层名+建筑名+楼层关键区域+楼层高+楼层宽+楼层长度+楼层描述
位置	输入到楼层表（T_FLOODINFO）

（3）部件实体数据字典的设计见表 9-5。

表 9-5　部件实体数据字典

部件表	
别名	部件资料
描述	楼层中部件实体
定义	部件=部件名+部件长+部件宽+部件高+部件可通过性+部件所在楼层
位置	输入到部件表（T_COMPONENTINFO）

（4）部件信息实体数据字典设计见表 9-6。

表 9-6　部件信息实体数据字典

部件信息实体表	
别名	部件相关信息资料
描述	楼层中的部件相关的信息
定义	部件信息=信息 ID+楼层名+部件名+位置 X+位置 Y+位置 Z+方向+部件状态+服务
位置	输入到部件信息表（T_CONFINFO）

4. 位置服务接口设计

基于位置服务系统的组成，定义基于网络服务的若干服务接口，通过请求/响应模式实现室内位置传感网的定位服务。

GetCapabilities 接口：用于获取位置传感网服务器的服务元数据及其服务能力的概要信息，包括服务器管理的位置传感网的类型、定位空间的范围、定位能力等元数据信息。

LocatePositioningObject 接口：确定待定位目标的位置。

1）GetCapabilities 接口

GetCapabilities 用于获取位置传感网服务器的服务元数据及其服务能力的概要信息，包括位置传感网的标识、部署区域以及支持的定位模式等概要信息，该类元数据是可以机读（或者人读）的关于位置传感网的服务能力的描述。该操作接口的参数的属性如表 9-7 所示。

表 9-7　GetCapabilities 请求的 KVP 编码参数

参数	参数的中文名称	必选（M）/可选（O）	说明
VERSION=version	版本	O	指定请求操作所支持标准的版本
SERVICE=IPS	服务	M	指定服务的类型，IPS 即为室内定位服务（Indoor positioning service）
REQUEST=GetCapabilities	请求	M	给出请求操作名称
FORMAT=MIME_type	格式	O	指定元数据的输出格式

基于表 9-7 的参数，GetCapabilities 的 HTTP GET 请求的 URL 基本格式：http://www.someserver.com/IPS?Service=IPS&Version=v1&Request=r1&Format=f1。

（1）请求参数分析。

① 版本（version）。

可选参数。版本号用以表示操作接口支持的标准的版本。该协议版本号将随着本标准每个版本的变化而改变。版本号包括 3 个正整数，它们用小数点分开，以 "$x.y.z$" 的形式出现，数字 "y" 和 "z" 不超过 99。本标准的各个实现均使用值 "1.0.0" 作为协议版本号。

如果 GetCapabilities 请求没有指定版本号（版本参数是可选的），服务器将以它支持的最高版本进行响应。如果服务器不支持 GetCapabilities 请求的版本号，服务器则以它支持的版本来响应。

② 服务（service）。

必选参数。它指定服务器正在调用的可用服务类型。本部分定义该参数的值为 "IPS"。

③ 请求（request）。

必选参数。它指定要调用的服务操作，其值是服务器实现各种操作的名称之一。对于 GetCapabilities 操作，该参数取值为 "GetCapabilities"。

④ 格式（format）。

可选参数。格式参数指定了该操作要返回的服务元数据的格式。IPS 服务的 GetCapabilities 请求所支持格式的值列在服务元数据的一个或多个<Format>元素中，该元素中完整的 MIME 类型字符串是格式参数的值。如果某 GetCapabilities 请求包含了服务器不支持的格式，服务器宜采用 text/xml 文档格式作出响应。

（2）响应参数分析。

GetCapabilities 请求操作返回的能力文档需要说明在该服务器上注册并管理的位置传感网的概要信息，具体包括两部分内容：服务元数据（ServiceMetadata）和能力元数据（CapabilitiesMetadata），前者描述 IPS 服务的基本信息，后者描述能够提供的位置传感网的标识、部署区域以及支持的定位模式等概要信息。

① 服务元数据。

服务元数据信息由<ServiceMetadata>元素提供，其对应的参数及属性如表 9-8 所示。

表 9-8　服务元数据<ServiceMetadata>的参数属性

参数	参数的中文名称	必选（M）/可选（O）	说明
Name	名称	M	指定服务的名称，取值应是"IPS"，即位置定位服务（location sensing service）
Title	描述	O	对服务的解释性描述
OnlineResource	在线资源	M	指定提供服务的地址
Abstract	摘要	O	提供有关服务的基本信息
Keywords	关键字列表	O	包含描述服务器的关键字列表，有助于服务目录的检索

在线资源：给出 IPS 服务部署的服务器的地址，由<OnlineResource>元素给出，其取值格式的示例：namespace:onlineResource xlink:href=http://www.myhost.cn/。

关键字列表：给出一组有关描述服务器特征的关键字，由<Keywords>元素给出，并由<Keyword>子元素给出每个关键字。

② 能力元数据。

CapabilitiesMetadat 类集成一个或多个 PositioningSensorNetwork 类，用于描述服务器管理的位置传感网的标识、部署区域和支持的定位模式等信息，如表 9-9 所示。

表 9-9　PositioningSensorNetwork 的参数属性

参数	参数的中文名称/可选（O）	必选（M）/可选（O）	数据类型	说明
Id	标识码	M	int	唯一标识位置传感网
Name	名称	O	string	位置传感网的名称
description	描述	O	string	位置传感网的简单介绍
deployedRegion	部署区域	M	DeployedRegion Description	位置传感网所部署的区域的名称和标识符，如一幢大楼或者一个公共场所
availablePositioningMode	可用定位模式类型	M (1..*)	PositioningMode TypeCode	位置传感网支持的定位模式，如 WiFi、RFID、蓝牙、红外

2）LocatePositioningObject 接口

必选操作，用以获取待定位目标的位置信息，需要传入有关定位设备的实时变化参数以及待定位目标的相关参数。

（1）LocatePositioningObject 请求。

① LocatePositioningObject 请求参数。该操作的请求参数有位置传感网的标识符、待定位目标的标识符或设备 MAC 码以及用户所需的位置表达形式，如表 9-10 所示。

表 9-10　LocatePositioningObject 请求的参数及属性

参数	参数的中文名称	必选（M）/可选（O）	说明
VERSION=version	版本	O	指定请求操作所支持标准的版本
SERVICE=IPS	服务	M	指定服务的类型，IPS 即室内定位服务

参数	参数的中文名称	必选（M）/可选（O）	说明
REQUEST=LocatePositioningObject	请求	M	给出请求操作名称
positioningSensorNetworkId	位置传感网的标识码	M	位置传感网的标识码
positioningObject	待定位目标	M	待定位目标的信息，其类型为 PositionObject
positionCalculate	定位计算	M	定位所需要的相关信息，其数据类型为 positionCalculate

② PositioningObject 的参数，如表 9-11 所示。

表 9-11　定位目标 PositioningObject 的参数

参数	参数的中文名称	必选（M）/可选（O）	数据类型	说明
id	标识码	M	int	唯一标识定位目标
name	名称	O	String	定位目标的名称
deviceIdentification	目标标识	O	String	定位目标的标识信息
deviceVariable	目标的变量	O	Numeric	定位目标的相关变量，例如手机内置的加速度传感器的输出值
equipmentVariable	设备的变量	M	Numeric	定位场设备的相关变量，例如 WiFi AP 的 RSSI 值
positioningCharacteristics	定位特征	M	PositioningCharacteristics	定位目标上设备的定位模式及其带宽
channelBandWidth	信道带宽	O	double	定位目标与传感网之间进行通信的信道带宽
communicationMeans	通信方式	M	CommunicationMeanscCode	定位目标与传感网之间的通信方式
auxiliaryDeviceType	辅助设备类型	O	AuxiliaryDeviceTypeCode	装备在定位目标上能够提高定位精度的辅助设备类型

③ PositioningCalculate 的参数，如表 9-12 所示。

表 9-12　定位解算 PositioningCalculate 的参数

参数	参数的中文名称	必选（M）/可选（O）	数据类型	说明
equipmentIdentification	定位场设备标识	M	String	定位场设备的标识信息
equipmentVariable	定位场设备的变量	M	Numeric	定位场设备的相关变量，如 WiFi AP 的 RSSI 值
deviceIdentification	定位目标的标识	O	String	定位目标的标识信息
deviceVariable	定位目标的变量	O	Numeric	定位目标的相关变量，如手机内置的加速度传感器的输出值

（2）LocatePositioningObject 响应。

LocatePositioningObject 请求操作成功后，其响应是用 XML 文档描述的待定位目标在室内的位置、时间、移动速度、移动方向等。如果定位目标不能被识别，将返回异常消息 unrecognizableObject。

5. 系统实现

根据位置服务架构所实现的后台管理系统，通过对需求的分析和详细设计，基本实现了系统的功能。整体后台管理界面呈现如图 9-7 所示。

图 9-7　后台管理界面

1）用户的注册和设备的注册

因为用户和外部设备注册时不能呈现在界面中，是客户端和服务器进行交互完成的，所以这里给出交互的数据格式和流程。

用户注册时客户端发送数据格式为{user:"",pwd:""}的数据，服务器判断数据库中是否有该用户，返回给客户端的数据格式为{status:1 或 2}：1 表示用户已存在，2 表示注册成功。

用户登录时客户端发送的数据将添加上移动设备的信息，格式为{user:"",pwd:"", model:"",brand:"",imei:"",timestamp:""}，用户登录成功，接着判断用户设备是否存在，如果不存在，将设备注册到数据库中，存在后生成一条日志记录写入数据库。返回给客户端的数据格式为{status:1 或 2 或 3}：1 表示密码错误，2 表示账户不存在，3 表示登录成功。

2）移动设备的管理

移动设备的管理界面如图 9-8 所示。

图 9-8　移动设备的管理

3）定位场基础设施管理

定位场基础设施管理的界面如图 9-9 所示。

图 9-9　定位场基础设施管理

iBeacon 设备：后台对 iBeacon 设备管理的总体界面如图 9-10 所示，图中显示的操作有可以添加 iBeacon 设备（图 9-11）、修改 iBeacon 设备信息（图 9-12）、删除 iBeacon 设备、查看 iBeacon 设备位置信息。

图 9-10　iBeacon 设备管理

图 9-11　修改 iBeacon 设备信息

图 9-12　修改 iBeacon 设备

9.5　室内外一体化的导航服务

9.5.1　路径规划服务架构图

在前端手机 APP 中，当用户希望获得某段路程最便捷的行车、公交或者步行路线时，用户根据操作选择起止点后，应用软件将起止点信息（包括室内室外等相关信息）传到后端导航服务器，后端导航服务器在接收起止点信息后，根据相应的算法结算出一条符合前端用户需求的路线，并将路线信息返回前端 APP 进行文字以及图上路线的显示。采用前端 APP 显示后端服务计算的方式，避免了移动设备计算能力较小的弊端，提高了导航服务的高效性。因此，本平台实现路径规划服务，在服务端运行，从前端 APP 接收必要数据后进行计算将结果传回。路径规划服务架构图如图 9-13 所示。

路径规划模块的架构分为前端服务器（connector）和后端服务器（client）。客户端通过 websocket 长连接到前端服务器群，前端服务器负责承载连接，并把请求转发到后端的 indoor 服务器。后端的服务器则负责各自的业务逻辑，即实现路径规划算法，处理完逻辑后再将结果返回给前端服务器，由前端服务器向客户端传递，流程如图 9-14 所示。

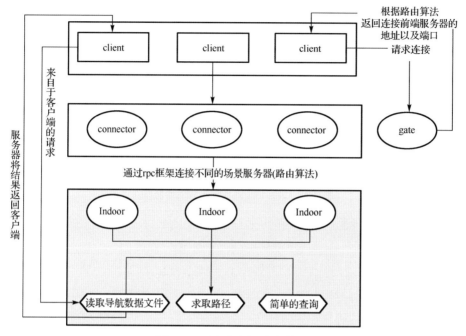

图 9-13　路径规划服务架构图

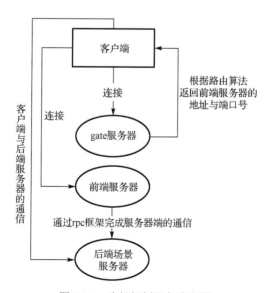

图 9-14　路径规划服务流程图

在后端路径规划服务器中，实现了以栅格地图为基础的室内路径规划算法，包括跨楼层路径规划算法以及动态导航算法。

9.5.2　室内外导航服务接口

1. readRasterData 方法

该方法作为服务的入口方法，读取基本信息，包括服务器的配置信息，路径规划需要的栅格地图数据，以及在计算路径过程中需要的左边转换参数。同时接收从客户端传递的基本信息并进行保存。并通过参数 next 对相应结果进行向前端服务器的返回。表 9-13 为该方法的参数描述。

表 9-13　readRasterData 方法参数描述

类型	长度	参数名称	描述
JSON	多字节	msg	保存从客户端传递的需要参与功能逻辑实现的信息
JSON	多字节	session	客户端与服务器之间传递信息的状态保存
函数类型	多字节	next	回调函数，通过此函数将信息返回给客户端

2. calculatePath 方法

该方法实现计算最佳路线的功能，接收客户端传递的起止点数据，并调用其他路径规划算法功能函数，最终得到最佳路线，并将路线通过 next 参数返回客户端，在客户端将路线进行显示。表 9-14 为该方法的参数描述。

表 9-14　calculatePath 方法参数描述

类型	长度	参数名称	描述
JSON	多字节	msg	保存从客户端传递的需要参与功能逻辑实现的信息
JSON	多字节	session	客户端与服务器之间传递信息的状态保存
函数类型	多字节	next	回调函数，通过此函数将信息返回给客户端

3. onefloorNav 方法

该方法实现单层路径规划。当用户选择的起止点均在此层中出现时，则对于此层内路径规划，起止点即为最终的起止点；当用户选择的起点不在此层而终点属于此层时，那么在此层内的路径规划中，起点即为下一层到此层的上楼梯口，终点则不变；当从客户端传递的起点属于此层而终点不在此层时，那么在此层的路径规划中，起点不变，终点则为此层到上一层的上楼梯口；当终点与起点均不属于此层时，那么该层的路径规划，起止点均为楼梯口，此层的路线仅仅作为楼层间的切换出现。表 9-15 为该方法的参数描述。

表 9-15　onefloorNav 方法参数描述

类型	长度	参数名称	描述
String	多字节	startx	起始点的 x 坐标
String	多字节	starty	起始点的 y 坐标
String	多字节	endx	终点的 x 坐标
String	多字节	endy	终点的 y 坐标
Int	多字节	floor	所有求取路径的楼层号

4．nearestExitup 方法

对于跨楼层路径规划，层间的切换主要体现在楼梯、电梯、扶梯等层间出入口的选择，因此，需要一个方法，来获得对于某一个上楼（或者下楼）入口最近的上楼出入口。该方法实现了此功能。该方法返回离参数所代表的点 (x, y) 最近的上楼梯口。表 9-16 为该方法的参数描述。

表 9-16　nearestExitup 方法参数描述

类型	长度	参数名称	描述
String	多字节	x	该方法求取离此 (x, y) 坐标点最近的上楼梯口点
String	多字节	y	该方法求取离此 (x, y) 坐标点最近的上楼梯口点
Int	多字节	floor	所有求取路径的楼层号

5．nearestExitdown 方法

对于跨楼层路径规划，层间的切换主要体现在楼梯、电梯、扶梯等层间出入口的选择，因此，需要一个方法，来获得对于某一个上楼（或者下楼）入口最近的下楼出入口。该方法实现了此功能，该方法返回离参数所代表的点 (x, y) 最近的下楼梯口。表 9-17 为该方法的参数描述。

表 9-17　nearestExitdown 方法参数描述

类型	长度	参数名称	描述
String	多字节	x	该方法求取离此 (x, y) 坐标点最近的下楼梯口点
String	多字节	y	该方法求取离此 (x, y) 坐标点最近的下楼梯口点
Int	多字节	floor	所有求取路径的楼层号

6．LonLatToIndex 方法

室内导航采用以栅格地图为基础的栅格导航方式，而在客户端中，用于可视化提供用户浏览漫游功能的地图均是具有地理坐标信息的，因此服务端所接受的客户端传递的数据应为带有地理坐标信息的数据，而针对栅格地图的路径规划算法则是对于栅格地图的行列索引进行相关处理，因此，需要一个方法来实现地理坐标与栅格地图行列索引的转换。该方法便实现了此功能。输入参数为地理坐标，函数返回相应的行列索引值。表 9-18 为该方法的参数描述。

表 9-18　　LonLatToIndex 方法参数描述

类型	长度	参数名称	描述
String	多字节	lon	需要进行转换的点的纬度值
String	多字节	lat	需要进行转换的点的经度值
Int	多字节	floor	该坐标点所在楼层号

7. IndexToLonLat 方法

该方法与上一方法实现相似功能，输入参数为行列索引值，函数返回相应的地理坐标。表 9-19 为该方法的参数描述。

表 9-19　　IndexToLonLat 方法参数描述

类型	长度	参数名称	描述
String	多字节	x	需要进行转换的点的 x 坐标值
String	多字节	y	需要进行转换的点的 y 坐标值
Int	多字节	floor	该坐标点所在楼层号

第10章 全息位置地图应用示例

10.1 示例一：城区公安分局"快出警"系统

10.1.1 背景与意义

接处警工作是公安110工作中的一个重要环节，同时也是公安工作直接与群众联系最紧密的一环。任何一个环节的麻痹大意、一个细节的疏漏，都可能给人民群众的生命财产安全造成无法挽回的重大损失，都将直接影响公安机关在人民群众中的形象和信誉。近年来，社会、经济的快速发展，尤其是计算机网络技术和移动通信技术在全国范围内的推广，公安工作面临新的机遇和挑战，社会对提高公安接处警工作效率的要求逐渐增强。

武汉市公安局狠抓公安信息化，并在2010年推广应用警综平台执法办案系统。先后采取以会代训、专家讲座、集中培训、多媒体教学、小教员上门辅导等形式，使民警熟练掌握警综平台基本程序和操作技能。缩短了群众报警到警情传递至基层派出所的时间，加快了民警对报警的响应速度。公安部科技信息化局于2010年12月份下发了《移动警务 B/S 应用安全接入规范》对公安警务信息移动接入系统的建设提出了具体要求和指导性意见，各地公安机关陆续开展了基于公网的警务信息移动接入及应用系统的建设工作。2012年1月10日是全国第26个"110宣传日"，武汉警方通过"警民恳谈会"等多种形式，听取、收集了全市万余名市民对110接、处警工作的意见、建议。根据"110接处警，要再快1分钟"方针的指导，武汉市在2012年基本完成警务通系统的部署，增加了一线民警外出工作期间的信息获取量，提高了民警处警的工作效率。然而，当前的接处警模式仍存在一些问题，主要表现在以下4个方面。

（1）警务运行机制不够顺畅。110报警服务台接收群众报警求助，是公安机关打击违法犯罪活动、服务人民群众的开端，需要一线实战单位继续将整个警务活动进行下去，从而实现警务工作目标。但从工作实践看，110警务运行机制还不十分顺畅，接处警各环节的衔接配合上还不够到位，勤务运行模式有待改进，警力资源使用效能有待增强，服务群众、服务社会效应有待扩大。

（2）接处警工作效率不高。目前使用的"三合一"接警平台运行不流畅，从报警声响、点击警情到警情信息界面弹出最快需要大概10秒左右，报警高峰平台拥堵时耗时会达到 1～2 分钟。当前派警过程主要采用电话或电台给执勤民警进行派警,这中间耗费大量时间,还可能出现信号不好、无法接通等现象,特殊情况下接警员需要打多个电话才能将警情派出。普遍达不到 10 分钟内到达现场的要求,往往容易失去打击现行违法犯罪的最好时机,也是群众对接处警工作不满意的主要原因。

(3) 资源浪费问题依然存在。日常接警工作中处理的大部分警情属于纠纷和求助类警情,而社区民警占民警数量的比例很大,该类警情的处理和求助完全可以交给社区民警处理,而无须拨打 110 报警,然后再通过三级调度把警情传递给社区民警,造成不必要的时间和资源的浪费。此外,警务工作中重复报警现象十分常见,报警人报警之后,在一定时间内看不到民警到达现场或者没有得到相关的接警回复,会以为警情没有被接收、处理。在这种情况下通常会采取重复报警的措施,重复报警也会对警务资源造成严重的浪费。

(4) 接处警人员数量少。目前,110 报警服务台民警队伍普遍数量较少、人员不足,在警情较多的时候会造成警情的扎堆,使得后来的警情得不到及时的处理,降低了群众的满意度。

针对以上问题,建设了 PC 移动一体化的城区公安分局"快出警"系统。

10.1.2 功能分析

城区公安分局"快出警"系统被划分为指挥调度平台子系统、数据建库与管理子系统、移动终端子系统、协同通信子系统 4 个子系统。

1. 指挥调度平台

指挥调度平台主要负责接警、派警和处警,以及对回告内容进行审核和管理。平台对于接到的警情,在平台上进行简单的初次标注,然后结合警务位置信息(案发位置、责任区位置、民警位置等)和民警状态进行计算分析,给最适合派遣的巡逻车上的民警(民警手上的 APP)发送警情概要,同时给报警人的手机发送短信消息,告知已有民警即将赶去现场处置,短信内容包括民警信息。派警完毕后就等待民警到达确认接警信息、现场状况信息和案件处理回告信息。根据回传的案发现场坐标自动进行二次标注,对民警回传的回告信息可进行管理和修改。接警模块功能如表 10-1 所示。

表 10-1　接警模块功能表

序号	名称	概述
1	平台传警信息接入	系统实时监控分局 110 接警信息表,对新来的警情进行查询分析,并将预处理后的警情推送至客户端,实现自动报警
2	基层派出所直接报警信息录入	系统提供现场报警信息录入的功能,对于新录入的警情也可实施调度功能

接警模块功能详细描述如下：

（1）系统实时监控分局 110 接警信息表，对新来的警情进行查询分析，并将预处理后的警情推送至客户端，实现自动报警。指挥研判民警根据新到警情的位置描述，实现警情的位置标注。

（2）对于直接到派出所报警或者直接打电话到派出所报警的信息进行录入，录入内容与平台传警内容一致，警情编号制定相应的标准，与平台传警区别开来。

派警模块功能如表 10-2 所示。

表 10-2　派警模块功能表

序号	名称	概述
1	出勤民警 GPS 定位	系统在点击警情图标后实时获取民警的位置
2	出勤民警状态侦测	系统提供民警实时状态查询
3	选择派遣民警	调度员选择最适合的民警进行派警
4	警情派发给民警	选择完民警后，将该条警情的相关信息发送给该民警的手机端
5	短信回复报案人	对于是使用手机报警的警情，系统将接警确认信息和民警信息一并发送给报案人

派警模块功能详细描述如下：

（1）在点击警情后，系统会查询显示警情周围一定范围内（如 100 米）警力（通过移动 APP 传回的信息（巡逻车上民警的状态）合理调度巡逻车和社区民警）和摄像头；用户可对警情位置进行移动，对查询出来的摄像头进行点击可实时调取摄像头视频画面，了解相关信息。

（2）调度员根据警情的类型和民警的状态选择最合适的民警进行派警。

（3）系统选择完民警后，点击一键派警按钮，点击按钮后同时向民警与报警人发送消息；给民警的消息发送至民警手机端的 APP，信息包括警情概要、警情地址、报警人电话等；给报警发送的消息以短信形式发送至报警人的手机，内容包括民警相关信息和报警被接收的通知。

处警模块功能如表 10-3 所示。

表 10-3　处警模块功能表

序号	名称	概述
1	二次标注	民警到达现场后发回确认信息，同时传回警情的准确位置，根据准确位置，系统自动调整警情位置图标至准确位置
2	现场回告信息接入	对于 APP 端传回的回告信息，系统每隔一段时间去服务器取回数据

处警模块功能详细描述如下：

（1）派警完成后，系统就开始每隔一段时间去数据库取传回的数据，如果有最新的警情位置传回，则去除这些位置信息，系统根据位置坐标进行警情位置调整，完成二次标注。

（2）系统对 APP 传回的回告信息进行实时侦测，一有回告信息传回立即取回。

2. 数据建库与管理

数据建库与管理子系统主要完成数据的入库与管理等功能，为整个"快出警"系统提供基本的服务。该子系统的数据管理采用 Oracle 10g 数据库管理系统作为数据存储平台，通过 JDBC API 访问数据库，实现对警务数据数据的入库、警务数据增加、修改、删除和查询功能。

子系统功能详细描述如下：

（1）系统实时监控分局 110 接警信息表，将分局接警表与本地数据表进行比较，将新的警情数据进行入库处理。

（2）系统可将到派出所报警的警情信息添加到本地数据库表中。

（3）系统将取回的回告信息加入到回告信息面板中，民警可以查看当天的回告信息（包括文字信息、图片信息、音频信息等），在回告信息面板的最后一栏可以添加相关的补充说明。

（4）系统可以对各种警务信息进行查询。

3. 移动接处警

移动终端与调度指挥平台相结合，利用平台及时发送的各种警情信息，通过终端提供的警情信息管理、处理标准流程，实现快速的出警以便及时地到达现场，现场图片信息快速回传以便警力调度，处理信息快速回告，警情计时以便后续查询和考核的效果。移动终端的用户管理模块功能如表 10-4 所示，接处警模块功能如表 10-5 所示，处警模块功能如表 10-6 所示。

表 10-4　用户管理模块功能表

序号	名称	概述
1	用户登录退出功能	实现用户在终端登录和退出登录
2	用户状态检测功能	实现检测终端用户的在线状态

用户管理模块功能详细描述：

（1）终端提供用户登录功能，正确的账号密码才能登录成功，防止恶意登录。

（2）提供用户在线状态检测功能，终端用户登录成功即为在线状态，未登录或者退出登录为不在线状态。

表 10-5　接处警模块功能表

序号	名称	概述
1	警情自动计时功能	实现警情自动排队计时
2	接警确认功能	实现确认接收警情信息的回传并开始出警计时
3	到达现场回传图片功能	实现终端到达现场的确认和现场图片信息的回传

接处警模块功能详细描述：

（1）警情到达终端时，会自动开始排队计时。

（2）终端确认接警之后，开启自动计时记录出警时间，并且回传信息到指挥端告知已经接收并开始处理该警情的功能。

（3）终端到达现场时，对现场状况进行拍照，并把照片回传指挥端的功能。

表 10-6　处警模块功能表

序号	名称	概述
1	处警回告功能	实现警情处理结果的相关信息的回告
2	状态反馈功能	根据警情任务处理状况反馈终端状态

处警模块功能详细描述：

（1）警情处理过程，提供录音和文字输入功能来方便地记录信息，点击回告按钮后，回告信息发送至指挥端。

（2）警情处理完毕后，向指挥端反馈终端的任务状态，以便指挥端合理的派警。

4. 协同通信

协同通信主要负责将警情信息推送到服务器端的警情存储空间，同时能将服务器端的警情存储空间里的数据取回到客户端上，此外协同通信模块能实时分析民警的在线出勤状态及出警任务完成情况。

协同通信子系统根据在保证系统强鲁棒性原则的前提之下，考虑了实时警情收发以及出警状态查询等需求，实现了对所在警情信息的传输、警情信息的存储以及管理；能够对人员进行有效管理，对警员进行动态注册，并对注册后的警员信息提供了相应的配套删除与修改操作，同时也可以分析警员在线状态以及出警任务完成情况；协同通信子系统提供出接口允许服务端直接操作后台数据库，清理并重置账号中的数据，另外还提供扩展接口，为对数据库的更进一步的使用提供操作手段；考虑到系统的测试以及耐用性等需求，提供了相应的探测内存泄露情况的方法，通过对动态生成的内存泄露文件的分析，有益于系统的查错和改进，以提供更加易于使用、更加稳定可靠的协同通信服务。子系统总体流程图如图 10-1 所示。

10.1.3　架构设计

城区公安分局"快出警"系统是一个复杂的系统，它由各种警情数据和矢量数据、GIS 软件组件和定制开发的应用程序模块以及手机终端软件组成。此系统将会与多种数据源打交道，每种数据源的数据格式也各不相同。系统架构设计如图 10-2 所示。

系统各个层次的基本功能可以简要描述如下。

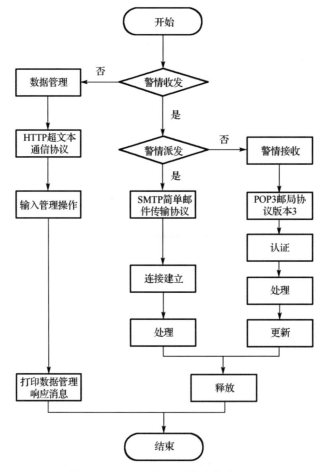

图 10-1　协同通信子系统总体流程图

（1）数据层。数据层主要是通过接口或者直接访问数据库的方式接入地理数据和警务数据，接入以后对数据进行处理入库。其中，基础地图数据、影像数据、POI 数据等来自 PGIS 平台，警情数据、民警数据等来自警综平台。另外，人口数据来自户政相关系统。

（2）服务层。服务层主要实现对数据的处理与分析，为各大模块提供服务支持。空间求交和过滤主要服务于警情标注功能，警情查询、邮件查询主要服务于一键派警和回告信息管理功能。

（3）表现层。表现层主要实现 PC 端和移动端的客户端功能，提供简单易操作的使用功能。包括 PC 端数据接入、派警、警务信息管理等功能和移动端接处警功能。

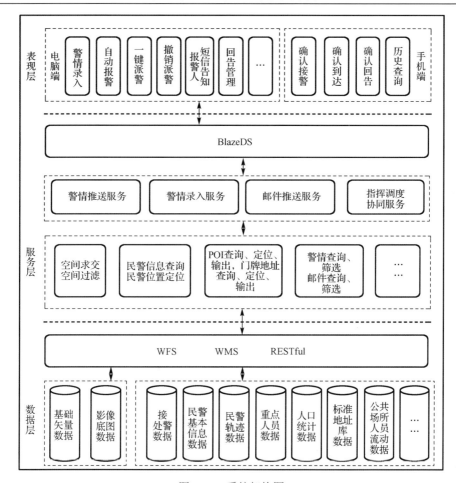

图 10-2　系统架构图

10.1.4　案例展示

调度指挥模块主要对警情信息、民警和巡逻车位置进行实时的推送，并对警情周围的可用警力和高危人员进行查询，并进行调度派遣，派遣给民警的同时给报警人发送确认信息，对于回告信息可进行管理。

1.　警务信息接入

系统接入已有的地理信息，包括道路、辖区摄像头、主要的 POI 点、派出所辖区范围。民警信息包括民警的姓名、联系方式、民警类型，系统实时监控分局 110 接警信息表，对新来的警情进行查询分析，并将预处理后的警情推送至客户端，并以响铃和图标闪烁的方式实现自动报警，如图 10-3 所示。

图 10-3　警务信息接入图

2. 警情标注

　　调度员根据警情信息描述的地址在地图上大致位置进行标注，针对不同警情类型系统自动判断并绘制不同图标。标注的图标可以被移动和删除。警情标注如图 10-4所示。

图 10-4　警情标注图

3. 警情派发

选择已标注的警情图标，系统会查询显示警情周围一定范围内（如 100m）警力、摄像头分布情况；调度员可以选择一键派警模式，系统自动匹配民警并派警，也可以点击民警选择，选择对应的民警进行警情派发，如图 10-5 和图 10-6 所示。

图 10-5　警情派发界面

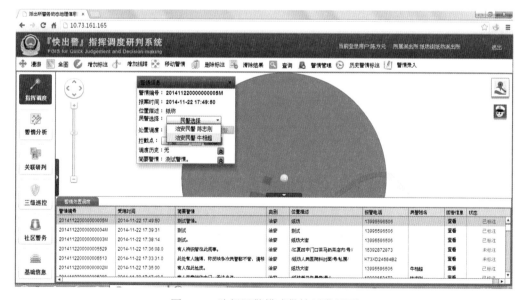

图 10-6　选择民警模式警情派发界面

4. 报警反馈

调度员在进行警情派发的同时，系统自动调用短信平台给报警人发送报警反馈信息，告知报警已被接受，民警正赶赴现场，并提醒报警人保持联系畅通。报警反馈短信设计如图 10-7 所示。

图 10-7　报警反馈短信设计图

5. 接处警反馈

出警民警在终端的接警、到达拍照、处警回告都会自动发送通知到指挥端，以便指挥端能够及时查看相关信息，采取合理的措施。确认接警提示如图 10-8 所示。

图 10-8　确认接警界面图

6. 回告信息管理

当收到处警回告时，表明该警情已处理完毕，调度员可以查看警情回告信息，回告信息内包括出警民警姓名、确认接警时间、确认到达时间、处警回告时间、警情排队耗时、出警耗时、处警耗时、现场的图片信息、处警的录音和文字记录等。并且可以对回告信息增加备注，但是不能修改回告信息。回告信息管理如图 10-9～图 10-11 所示。

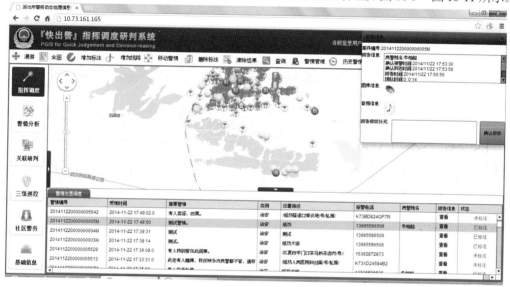

图 10-9　回告时间节点界面图

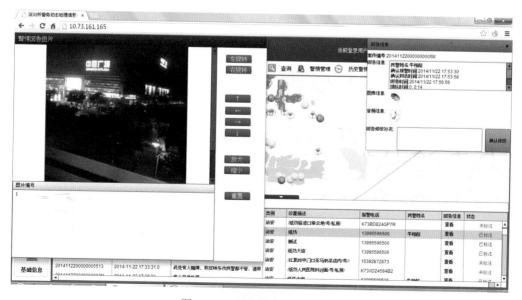

图 10-10　回告图片查看界面图

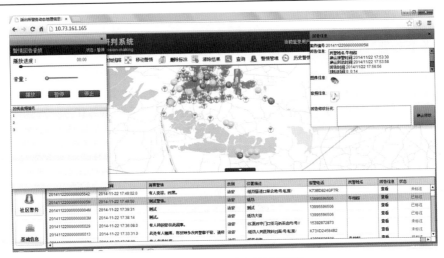

图 10-11　回告音频播放界面图

10.2　示例二：城区公安分局警务研判系统

10.2.1　背景与意义

为进一步加强警务实战化建设，全面提升基层公安机关，特别是派出所的实战能力，实现"一室引领三队"的警务机制，使巡防网格化、研判精细化，从而建立由分局指挥中心到各派出所、各大队的由上而下的指挥室引领各部门的工作系统非常必要。

经过多次调研，结合分局指挥中心和各派出所、各大队的业务功能需求，本系统以警情位置信息为核心，结合分局和各派出所、各大队管辖的区域范围以及受理权限，对各自部门的警务信息进行综合管理和研判分析，在指挥中心和基层派出所中形成"指令→执行→反馈→评估"的闭环工作机制。目前为分局指挥中心和各派出所、各大队提供具备基础信息、警情分析、关联研判、等级勤务、临控预警 5 大功能的分局警务研判系统，如图 10-12 所示。

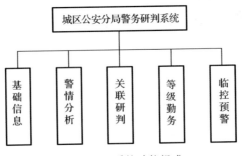

图 10-12　系统功能组成

10.2.2　功能分析

（1）基础信息。基础信息模块实现了各类基础信息地理标注在地图上的展示，以及对警情的发案地址进行语义解析并自动定位上图，管理发生的历史警情，同时支持案件资料的上传、下载与查看。

（2）警情分析。警情分析模块实现了统计派出所各责任区、各道路的发案数量，分析发生的重点部位、重点时段，生成相应的研判报告。同时对下阶段警情进行预测，找出案件之间的关联性，对历史案件进行串并案处理。

（3）关联研判。关联研判模块实现了由各分局和派出所的警情出发，找出警情周围一定范围内的重点人员，再查询出对应重点人员的历史轨迹，最后由历史轨迹找出重点人员活动范围内的同类型案件。

（4）等级勤务。等级勤务模块实现了由分局的层面出发，根据各派出所一周内发生的警情数量，通过设定勤务阈值，判断各派出所应启动何种等级的勤务，生成分局勤务等级图。同时找出发案热点，推荐巡逻区域和巡逻路线，最后生成研判报告。

（5）临控预警。临控预警模块实现了从分局和派出所辖区范围出发，对大情报的重点人员进行实时监控，当有重点人员进入管辖区域后系统马上报警，并在地图上实时显示重点人员的当前位置以及查看重点人员的相关信息。

10.2.3　架构设计

城区公安分局警务研判系统架构设计以公安数据为导向，例如，人员信息紧密结合城区公安分局业务需求，通过警情位置自动上图、行业地物上图、数据抽取转换和空间统计分析等预处理工作，构建警情自动解析与上图、警情分析统计、重点人员预警、人员轨迹查询、人案时空关联、报告生成等服务，为基础信息、警情分析、关联研判、等级勤务和临控预警等应用提供支持，如图 10-13 所示。

10.2.4　案例展示

1. 基础信息

该模块包括基础图层管理、行业图层管理、警情位置解析与自动上图、警情管理、案件资料上传与下载。其中，基础图层管理模块和行业图层管理模块实现了对责任区、路网、地址库、消防栓、摄像头以及各类行业地物位置的可视化显示；警情位置解析与自动上图模块对警情的发案地址进行语义解析，实现警情的自动上图；警情管理模块能查看各派出所和各大队受理的详细历史警情信息；案件资料上传与下载模块提供了对警情相关案件的现勘资料，如案件基本描述、案件走访视频、指纹信息等资料的上传与下载功能。具体如图 10-14～图 10-17 所示。

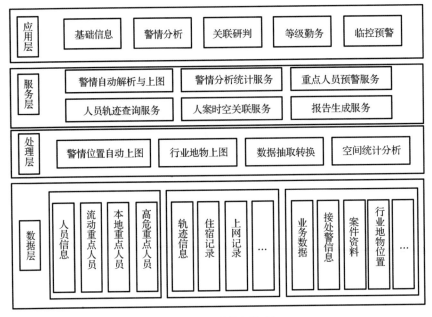

图 10-13　系统架构图

图 10-14　基础图层与行业图层管理

2. 警情分析

该模块包括责任区警情分析、社会面警情分析、每日警情分析、警情预测、案件链分析。其中，责任区警情分析对派出所各个责任区的警情数量进行统计，以不同颜色表示各责任区的发案量；社会面警情分析对派出所各个道路周围的警情数量进行统计，以不同颜色表示各道路周围的发案量；每日警情分析以图表的形式统计各个时段的发案量，并计算出警情的聚集区域；警情预测模块根据选定的警情类型和时间参数进行周预测、周评估、趋势分析和近重复分析；案件链分析通过历史发生案件，选取相关关联要素，找出存在关联的系列案件。具体如图 10-18～图 10-22 所示。

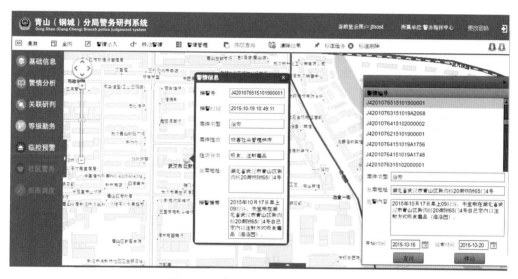

图 10-15　警情位置解析与自动上图

图 10-16　警情管理

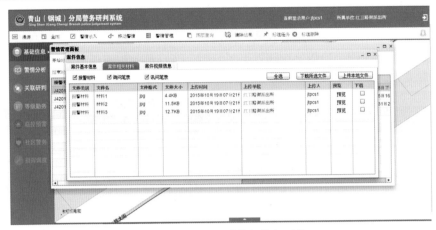

图 10-17　案件资料的上传与下载

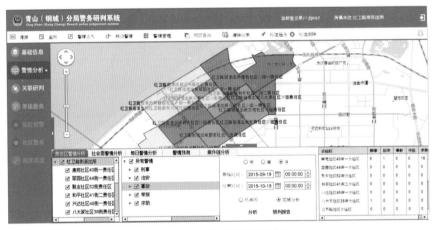

图 10-18　责任区警情分析

图 10-19　社会面警情分析

图 10-20　每日警情分析

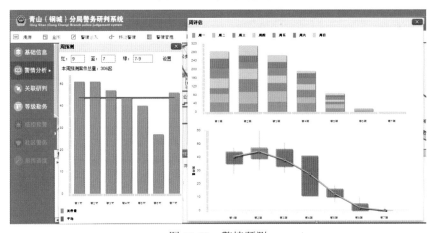

图 10-21　警情预测

图 10-22　案件链分析

3. 关联研判

该模块包括警情综合查询与可视化、人案时空关联分析、历史活动轨迹查询。警情综合查询与可视化模块实现了对历史警情进行查询并显示在地图上。人案时空关联分析模块实现了在地图上选择某一个案件，显示案件周围 500m 以内分布的重点人员。历史活动轨迹查询模块实现了查询重点人员的活动轨迹，具体包括其旅店、网吧的活动记录。具体如图 10-23～图 10-25 所示。

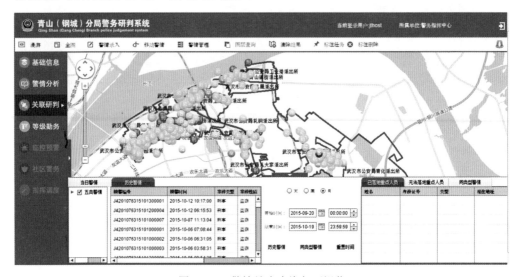

图 10-23　警情综合查询与可视化

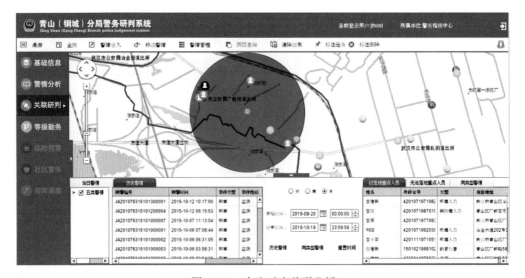

图 10-24　人案时空关联分析

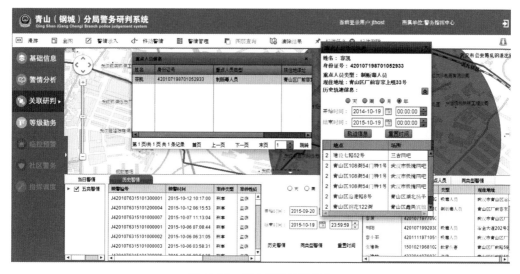

图 10-25　历史活动轨迹查询

4. 等级勤务

该模块包括勤务等级图生成、发案热点与巡逻区域计算、巡逻路线推荐、研判报告生成。其中，勤务等级图生成模块实现了采用红、黄、蓝、绿 4 种颜色表示分局内每个派出所应当启动的勤务等级；发案热点与巡逻区域计算模块实现了利用空间聚类的方法找出警情发生的热点部位，同时画出民警的巡逻区域；巡逻路线推荐模块实现了利用巡逻区域与路网求交，自动计算出民警的巡逻路线；研判报告生成模块实现了将以上的分析结果以报告文档的形式打印输出。具体如图 10-26～图 10-29 所示。

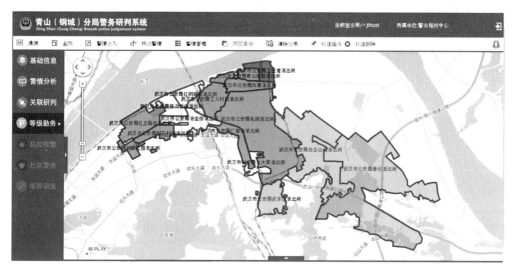

图 10-26　勤务等级图生成

图 10-27　发案热点与巡逻区域计算图

图 10-28　巡逻路线推荐图

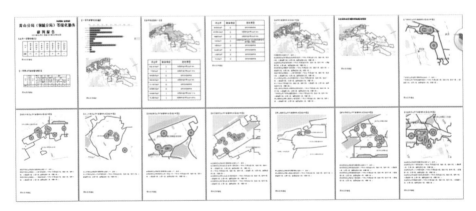

图 10-29　研判报告生成

5. 临控预警

该模块包括新增重点人员报警与上图、历史预警查询与管理等。其中，新增重点人员报警与上图模块实现了当有新的重点人员进入相应辖区后，系统能立即报警，并在地图上显示该新增人员的实时位置；历史预警查询与管理模块实现了查看分局和派出所辖区范围内一段时间内所有进入过该地区的重点人员记录。具体如图 10-30～图 10-31 所示。

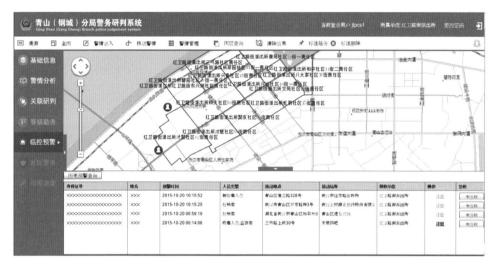

图 10-30　新增重点人员报警与上图

图 10-31　历史预警查询与管理

10.3 示例三：网络情报时空分析平台

10.3.1 背景与意义

当前，信息引导警务是公安情报分析工作中的重点，在公安市局各直属单位及下辖分局，情报系统建设已经逐步取得一些成果，建立了大情报系统、综合查询系统、重大事件预警防范系统等多套系统，这些系统在一定程度上提高了情报信息化水平，产生了较好的效应。

同时，也应该看到，当前的情报信息化建设虽然取得了丰硕的成果，但也存在诸多问题，使得情报分析工作无法在实战中发挥更大更有力的作用，主要表现在以下两方面。①情报数据质量不高。当前情报部门使用的系统，其数据几乎都来自于公安业务数据，如警情、案件、重点人员、大情报等，其数据量和覆盖面有限，更新不够及时，数据的时效性难以保障，导致其蕴含情报价值较低，情报数据质量不高。②情报挖掘分析利用不够。情报部门主要工作是挖掘情报线索，为案件防范提供有力支撑，而现有的情报系统由于受到各种原因的限制，导致其情报挖掘分析功能不足，无法产生有价值的线索。

建设大情报时空分析系统，就是为了解决上述问题，实现数据来源全面、数据时效保障、挖掘分析强大的智能情报系统。同时，该系统也是武汉公安大数据"161"工程的应用支撑之一，对于建设平安武汉、提升武汉民警战斗力具有重要意义。

系统希望以网络情报时空分析、主题聚焦分析、事件热点趋势分析、时空轨迹碰撞分析和关联搜索技术为突破口，解决当前情报系统存在的问题，打造全国领先的以情报大数据挖掘分析为驱动的智能情报分析系统，主要包括以下两点。

（1）以互联网情报信息时空化为突破口，解决情报数据质量不高、时空特性难利用问题，将获取的情报相关网络信息进行分类、更新、时空清洗与存储，与公安业务数据一起，组成情报分析大数据。

（2）以情报时空分析、主题聚焦分析、事件热点趋势挖掘、时空轨迹碰撞分析和关联搜索技术为突破口，从情报分析大数据中精确挖掘治安、维稳、嫌疑人等相关信息，为情报分析工作提供精确防控线索。

最终，通过以上解决方案，建成一个集网络情报时空统计分析、主题分析、热点分析和轨迹分析于一体的智能情报分析系统。

10.3.2 功能分析

1. 网络情报时空分析

由于不同网站具有相差较大的网页结构，所以本系统分别针对所选取的具有代表性的网站，对其网站内容及结构进行具体分析，提取有效信息，并将获取内容按照案件、民生、人员等主题进行信息整合与分类，并建立主题库进行存储。

该模块根据案件、民生、人员、服务、管理和社会等 6 大主题特征，分析微博、帮帮网、得意生活、58 同城等网站内容，实现情报信息的快速整合与自动化主题分类，为民警提供高效的数据组织与管理方式。

（1）情报信息时空清洗与联合查询。针对公安内网数据、互联网数据和轨迹数据特征，从获取的各类型数据中抽取精细化的情报信息，并通过空间信息处理技术，实现情报信息的空间坐标化，为后期时空分析提供有效的数据支撑。另外，支持时空检索功能，针对不同类型的主题，提供指定时间范围内在不同行政区、不同热点商圈的情报信息查询；同时，还支持针对关键字的全文检索，供民警后续进行有针对性的查询分析工作。流程如图 10-32 所示。

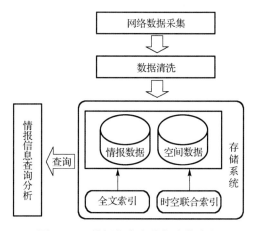

图 10-32　情报信息存储与查询流程

（2）情报信息时空统计分析。情报信息统计与分析对互联网爬取的情报信息以时间为单位统计案件、民生、人员、服务、管理和社会 6 大类信息量；同时以社会新闻、打折促销、演出活动、百姓生活等数据进行信息统计，并动态展示最新情报信息。同时，针对不同类型的主题，通过对图 10-32 的情报数据进行热点分析，发现情报信息热点分布情况。

（3）主题时空分析。主题时空分析是通过对商品销售网站的商品发布信息进行数据挖掘，在挖掘的过程中获取对于用户有价值的信息。类似 58 同城、赶集网这些网站包含大量的二手销售信息，对这些销售信息的信息特征进行归类，对比分析，从中挖掘出有用信息辅助决策。

在数据分析过程中可以根据交易地点、发布时间、发布的商品信息进行大量销售数据在时间和空间维度联合对比分析。例如，根据交易地点进行信息聚类，如果发现相同或近邻地点的同一用户频繁发布二手销售信息，再根据用户的身份信息和个人联系方式，可以辅助调查用户是否存在问题；也可根据发布时间、商品类型、商品图片和详细信息，辅助决策该商品是否和某一失窃案件相关等。主题内容分析对于手机、自行车、电动车、笔记本、摩托车等易于失窃的物品，对于其二手销售信息的大量数据进行数据挖掘分析，试图从中提取有价值的信息和值得关注的主题，在实际生活中提供决策指导。

（4）热点事件分析。热点事件分析是通过对包括人流密集区域信息的网站进行数据挖掘与时空分析，找出某一时刻、某一地点潜在的热点事件。例如，在豆瓣同城活动中，豆瓣成员可以发起活动，并且可以在线报名参加活动以及选择对活动感兴趣，进而通过网站内容获取，可以通过报名人数与参加人数的加权值获得哪些活动可能成为潜在的热点事件，同时，将活动的地址在地图中进行可视化，生成热点事件地图，提供给用户进行分析决策。

2. 人员时空轨迹分析模块

人员时空轨迹分析模块通过对海量人员时空轨迹数据进行碰撞分析，实现人员位置、人员轨迹、轨迹比对和轨迹流向的精确分析，据此可将可疑人员、重点人员和高危人员进行精确管制，可对重点区域、重点时段的人员轨迹进行实时监测，可对群体轨迹进行实时比对，可对轨迹流向进行实时监控与分析。其功能主要包括实时位置查询、历史轨迹查询、人员时空分布分析和异常时空行为检测等。

（1）实时位置查询。实时位置查询功能根据用户输入的手机号，利用电子围栏和基站等检测数据，检索该手机号实时位置信息，并编写定位算法进行位置解算，给出经纬度位置坐标，实现实时定位。

（2）历史轨迹查询。历史轨迹查询功能根据用户输入的手机号和查询时段，关联检索各电子围栏和基站历史定位数据，并按照时间序列对轨迹点进行排序，组合生成轨迹路线，最终给出该手机号在查询时段内的具体轨迹。

（3）人员时空分布分析。人员时空分布分析功能根据用户选择的查询时段和地图上勾选的空间范围区域，自动匹配出该区域内所有电子围栏和基站信息，并查询出该时间段、该空间范围内监测到的所有手机号码，提供手机号码的批量导出，并在该查询结果中统计结果分析全市范围内来自高危地区手机号的数量和分布区域，绘制高危地区手机号码热力分布图。另外，也提供不同周期时段内高危地区手机号段对比结果。

（4）异常时空行为检测。异常时空行为检测功能根据用户选定的重点区域重点时段，检索该条件下出现的手机号码轨迹信息，利用轨迹碰撞技术，监测人员轨迹流向和群体轨迹相似度匹配，找出在重点区域频繁移动的手机号码及其轨迹流向，并找出与此手机号码同行的手机号，以此分析出可能的盗窃、抢劫等嫌疑人员及团体。

3. 关联搜索模块

关联搜索模块提供公安业务所需的信息搜索功能，可根据输入的姓名、手机号、QQ 号等信息进行关联检索，查询结果包括实名信息、曾用手机号、曾用 QQ 号、曾用邮箱、曾加入的 QQ 群、手机通讯录、QQ 通讯录、近一个月经常通话的地方等，为情报分析提供密级信息支撑。

10.3.3   架构设计

大情报时空分析系统是武汉公安大数据工程的应用出口之一，其以互联网舆情信息和公安网警务信息为基础，利用情报信息清洗与整合、时空统计分析、主题聚焦分析、热点事件挖掘、时空轨迹碰撞分析和关联搜索技术，通过对舆情信息进行汇集、分类、更新与存储，并与警务信息整合关联，形成真实鲜活的"第一手"情报信息库，为情报挖掘分析提供"源头活水"，在此基础之上，挖掘可疑人员、重点人员、热点事件相关信息，产生有用价值。总体技术架构主要包括数据层、服务层和应用层，见图 10-33。

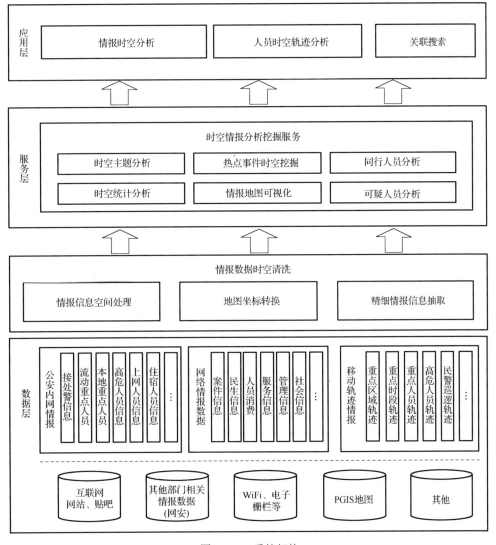

图 10-33   系统架构

（1）数据层以互联网数据、网安等其他公安相关部分情报数据、PGIS 地图等数据来源，汇集并整合成包括案件、民生、人员、服务、管理和社会等 6 大类的网络情报数据，以及公安内网情报数据和移动轨迹情报数据，并通过精细情报信息抽取、情报信息空间处理、地图坐标转换等数据清洗操作，最终形成情报分析时空大数据。

（2）服务层提供时空挖掘分析服务，包括时空主题分析、热点事件时空挖掘、时空统计分析、同行人员分析和可疑人员分析等，对外提供标准服务接口。

（3）应用层主要基于服务层提供的服务，实现适应不同需求的情报业务应用定制，包括情报时空分析模块、人员时空轨迹分析模块和关联搜索模块。

10.3.4　案例展示

1. 网络情报信息概况

网络情报信息概况主要对爬取的信息进行简单统计，统计内容主要包括两个方面，一方面是针对公安情报部门关注的 6 大主题信息进行统计，包括案件、民生、人员、服务、管理和社会；另一方面是针对不同类型网站来源的信息进行统计，主要包括社会新闻类、百姓生活类、演出活动类、商品交易类、交房信息类和打折促销类。为深入了解不同类型主题的分布情况，本平台对情报信息进行上图，并提供热点分析功能，具体如图 10-34 所示。

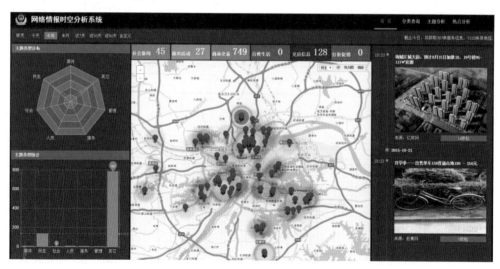

图 10-34　网络情报信息概况

2. 网络情报信息分类与查询

网络情报信息按照系统所关注案件、民生、人员、服务、管理和社会 6 类信息，将互联网获取的信息分类组织。通过对信息的分类组织，舆情系统用户可以根据自身关注的主题信息进行查询，方便快捷地获取所需要的内容，为实际的分析决策提供有力的数据支持。用户可根据主题类型，情报发生的所在分局，起始和终止时间以及关键字查询目标信息；同时，由于社会新闻类信息具有种类多、数据杂、噪声大等特点，导致无效信息增多，所以本平台提供了对情报信息修改、删除和保存功能，如图 10-35 所示。

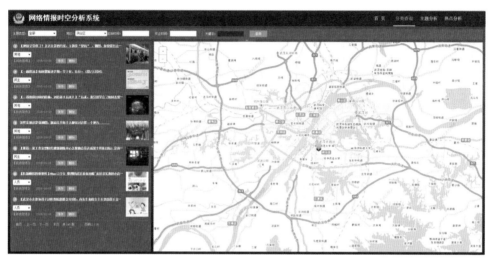

图 10-35　网络情报信息分类与查询

由于不同类型的情报信息有不同的关注要点，系统将爬取的不同类型网站的关键字段提取出来，过滤掉大量无关信息，直接切中关键所在，同时为情报信息查询提供数据基础。例如，58 同城、赶集网中包含大量的二手销售信息，针对这种类型网站系统存储的主要内容有销售商品信息和卖家信息，其中销售商品的关键字段包含：商品编号、商品类型、商品网页链接、商品使用时间、商品交易地点、商品销售主题、商品销售发布时间、商品图片信息、商品详细信息。卖家信息的关键字段包含：卖家用户名，卖家认证信息（微信、邮箱、电子邮件、电话、身份证），卖家联系方式（电话、QQ），卖家地点，卖家注册时间，卖家用户名。亿房网等房屋交易网站存储的主要内容：开盘楼市编号、楼房实景图片、楼房详细链接、楼盘名称、楼盘价格、楼盘地址、开盘时间、楼盘最新消息等。

3. 网络情报主题分析

网络情报主题分析主要从 58 同城、百姓网、赶集网等商品交易网站获取有价值的信息，例如，发布商品数量最多的卖家个人信息，包括卖家姓名、卖家手机号以及所有发布的商品信息；同时，还提供根据销售来源，卖家类别（个人、商家），销售类别（自行车、电动车、摩托车、笔记本、手机等），商品发布的起始时间和终止时间，以及关键字的查询和地图展示交易地点的功能，见图 10-36。

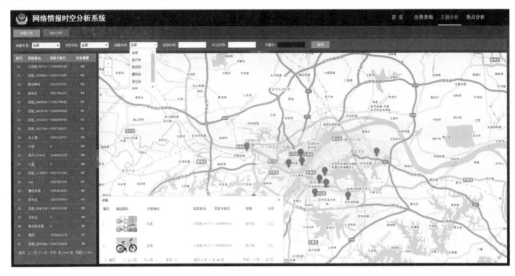

图 10-36　商品交易查询

　　对于主题分析的统计功能，主要包括两个方面，一方面是针对所有信息进行发布全局统计，即分析在指定商品交易来源、卖家类别、销售类型前提下，发布商品数量前几名的用户，并按不同时间节点进行统计；另一方面是对通过卖家姓名、手机号、QQ 号、交易地点等筛选项得到的商家发布信息的统计结果，见图 10-37。

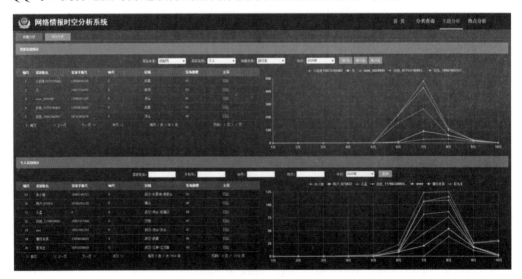

图 10-37　商品交易统计分析

4. 网络情报热点分析

　　网络情报热点分析主要针对社会新闻、演出活动、百姓生活、旅游热点、房屋交易和打折促销 6 类主题进行信息展示与统计分析。在信息展示部分，针对不同的主题特点，提取重点核心内容，见图 10-38，如社会新闻类，以新浪微博、今日头条、大楚网等作为数据源，显示内容包括标题、内容、发布时间、评论数和转发数等，而对于房屋交易主题，则更关心楼盘交房时间、地点和价格等。

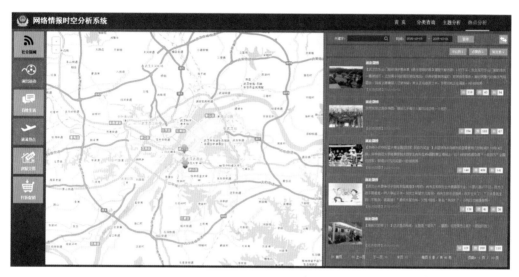

图 10-38　网络舆情时空统计分析

　　在统计分析部分，也从主题特点出发，综合考虑可挖掘的情报内容，为公安情报部门提供有利的数据分析支持。以百姓生活类为例，首先统计发布的消息在武汉市公安局下属各分局的总数量，并以柱状图和饼状图的形式直观展示统计结果，如图 10-39 所示，共计 144 起事件发生在江岸区分局，明显多于其他分局；另一方面，为进一步掌握普通民众关心的事件主题类别，与公安相关部门进行讨论，总结了 18 类主题，分别包括公共设施类、受骗事件类、社区物业类、生态文明类、产品服务类、寻人寻物类、房产问题类、寻求帮助类、噪音困扰类、三农问题类、收费问题类、交通事件、暴力恐吓类、盗窃类等，通过分析各类主题特征，提取了大量主题关键词，对现有数据分别进行归纳总结，并以柱状图的形式进行统计，如图 10-40 下方所示，结果表明社区物业类事件、劳动就业和教育问题是群众比较关心的社会话题。对于房屋交易类网络信息，也提供了武汉市各分局的交房分布情况，其中，江夏区和东湖新技术开发区交房量较多；本系统还针对不同年限，1~12 月的交房数量，进行同比和环比，从图 10-40 中可以看出通常在年中和年底是楼盘交房的高峰期，针对该情况，公安相关部门需提前做好与小区物业沟通的准备，查看小区安全设施是否齐全。

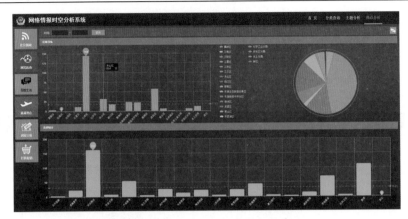

图 10-39　百姓生活类信息统计分析

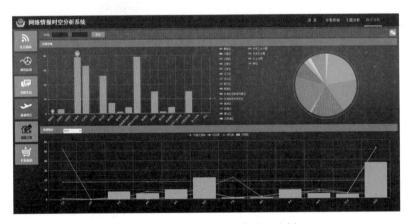

图 10-40　房屋交易类信息统计分析

10.4　示例四：某市火车站综合示范应用

10.4.1　背景与意义

"精确指导，准确打击"是当前警用 GIS 走向实战的核心，需要解决重点目标、移动目标的全方位、多层次快速精准定位，以及复杂环境下快速决策与指挥调度。《国家中长期科学和技术发展规划纲要（2006—2020 年）》中明确指出："加强对突发公共事件快速反应和应急处置的技术支持。以信息、智能化技术应用为先导，发展国家公共安全多功能、一体化应急保障技术。"传统的 PGIS 应用主要针对室外应用场景，随着大型场馆建设越来越多、越来越复杂，对室内应急处置能力的要求日益凸显。目前地理信息服务也要求从宏观走向精细、从室外走向室内外一体化，以传统二维地图表示为主的地理信息系统无法满足这一需求。面对日益复杂的社会治安管理、公共安全的监控与预防需求，需要室内外一体化定位、室内外一体化三维地理信息技术的支持。

作为导航的"最后一公里"，室内外一体化导航似乎还处在蓝海阶段。建设一套能够满足多样化自适应需求的室内外一体化导航软件，该软件整合了地图标注、动态路径规划、轨迹监控等功能，达到有效整合、优化配置人员设施、并提供个性化的室内外一体化导航的目的，形成提高应急效率，实现大数据共享，设备、人员相互支持的良好局面，为室内室外导航相关专题应用提供一个高效、可靠的示范应用软件。

室内外一体化导航是以互联网、物联网、智能定位引擎、动态路径规划等为技术支撑，以矢栅一体化地图数据为核心，通过互联化、物联化、智能化的方式，促进导航系统各个功能模块高度集成、协调运作，实现室内与室外信息的"强度整合、深度应用"之目标的导航发展新理念和新模式。

本示范以某市火车站为示范场景，结合室内外定位系统、地理信息、警务信息、指挥调度为一体的综合性示范系统，为公安局处理日常警务、突发警情决策提供技术支撑。系统接入了兴趣点（POI）信息、案件信息、突发警情信息、实时定位信息等多种信息，并且可以与移动端进行文字、语音、视频等多种通信方式，能够精确、实时地将信息提供给公安局指挥人员，以满足公安指挥系统的精确性和高效性。

10.4.2　功能分析

（1）定位导航模块。路径规划模块针对用户对于起止点以及寻求路线方式的不同选择来得到符合用户的最佳路线。包括室内以及室外部分，并对路线提供详细的文字解释以及图上路线标注。对于室内部分，利用改进后的 A^* 算法实现室内建筑物多层导航，以及考虑障碍物的动态导航功能，例如，利用室内门窗在不同时间的开关控制进行实时的动态的路径规划。

（2）地图展示模块。为了能够实现对火车站内部及其周边广场、地下夹层、地下通道等公共场所的基本了解，增强用户对火车站及其周边三维场景的整体认识，实现对于火车站三维模型自由浏览、360°中心旋转浏览、飞行浏览、全息浏览以及火车站重点设施浏览等多方式浏览功能，以达到全面、高效地帮助用户查看火车站某处场景和它附近相关设施的效果。

地图展示模块主要包括火车站三维模型贴地浏览，火车站一楼大厅、火车站二楼大厅、火车站广场360°中心旋转浏览，火车站广场到火车站二楼大厅的飞行浏览，火车站内部全息浏览以及火车站重点设施浏览等功能。

（3）信息查询模块。在三维场景中对警员信息、案件信息和火车站信息点进行关联分析一体化，实现对火车站三维模型地理信息，三维场景中警察位置、编号、姓名等警员基本信息，数据库中案件的文字、图片、视频、音频的案件信息等多种警情信息查询的功能。信息查询模块主要包括警情查询、警员信息查询和火车站信息点（POI）查询等功能。

（4）指挥调度模块。为实现警务系统信息化、智能化，研究能够根据警情发生的位置描述，实现警情位置标注，警情周边场景查看，警情周边警察实时通信、实时视频，以及指挥端下达指令等多种功能，从对突发警情三维场景查看，到实时语音、文字、视频等多方式详细了解突发警情实时情况，到最后指挥端下达具体指令的全方位一体化指挥调度，以达到方便、快捷、准确的处理突发警情。

（5）警力巡控模块。根据公安局巡控工作要求，实现警力巡控路线的动态绘制和在三维场景中可视化演示警员巡控。

（6）警情分析模块。根据突发警情的详细情况，实现警情的拦截分析以及最短路径等相关功能，辅助指挥端对突发警情作出判断，利于突发警情的指挥调度。警情分析模块主要包含拦截分析和最短路径功能。

10.4.3　架构设计

室内外一体化导航系统的研究过程采用了分层模块化方式进行构建，分布式事务及异步化操作，通过 RPC 调用完成了层间与模块间的通信，并且平台负载均衡，模块高可重用。系统的总体架构图如图 10-41 所示。

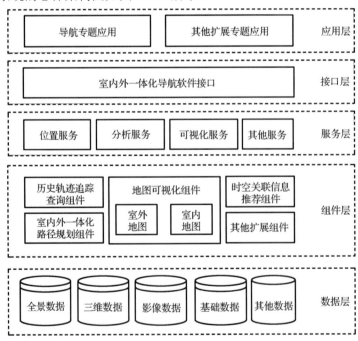

图 10-41　系统架构图

逻辑上，室内外一体化导航平台主要包括以下几层结构：应用层、接口层、服务层、组件层、数据层。层内模块的物理载体根据应用的不同情况可以是单独的，也可与不同物理设备或不同模块间进行相互整合。

其中，接口层的存在使得业务逻辑处理和服务交互的通信方式是分离的，提高了业务组件响应业务环境变化的能力。多种基于不同通信协议、公开服务标准的服务接口同时存在，使得室内外一体化导航平台能够支持不同的通信协议，并适应多变的操作要求。

10.4.4　案例展示

1. 定位导航模块

室内外一体化导航应用软件于移动手持终端的初始化界面如图 10-42 所示。通过多点触控方式使得移动终端上的应用对于地图的漫游、缩放、平移、旋转皆拥有良好用户体验。

图 10-42　室外 2.5 维与室内 2 维地图漫游

用户点击地图上的建筑物结构标识，即可切换移动端上的可视空间，在 2.5 维的室外地图与 2 维室内地图间进行切换浏览，见图 10-43。

如图 10-44 所示，为该软件的室内室外的一体化路径规划主界面，允许用户进行起止点的查询与选取、导航模式的选取，以及针对公交路线的规划方式的选取。

软件向用户提供 4 种方式来选择路径的起点与终点，分别为"列表方式""图上选点""查询选点""当前位置"（默认方式）。导航起止点的选取界面参见图 10-45。

对于导航模式的选取，软件分别提供了行车路线以及步行路线，而行车路线的优化又包括"最少时间""最短距离""避开高速" 3 种最优寻径模式，最终软件会得到符合用户选择的室内外一体化的最佳路线，导航模式选取界面见图 10-46。

当用户将自己的选择全部提供给软件后，将会得到一条从室内到室外抑或从室外到室内的最佳行车、步行或者公交路线。本操作示例选取室外某市人民医院作为起点，终点选择火车站二楼候车室超市，如图 10-47 所示。在用户选择完成点选条件后，该软件将提供一条从室外到室内的最佳路线，图 10-48 所示为室外部分的导航路径。

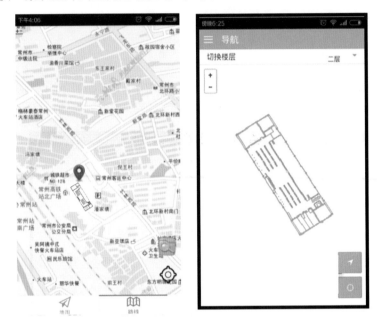

图 10-43　点击建筑物切入室内地图

图 10-44　路径规划主界面

图 10-45　导航起止点选取界面

图 10-46　导航模式选取界面

图 10-47　室外路径规划轨迹浏览界面

图 10-48　室外路径规划轨迹浏览界面

图 10-49 所示为室内部分导航路径，用户可以在漫游室内地图后，点击右侧切换楼层，此时软件将重新绘制导航路径，以适应当前楼层，并能够有效探测并避开可移动或是有开放时限的障碍物，提供最佳室内导航方案。

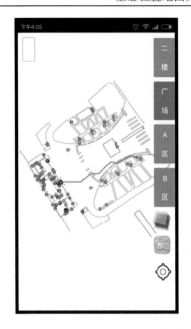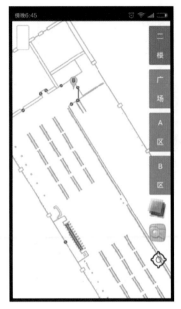

图 10-49　室内路径规划轨迹浏览界面

2. 地图展示模块

地图展示模块主要包括火车站三维模型贴地浏览，火车站一楼大厅、火车站二楼大厅、火车站广场 360° 中心旋转浏览，火车站广场到火车站二楼大厅的飞行浏览，火车站内部全息浏览以及火车站重点设施浏览等功能。其中，火车站三维模型贴地浏览是用户通过键盘操作，将视点移到三维模型的任何位置，本系统通过键盘操作可以调整视点的位置、视点的角度，实现多自由度的浏览，以方便用户直观、清楚地了解火车站三维场景的任意位置以及周边设施；火车站一楼大厅、火车站二楼大厅、火车站广场 360° 中心旋转浏览是视点分别在火车站一楼大厅、火车站二楼大厅、火车站广场的中心，视角自动旋转 360°，环视火车站一楼大厅、火车站二楼大厅、火车站广场的三维场景，可以直观地给用户一个火车站一楼大厅、火车站二楼大厅、火车站广场三维场景的初步印象；火车站广场到火车站二楼大厅飞行浏览是视点沿着直线从火车站广场中心到二楼大厅中心，视角保持不变，在从火车站广场飞行进入火车站二楼大厅的时候，可以全息浏览火车站内部的场景，给用户对火车站广场和火车站内部更加清晰的感受；火车站内部全息浏览是视点在火车站二楼大厅楼顶，视角自动旋转 360°，可以清晰地全息观察火车站一楼大厅、火车站二楼大厅，让用户在一个视点即可全息了解火车站整个三维场景的概况；火车站重点设施浏览和火车站三维模型自由浏览相似，用户可以自由移动视点和视角，区别在于火车站重点设施浏览着重强调火车站中的重点设施，以方便对于某类重点设施有需求的用户能够清晰地观察到重点设施，本系统中包含的重点设施有摄像头和出入口两大类。在所有浏览功能中，除了火车站重点设施浏览只显示用户选择的重点设施的信息点（POI），火车站三维模型中的所有信息点均会显示在场景中，用户可以点击查看信息点的详细信息。具体实现如图 10-50～图 10-56 所示。

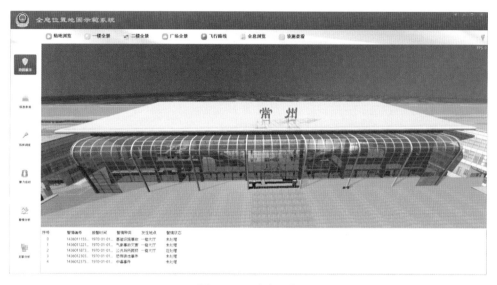

图 10-50   贴地浏览

图 10-51   一楼全景浏览

图 10-52　二楼全景浏览

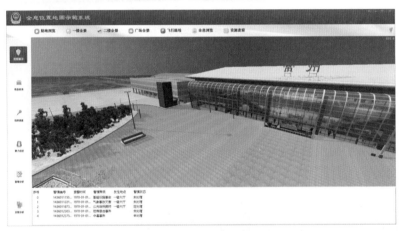

图 10-53　广场全景浏览

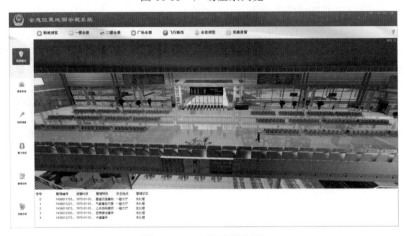

图 10-54　飞行路线浏览

图 10-55　广场全景浏览

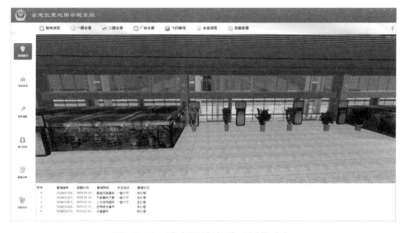

图 10-56　重点设施查看（摄像头）

3. 信息查询模块

信息查询模块主要包括警情查询、警员信息查询和火车站信息点（POI）查询等功能。其中，警情查询是用户双击屏幕下方的案件列表中一项案件，系统会显示查询警情的图片信息、音频信息和视频信息，已达到对案件的文字、图片、音频、视频等全面的记录和了解；警员信息查询是系统弹出警员列表，支持警号查询和直接双击警员列表中一位警员两种方式查询，选择查询警员完成后系统会自动漫游至三维场景中查询警员的附近位置，方便用户了解警员的实时动态；火车站信息点查询是系统弹出火车站信息点列表，用户选择火车站信息点的大类，目前可供选择的有摄像头和出入口两类，系统同样也提供火车站信息点编号查询和直接双击火车站信息点列表中一项信息点，选择信息点完成后系统会自动漫游至三维场景中信息点的附近位置，方便用户了解信息点附近的三维场景。具体实现如图 10-57～图 10-61 所示。

图 10-57　警情查询

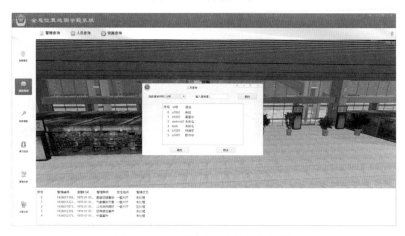

图 10-58　人员查询-选择查询人员

图 10-59　人员查询-三维场景中查询人员的周边场景

图 10-60　信息点查询-选定查询信息点

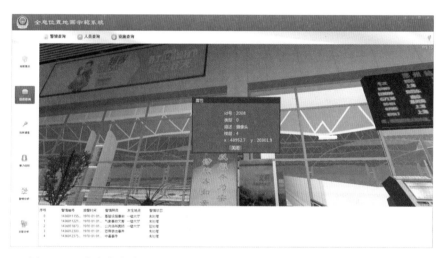

图 10-61　信息点查询-三维场景中查询信息点的周边场景和查询信息点属性

4. 指挥调度模块

指挥调度模块主要报告警情查询、现场通信、实时视频、警情处理等功能。其中,警情查询是针对新来的警情进行查询分析,用户双击屏幕下面的案件列表中警情一项,系统会漫游至三维场景中警情位置,实现警情位置标注,帮助用户查看警情周边的三维场景和人员实时状况;现场通信是针对警情位置周边的警察,用户打开屏幕右方的通信栏,双击通信列表选择警察编号,以实现与配置移动端的警察现场通信,通信方式包括语音、文字、视频等多种方式,帮助用户对突发警情有更加详细、准确的了解;实时视频是针对警察位置周边的警察,用户可以选择双击三维场景中的警察模型,对配置移动端的警察发送打开摄像头指令，配置移动端的警察打开手机摄像头，实现指挥端接入突发警情位置附近警察的实时视频，以全面、直观地查看突发警情的现场情况，帮助指挥端对现场情况作出准确判断；警情处理是指挥端对于突发警情下达相关指令，用户可以选择双击三维场景中突发警情位置附近的警察模型，针对突发警情下达指挥端的命令，对配置移动端的警察发送命令，配置移动端的警察接受命令并且反馈终端，以实现指挥调度的功能。具体实现如图 10-62～图 10-69 所示。

图 10-62　警情查询-红光处为事故地点

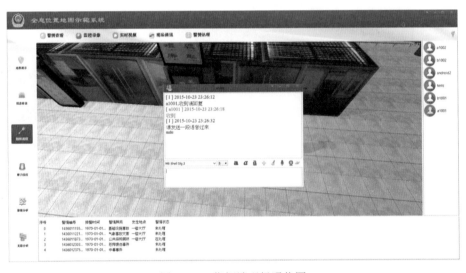

图 10-63　指挥端现场通信图

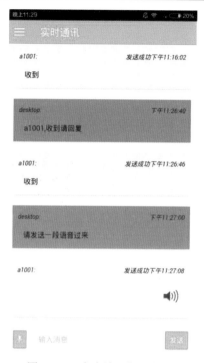

图 10-64　客户端现场通信图

图 10-65　指挥端实时视频图

图 10-66　客户端实时视频图

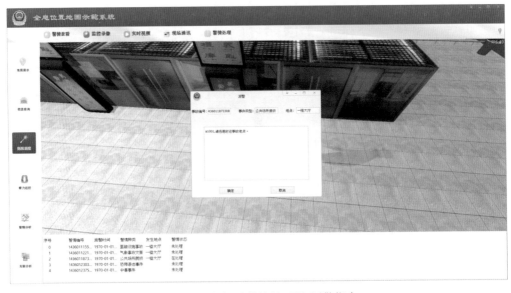

图 10-67　指挥端警情处理图-派警指令

图 10-68　指挥端警情处理图-客户端反馈信息

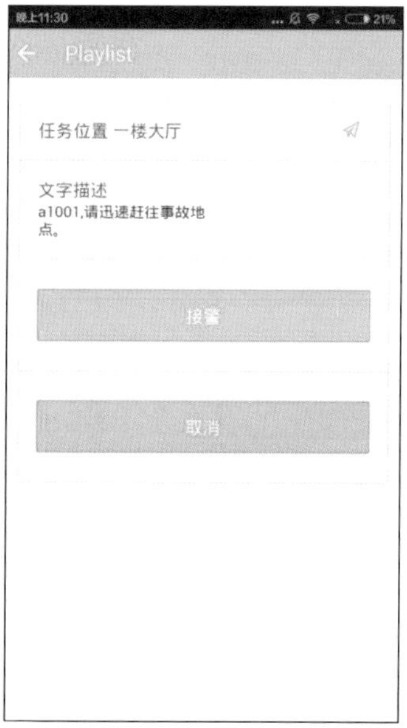

图 10-69　客户端警情处理图

5. 警力巡控模块

警力巡控模块主要包含路线标注和巡控路线等功能。其中，路线标注是用户在火车站三维场景中动态绘制警力巡控路线，用户只需依次双击三维场景中地面上一点，系统会自动绘制生成一条红色的间隔线表示动态绘制的巡控路线；巡控路线是指路线标注功能完成后，系统在三维场景中可视化演示警员巡控用户在路线标注功能中设计的路线，以直观地实现警力巡控功能。具体实现如图 10-70 和图 10-71 所示。

图 10-70　路线标注

图 10-71　巡控路线演示

6. 警情分析模块

警情分析模块主要包含拦截分析和最短路径功能。其中，拦截分析是采用基于室内空间出入口拓扑连通图的方式，由于室内空间属于开放空间，不存在类似于室外区域的道路网，所以，需要根据建筑物功能区域信息进行出入口节点信息的提取，其次以包含出入口节点信息的点要素文件、包含功能区域信息的面要素文件、功能区域与出入口节点的对应关系作为数据基础，根据出入口节点拓扑连通关系的生成原则，自动生成室内外一体化拓扑连通数据，在此基础上，采用启发式算法，利用出入口的拓扑联通关系，计算出给定时间内逃跑者可能出现的出入口，即警务人员需要进行拦截的出入口位置根据警情发生位置，系统自动生成 1 分钟或者 3 分钟的拦截点，给予指挥端部署拦截指令时参考，使用时用户双击火车站三维场景中地面上一点，并选择拦截功能的时间点，系统会自动在三维场景中出现拦截标识表示部署的拦截点；最短路径是室内最短路径采用 A*算法实现，利用火车站不同楼层栅格导航图，对 A*算法进行改进，同时考虑障碍物信息，实现楼层内动态导航服务，通过用户当前定位的坐标与出入口坐标比较进行室内外环境的切换，室外路径规划使用的是现有的室外路网数据作为地图底图与数据，通过调用天地图服务获取室外最短路径，系统对于火车站三维场景中地面上任意两点生成一条规划的最短路径，用户通过双击三维场景中的地面以指定起点和终点，系统自动生成最短路径后将会在三维场景中模拟警察模型行走在此最短路径上。具体实现如图 10-72～图 10-77 所示。

图 10-72　拦截分析-设定拦截点和拦截时间

图 10-73　拦截分析-拦截点展示图 1

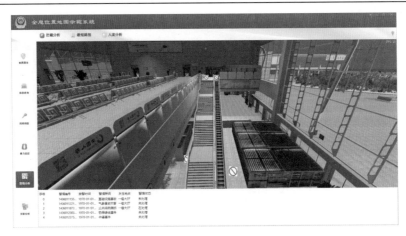

图 10-74　拦截分析-拦截点展示图 2

图 10-75　最短路径-设定起点

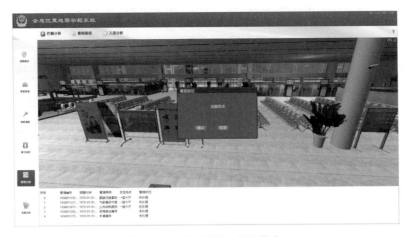

图 10-76　最短路径-设定终点

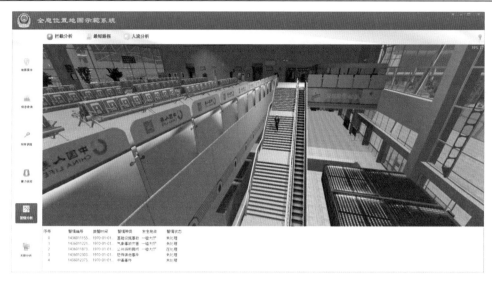

图 10-77　最短路径-三维场景模拟最短路径

10.5　示例五：博物馆室内外导航

10.5.1　背景与意义

日常生活中，由于人们多数时间都在室内，所以建筑环境显得非常重要。尤其是人们希望能够在大型复杂的建筑群中找到如购物中心、机场和博物馆等目的地。在大多数相关可视化的应用场景中三维功能的需求日益急迫。到目前为止，大多数导航系统仍使用二维地图来表达环境。然而，这些地图对于对象特性并不能提供足够的信息，如颜色、纹理和形状。但三维环境却能为用户提供更为真实的空间信息。三维室内导航为描述建筑物的动态变化提供了更多的可能性，如建筑的闭合运动、某些人们难以到达的区域或被移动障碍物影响的区域。因此，本小节的目的是通过为湖北省博物馆创建"DAren"三维室内导航应用程序来展现三维室内导航系统的功能。

有研究提出，构建 3D 室内导航应用系统都会包括定位方法、数字模型、路径查找算法和引导机制。本小节还将针对博物馆的游客和管理者对上述组成的不同需求进行分析。此外，相关隐私问题也将被考虑在内。背景调研将确定三维室内导航应用系统中可能的几种实现方案并甄选出最合适的解决方案。为了实现用户的精准定位，本小节中将引用基于指纹识别的 WiFi 技术。同时，为了实现导航功能，本小节中还会引入网络分析方法。此方法可将室内各对象表示为节点，利用边并基于它们的连通性和邻接性将各事物连接起来。三维模型的可视化将借助 Unity 3D 游戏引擎和用户的位置来实现，之后相关的路径信息便能展现在三维模型上。

最终，所有不同的组件将完成集成并借助 Android 平台开发该应用程序。应用程序包含 3 层体系结构：客户端、Web 服务器和数据库。

此应用程序已于湖北省博物馆测试成功：实现了用户的精准定位以及正确引导用户到达目的地。该研究表明室内导航系统具有很大的应用前景。

10.5.2　功能分析

设计移动设备上的产品时，用户需求是应该考虑的最重要的问题之一。用户对于特定应用的需求提供了研究方向。如果设计者在什么是最重要的这个问题上的看法和用户不一致，那么就会导致产品的失败。因此，设计一款应用首先应该考虑的就是目标用户是谁以及能向目标用户提供什么。

移动端应用的用户需求可以分为两类：功能性和可用性。功能性指的是应用可以在多大程度上像规划的那样运行，可用性指的是应用为用户提供了多大的便利。提高功能性和可用性之后，应用所提供的服务可以被更简单和适当地使用。在以用户为核心的设计中，功能性和可用性的平衡是至关重要的。在设计中，需要对用户的行为进行研究，用户所处的环境也应该纳入考虑范围。

根据上述的产品设计原则，"DAren" 项目在湖北省博物馆移动端应用的开发过程中，第一步就是进行用户需求的分析。这个应用的潜在用户是什么人，这些人对于应用的需求是什么，应该进行明确。用户需求是界面设计和实施过程中考虑的主要因素。用户界面的设计依赖于明确的需求所提供的完全的功能性列表和其他要求。

用户界面的设计者将用户需求细化成更具体的形式，规定应用如何解决用户的需要。用户需求分析的结论是依据对于用户在博物馆中的行为监控和一个在图书馆区域内进行的问卷调查，这个问卷调查中，大概 130 个游客回答了他们希望从博物馆移动导航应用和专家访谈中得到什么。专家访谈指的是对于图书馆雇员的半结构化的访谈，该访谈致力于探究图书馆的管理概念，信息的展示和导游系统的规划，和游客服务以及深入探究场馆游客的信息需要。表 10-7 对用户对于应用的需求分析进行了总结。

表 10-7　"DAren" 应用的关键用户需求

参数	要求
定位精度	室内级别、实时
便捷导航	清晰详细的轨迹、需要考虑的展览
信息输出	3D 地图、声音指引
情境信息	基于目前位置，向用户展示
用户界面	便捷易用、程序使用指南

1．定位

指纹定位技术相比基于传播模型的测距技术，可以获得更高的精度（Martins，2010）。尽管传输过程中存在多径效应等因素，在这个频段（近似 850MHz～2.4GHz）射频信号的强度在空间上变化显著，但是在时间上仍有可靠的一致性。6.1 节详细介绍了基于信号强度 RSSI 指纹的室内定位方法，在 Daren 项目中，我们尝试利用 WiFi 监听的指纹技术。与 6.1 节描述的室内定位方法相比，WiFi 监听利用主动 WiFi 扫描技术来实现定位，主要差异在于利用 WiFi 监听器检测智能手机的 WiFi 信号强度，定位核心算法相同。

一般情况下，仅用两台 WiFi 监听器利用传播模型来定位是非常困难的，依靠指纹定位难度也极大。在 DAren 项目中，我们尝试利用博物馆的无线局域网 WLAN 基础设施，结合两台 WiFi 监听器来评估指纹定位方法。RSSI 指纹数据保存在本地数据库，WiFi 监听器不必接入互联网。与 6.1 节指纹定位类似，首先需要在离线阶段创建射频图谱。在 DAren 项目中，所有的参考点上 WiFi 监听器的 RSSI 都采样下来，每个参考点采样的时间不少于 4 分钟，记录数据中包含测量用移动设备的 MAC 地址。在保存指纹记录前，通过 MAC 地址过滤掉其他无关设备的信息。在每个参考点采集数据完成后，就可以形成图 10-78 所示的指纹图谱。

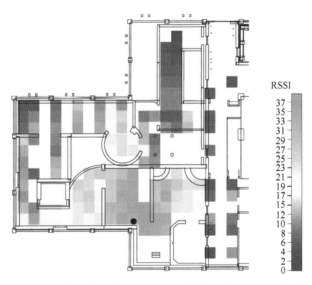

图 10-78　湖北省博物馆一个 WiFi 监测器（紫色点）的指纹图

图中绿色表明 RSSI 值较高，红色表明 RSSI 值较低，紫色点是 WiFi 监视器所在位置。指纹图谱可以清楚看出距离与 RSSI 值的相关性。图中白色的区间（CELL）是因为博物馆内条件限制参考点没有覆盖的地方。

在线定位时，扫描到的用户的 RSSI 值与数据库中保存的无线图谱相匹配，在 DAren 项目中，就是计算二者的欧氏距离，将距离最小的参考点作为用户位置。

2. 导航

三维几何网络建筑可以通过三维拓扑数据的提取来创建。为了建立湖北省博物馆的导航网络，首先需要把处理的数据准备好，然后完成提取拓扑和几何网络。

在数据准备阶段，湖北省博物馆的二维平面图是从现有的三维模型中提取的。采用 CAD 文件格式编码进行提取。然而，CAD 数据集使用线段而不是需要创建网络的多边形来表示要素。此外，这种格式不支持地理参考。由于这些原因，CAD 的图要转换为 shapefile 文件之后校正到 WGS84 地理坐标系，从而进行进一步处理。生成的矢量 shapefile 文件被上传到 QGIS 软件来检查数据一致性并消除观察到的错误，如越界和重叠的要素。为了自动提取建筑物的拓扑和几何要素，空间对象必须表示为多边形（图 10-79）。然而，由于地板平面图的复杂性，在 QGIS 中"线转多边形"命令不能被执行。此外，在提取时，室内对象的语义信息丢失了。因此，导航网络的生成是半自动的。使用 QGIS 工具，对象（房间、走廊、楼梯、自动扶梯和门）被手动绘制为多边形。所有对象多边形都被赋予了现实意义，表明其在建筑中的作用。此外，对象 ID 用于对应和连接每个多边形。这些属性值全部是手动输入。

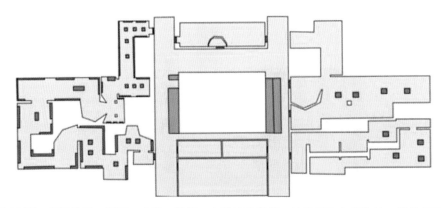

图 10-79 空间单元：房间、走廊、楼梯、自动扶梯和门，被表示为在博物馆一楼的多边形

为了推导出整个建筑的导航网络，首先每一楼层的网络必须提取出来。三维导航网络可以通过叠加多层二维地图来模拟真实的三维环境。在这种情况下，垂直连接处，如不同层之间的楼梯和电梯等是合并的。高度信息分配给节点，以代表楼梯和自动扶梯（图 10-80）。

为了读取 shapefile 文件，Python 中要安装 fiona 库。此外，为了使用 shapefile 中的几何多边形，也要安装包含空间对象类型和方法的样式库（shapely library）。为了生成整个楼层的网络，首先需要得到每个房间和走廊的网络。为了提取每个房间的导航网络，首先每一个多边形都要满足约束 Delaunay 三角剖分。想要执行约束 Delaunay 三角剖分，需要添加另一个 Python 库，因为它包含所需的三角剖分算法。约束 Delaunay 三角剖分允许多边形分解成不相交的三角形。为了实现数据的快速处理，节点的连通性是有限的。房间节点最多有 3 个连接，门节点最多有 2 个连接，展品节点只能有 1 个链接。当房间和走廊的多边形细分为三角形，每个三角形的中心点要被计算出来。在这个阶段，展品等对象表示为洞（hole），不予考虑。为了提供更现实的（更直接的）对象之间的路径，展品不在此步骤中考虑。最后，连接上那些有公共边的三角形的中心点（图 10-81）。

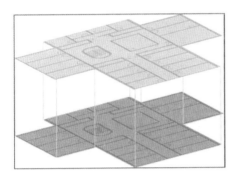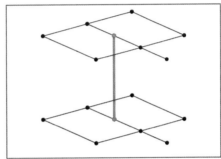

图 10-80　垂直连接两个楼层（Spassov，2007）

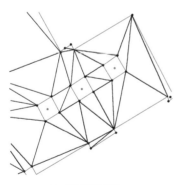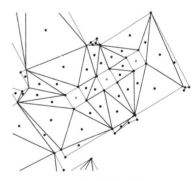

(a) 房间三角剖分　　　　　　　　　　　　(b) 三角形的中心点

图 10-81　室内导航不规则网格图

当单独的房间网络已经创建好，他们之间的联系就需要构建。计算出门多边形的中心点，并与相邻三角的中心点连接（图 10-82）。

为了扩大网络，代表展品的节点被添加进来（图 10-83）。在上一步计算中，展品多边形的中心点已经计算并连接到现有网络的最近点。展品节点包含一些额外的属性，如名称和展品描述。

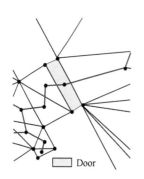

图 10-82　连接两个单独的房间网络

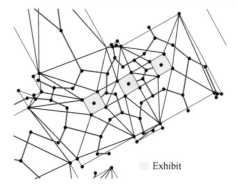

图 10-83　在导航网络里的展品

10.5.3　架构设计

1. 概念设计

系统结构分为相互作用的不同构件。在"DAren"的结构中，有两类构件极为重要：功能构件和系统构件。功能构件实施特定的功能而系统构件支持功能构件去执行这些任务。

基于表 10-8 中的关键用户需求，确认"DAren"应用需要 3 种功能构件：定位、导航和 3D 模型可视化。定位构件实现用户需求的"定位精度"参数，导航实现"轻松导航"参数，而三维模型可视化实现了"信息输出"和"语境信息"。以下为这些构件的描述。

表 10-8　"DAren"应用软件的关键用户需求

参数	需求
定位精度	● 楼层 ● 实时
轻松导航	● 清楚详细的路线 ● 考虑到展品
信息输出	● 三维地图 ● 语音导航
语境信息	● 基于当前位置 ● 推荐给用户

定位构件计算湖北省博物馆中用户携带的移动设备的位置。

导航构件包括两项功能：博物馆平面图提取网络用来获取拓扑模型，然后基于拓扑模型计算 A 点至 B 点的路径。

三维模型可视化构件负责博物馆 3D 模型和计算出的路径在移动设备上的可视化。

在 DAren 系统结构中系统构件为数据库、网络服务和应用软件。这些构件满足了功能构件的需求以及博物院管理员对应用软件的需求。

在图 10-84 中展示了"DAren"系统的概念模型并概述不同构件以及相互作用关

系。显而易见，在模型中功能构件利用了系统构件。此外，在图中各个构件通过箭头指示展示了系统功能流程。

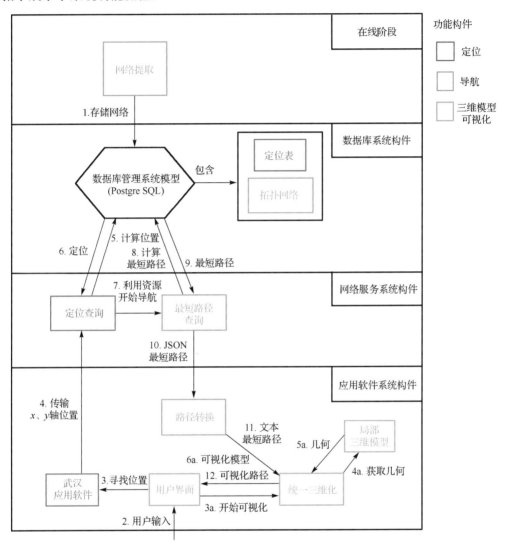

图 10-84　概念模型

2. 数据模型

图 10-85 展示了"DAren"数据模型的 UML 图，数据模型包含了 9 类。每个类以表的形式实现。

对象表存储几何和语义信息，每个对象以一条记录存储在表中。

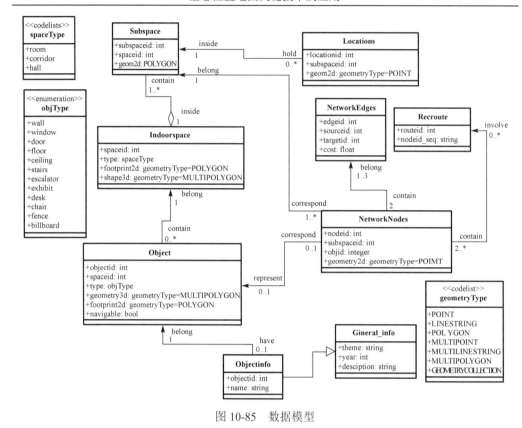

图 10-85　数据模型

表 10-9　对象表中的字段

字段	含义
objected	识别每个对象的唯一的整数
spaceid	识别该对象所在的房间，走廊或大厅的整数
objtype	每个对象的类型名称，其可以是"门"、"展品"等
geometry	对象的三维几何边界，以 MultiPolygon 类型存储在数据库中
footprint	三维对象轨迹的二维多边形表示
navigable	布尔型值表明对象是否可以使路径通过，例如，门窗是可通行的

　　对象表的原始数据源为湖北省博物馆的三维模型（图 10-86）。原始三维模型使用 Wavefront OBJ 格式编码，是一种 ASCII 格式，信息以特定特征（如对象）进行分组。每个对象使用顶点坐标（v），定点法向量（vn），纹理坐标（vp）和定点指数构造的面（v/vt/vn）表示其形状。对于每个对象，唯一的语义信息只有对象名称，例如，"Room_203_Ceiling_01"。在图 10-87 中展示了个体对象样本。

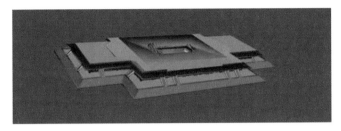

图 10-86   湖北省博物馆一楼三维模型

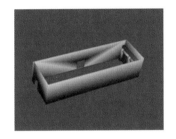

(a) 房间的墙壁 (b) 房间的门

图 10-87   单个室内对象

室内空间表。室内空间代表独立房间，是一个被墙的内侧、地面的上表面和天花板的下表面包围的空间的概念。室内空间表中不仅存储了每个空间的几何信息，还存储了语义信息，见表 10-10。

表 10-10   室内空间表中的字段

字段	含义
spaceid	识别每个空间的唯一整数
type	空间属性，目前该值只能是"房间"、"走廊"或"大厅"
footprint	每个空间的轨迹，其几何形状为二维多边形
shape	室内空间的边界形状，其为多边形集合

室内空间表的数据源是源自对象表的平面图表。在平面图表中不仅存储了室内轨迹，还存有对象 ID 和对象类型。对于每一个室内空间，它的 id 和 type 就是组成这块室内空间的地面的 id 和 type。

然后导出空间 ID，它是对象 ID 的前 4 位数字。用存储在平面图表中的相关平面信息填充室内空间表之后，只有形状字段没有值。但是通过高值突出室内空间轨迹，可以获取三维边界的几何形状以填充形状字段。

然而，因为自动生成的平面图依然包含无效的几何结构，所以实际上采用的是手工绘制的平面图（图 10-88）。在 3ds Max 中制作平面图然后在 QGIS 中改良。手工绘制的平面图上附有属性（如类型和 ID）并且将室内空间归类为相应的房间和走廊。按相同的方式，可以填写室内空间表所需的所有数据。图 10-89 展示了通过轨迹延展的室内三维形状。

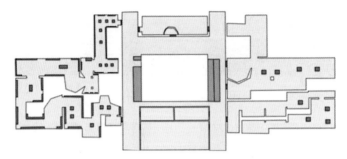

图 10-88　手工绘制的博物馆平面图

(a) 存储在 footprint 字段中的几何形状　　　(b) 存储在 shape 字段中的几何结构.

图 10-89　通过轨迹延展的室内三维形状

10.5.4　案例展示

图 10-90 描述了图形用户界面的主要模块以及它们之间如何关联。橙色和蓝色的模块将使用 Android 应用程序中的图形布局工具，而地图模块的实现更为复杂，需要先在 Unity 3D 中开发再与 Android 应用程序集成。

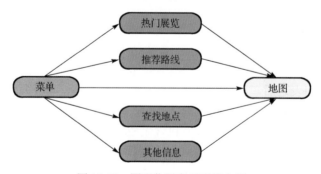

图 10-90　图形化用户界面状态图

创建一个新的布局可以通过添加一个新的 Android xml 文件并设置其根元素来实现。每一个模块至少创建一个布局。如图 10-91(a)所示，首先在菜单中添加 5 个按钮以提供选项：热门展览、推荐路线、查找地点、地图和其他信息。用户点击按钮后将跳转至一个对应的新模块并使用相应功能。

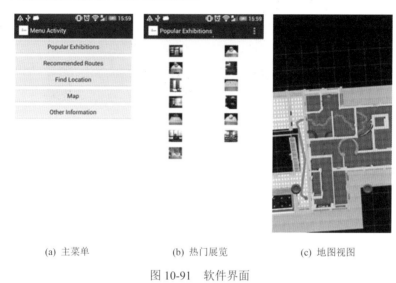

(a) 主菜单　　　　　　　　(b) 热门展览　　　　　　　(c) 地图视图

图 10-91　软件界面

热门展览（Popular Exhibition）（图 10-91(b)）模块用一个列表显示参观数最多的展览。用户选择展览的图片后，页面将跳转至地图视图以显示用户的当前位置以及前往该展览的最短路径。此外，用户可点击右上角按钮回到主菜单。

推荐路线（Recommended Routes）模块提供一些博物馆所推荐的观览路线。用户点击一个具体路线后，页面跳转至地图视图。用户先被引导至路线的起点，然后沿预定路线进行游览。

查找地点（Find Location）模块可以让用户搜索或选择他们想去的地方，如展览、卫生间或出口。用户当前位置至选择地点的路线在地图中显示。

其他信息（Other Information）模块提供博物馆的一些非空间信息，如开放时间和活动。

由于时间的信息获取的限制，后面 3 个模块的功能尚未完全实现。

"DAren"应用程序在湖北省博物馆多次测试后于 2013 年 10 月 10 日开始运行。图 10-92 显示了 3 个独立导航操作的结果：3D 模型鸟瞰图中，粉红色的导航路线清晰可见。其中，绿色圆圈表示用户在发出导航请求时的实际位置，而红色圆点是其计算位置。

值得注意的是导航的起点在大多数情况下是用户所在的一个房间内，这个节点并不一定总是距离用户最近。此外，用户需要等待大约 5s 让系统由多个捕获的位置最终确定导航起点。虽然存在以上问题，但并不降低用户体验。

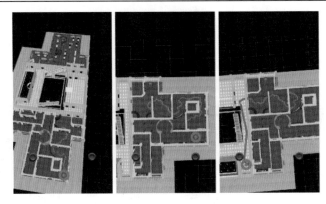

图 10-92 "DAren"应用程序

在三维查看器中显示的导航路线是程序计算的实际最短路径。路径是依据栅格网络自动提取后直接进行可视化的，所以导航系统中的线条并不如预期一样笔直。

三维模型的可视化是非常明确的，使用可识别的特征可以让用户相对容易地找到自身位置。虽然三维查看器中的平移和旋转不太便捷，但它确实为根据用户喜好调整视图提供了可选操作。此外，变焦功能增加了可动性，改善三维模型的可视化性能。

尽管存在微小缺陷，但本应用程序可用于导航。这个项目的最终目标是游客通过使用"DAren"应用程序找到路径。同时博物馆也可以通过无线监控来了解全馆和展览的大体情况。

参 考 文 献

艾新革. 2011. 国内外舆情研究述略[J]. 图书馆学刊, 9: 140-142.

陈迪, 朱欣焰, 周春辉, 等. 2013. 基于自适应采样粒度模型的空间方向关系模糊描述方法[J]. 测绘学报, 42(3): 359-366.

陈健瑜. 2009. 网页动态页面采集关键技术研究[J]. 硅谷, 12: 68.

陈伟. 2010. 基于 GPS 和自包含传感器的行人室内外无缝定位算法研究[D]. 合肥: 中国科学技术大学: 54-58.

邓敏, 张燕, 李俊杰. 2006. GIS 空间目标间方向关系的统计表达模型[J]. 地理信息世界, 4(5): 70-76.

杜世宏, 王桥, 李治江. 2005. GIS 中自然语言空间关系定义[J]. 武汉大学学报: 信息科学版, 30: 533-538.

杜世宏, 王桥, 杨一鹏. 2004. 一种定性细节方向关系的表达模型[J]. 中国图象图形学报, 9(12): 1496-1503.

杜世宏. 2004. 空间关系模糊描述及组合推理的理论和方法研究[D]. 北京: 北京大学.

杜莹, 武玉国, 王晓明, 等. 2006. 全球多分辨率虚拟地形环境的金字塔模型研究[J]. 系统仿真学报, (4): 955-958.

高剑. 2009. 三维重建应用系统研究[D]. 济南: 山东大学.

高俊. 2009. 换一个角度看地图[J]. 测绘通报, 1: 1-5.

高天宏. 2015. 互联网舆情分析中信息采集技术的研究与设计[D]. 北京: 北京邮电大学.

龚咏喜, 刘瑜, 邬伦, 等. 2010. 基于带权 Voronoi 图与地标的空间位置描述[J]. 地理与地理信息科学, 26(4): 21-6.

桂智明, 向宇, 李玉鉴. 2012. 基于出租车轨迹的并行城市热点区域发现[J]. 华中科技大学学报: 自然科学版, 40(S1): 187-190.

郭彤城, 慕春棣. 2005. 基于网络的并行仿真和分布式仿真[J]. 系统仿真学报, (5): 602-606.

国家测绘局. 2008. 数字城市地理空间信息公共平台地名/地址分类、描述及编码规则[M]. 北京: 测绘出版社.

国家技术监督局. 2001. 地名分类与类别代码编制规则[M]. 北京: 中国标准出版社.

胡可刚, 王树勋, 刘立宏. 2005. 移动通信中的无线定位技术[J]. 吉林大学学报: 信息科学版, 23(4): 378-384.

黄丙湖, 韩李涛, 孙根云, 等. 2011. 三维 GIS 与视频监控系统的集成与应用研究[J]. 测绘通报, (1): 49-51.

黄亮. 2014. 面向多源位置信息的语义位置建模与计算研究[D]. 武汉: 武汉大学.

黄雪萍. 2012. 基于地名信息的空间查询方法研究[D]. 长沙: 中南大学.

黄亚萍. 2012. 基于 TDOA 和 TOA 的无线定位技术研究[D]. 南京: 南京邮电大学.

蒋睿. 2012. 网页文本中 POI 信息获取方法研究[D]. 南京: 南京师范大学.

蒋文明, 张雪英, 李伯秋. 2010. 基于条件随机场的中文地址要素识别方法[J]. 计算机工程与应用, 46(13): 129-131.

蒋文明. 2010. 面向中文文本的空间方位关系抽取方法研究[D]. 南京: 南京师范大学.

亢孟军, 杜清运, 王明军. 2015. 地址树模型的中文地址提取方法[J]. 测绘学报, 44: 99-107.

黎志升. 2009. 地理信息检索若干技术研究[D]. 合肥: 中国科学技术大学.

李炳荣, 丁善荣, 马强. 2011. 扩展卡尔曼滤波在无源定位中的应用研究[J]. 中国电子科学研究院学报, 6: 622-625.

李德仁, 肖志峰, 朱欣焰, 等. 2006. 空间信息多级网格的划分方法及编码研究[J]. 测绘学报, 35(1): 52-56.

李华波, 吴礼发, 赖海光, 等. 2013. 有效的爬行 Ajax 页面的网络爬行算法[J]. 电子科技大学学报, 1: 115-120.

李玉榕. 2001. 信息融合与智能处理研究[D]. 杭州: 浙江大学.

林雕, 宋国民, 贾奋励. 2014. 面向位置服务的室内空间模型研究进展[J]. 导航定位学报, (4): 17-21, 26.

刘经南, 郭迟, 彭瑞卿. 2011. 移动互联网时代的位置服务[J]. 中国计算机学会通讯, 12(7): 40-50.

刘永山. 2007. 基于 MBR 模型的主方向关系研究[D]. 哈尔滨: 哈尔滨理工大学.

刘瑜, 肖昱, 高松, 等. 2011. 基于位置感知设备的人类移动研究综述[J]. 地理与地理信息科学, 27(4): 8-13.

刘瑜, 张毅, 田原, 等. 2007. 广义地名及其本体研究[J]. 地理与地理信息科学, 23(6): 1-7.

孟小峰, 慈祥. 2013. 大数据管理: 概念、技术与挑战[J]. 计算机研究与发展, 50(1): 146-169.

倪欢, 许卓明. 2006. OWL 本体查询技术研究[J]. 河海大学学报: 自然科学版, 34(3): 333-336.

蒲鹏先, 王勇. 2008. 应急地理信息整合平台系统架构初探[J]. 地理信息世界, 6(6): 39-44.

钱小聪. 2010. 当泛在网真正泛在[J]. 中国电信业, 8: 38-40.

秦国防. 2011. 基于虚拟现实的数字三维全景技术的研究与实现[D]. 电子科技大学.

尚楚涵. 2013. 互联网舆情信息挖掘技术研究与实现[D]. 华南理工大学.

尚建嘎, 余胜生, 廖红虹. 2011. 普适计算环境下位置模型研究进展[J]. 计算机工程与应用, 47(36): 1-4, 28.

邵斐, 孙济庆. 2007. 一种适用于动态网页的网络蜘蛛爬行策略研究[J]. 情报杂志, 5: 28-30.

童晓君. 2012. 基于出租车 GPS 数据的居民出行行为分析[D]. 长沙: 中南大学.

王振峰. 2009. 基于本体的地理事件信息检索[D]. 武汉: 武汉大学.

吴俊君, 胡国生. 2013. 室内环境仿人机器人快速视觉定位算法[J]. 中山大学学报: 自然科学版, 52(4): 7-13.

谢波, 江一夫, 严恭敏, 等. 2013. 个人导航融合建筑平面信息的粒子滤波方法[J]. 中国惯性技术学报, 21(1): 1-6.

谢超. 2007. 自适应地图可视化关键技术研究[D]. 郑州: 解放军信息工程大学.

闫浩文, 郭仁忠. 2003. 空间方向关系形式化描述模型研究. 测绘学报, 32(1): 42-46.

杨鹏. 2014. 网络论坛信息采集技术的研究与实现[D]. 昆明: 昆明理工大学.

叶绿, 赵家森. 2004. GIS 中点集凸包的快速算法. 测绘学报, 33(4): 319-322.

余建伟, 李清泉. 2009. 位置感知计算中定位信息的自然语言描述[J]. 地理与地理信息科学, 25(1): 10-13.

袁晶. 2012. 大规模轨迹数据的检索, 挖掘和应用[D]. 合肥: 中国科学技术大学.

翟巍, 迟忠先, 方芳, 等. 2003. 大规模三维场景可视化的数据组织方法研究[J]. 计算机工程, (20): 26-27.

张波. 2011. 用于交通出行调查的 GPS 时空轨迹数据简化与语义增强研究[D]. 上海: 华东师范大学.

张兰, 王光霞, 袁田, 等. 2013. 室内地图研究初探[J]. 测绘与空间地理信息, 36(9): 43-47.

张立强. 2004. 构建三维数字地球的关键技术研究[D]. 北京: 中国科学院研究生院.

张明华. 2009. 基于 WLAN 的室内定位技术研究[D]. 上海: 上海交通大学.

张奇, 顾伟康. 1998. 基于多传感器数据融合的环境理解及障碍物检测算法[J]. 机器人, 20(21): 104-110.

张奇, 顾伟康, 刘济林. 1999. 基于 Dempster Shafer 证据推理理论的 ALV 视觉信息融合[J]. 计算机学报, 22(2): 193-198.

张雪英, 闾国年. 2007. 自然语言空间关系及其在 GIS 中的应用研究. 地球信息科学, 9: 77-81.

张雪英, 张春菊, 闾国年. 2010. 地理命名实体分类体系的设计与应用分析[J]. 地球信息科学, 12(2): 220-227.

张毅, 邬阳, 高勇, 等. 2013. 基于空间陈述的定位及不确定性研究[J]. 地球信息科学学报, 15(1): 38-45.

张园. 2011. 移动位置服务应用发展研究[J]. 信息通信技术, 5(2): 42-46.

张芝华. 2012. 运用 NFC 技术之室内导览系统[D]. 台北: 台湾师范大学.

赵冬青, 李雪瑞. 2006. LBS 中位置及其语义的研究[J]. 武汉大学学报: 信息科学版, 31(5): 458-461.

赵建娇. 2015. 室内外一体化行人导航地图制作与表达[J]. 地理空间信息, 3: 179-182, 13.

赵永翔, 周怀北, 陈淼, 等. 2009. 卡尔曼滤波在室内定位系统实时跟踪中的应用[J]. 武汉大学学报: 理学版, 6: 696-700.

郑睿, 原魁, 李园. 一种用于移动机器人室内定位与导航的二维码[J]. 高技术通讯, 2008, 18(4): 369-74.

郑玥, 龙毅, 明小娜, 等. 2011. 多种空间关系组合的地理位置自然语言描述方法[J]. 地球信息科学学报, 13(4): 465-471.

中国互联网络信息中心. 2014a. 2014 年中国网民搜索行为研究报告[EB/OL]. http: //www. fdi. gov. cn/1800000121_35_210_0_7. html.

中国互联网络信息中心. 2014b. 2014 年中国移动互联网调查研究报告[EB/OL]. http: //www. cnnic. net. cn/hlwfzyj/hlwxzbg/ydhlwbg/201408/t20140826_47880. htm

周成虎, 朱欣焰, 王蒙, 等. 2011. 全息位置地图研究[J]. 地理科学进展, 30(11): 1331-1335.

周艳, 朱庆, 黄铎. 2006. 三维城市模型中建筑物 LOD 模型研究[J]. 测绘科学, (5): 74-77.

朱庆, 熊庆, 赵君峤. 2014. 室内位置信息模型与智能位置服务[J]. 测绘地理信息, 39(5): 1-7.

朱晓芸, 杨建刚, 何志钧. 1997. 神经网络的多传感器数据融合基于新算法在障碍物识别中的应用[J]. 机器人, 19(3): 166-172.

朱欣焰, 杨龙龙, 呙维. 2015. 面向全息位置地图的室内空间本体建模[J]. 地理信息世界, 22(2): 1-7.

朱欣焰, 周成虎, 呙维, 等. 2015. 全息位置地图概念内涵及其关键技术初探[J]. 武汉大学学报: 信息科学版, 40(3): 285-295.

Adelfio M D, Samet H. 2013. Structured toponym resolution using combined hierarchical place categories[C]// Proceedings of the 7th ACM SIGSPATIAL Workshop on Geographic Information Retrieval, Orlando, FL, USA.

Afyouni I, Cyril R, Christophe C. 2012. Spatial models for context-aware indoor navigation systems: A survey[J]// Journal of Spatial Information Science, 1(4): 85-123.

Agrawal R J, Shanahan J G. 2010. Location disambiguation in local searches using gradient boosted decision trees[C]// Proceedings of the 18th SIGSPATIAL International Conference on Advances in Geographic Information Systems: 129-136.

Alsubaiee S, Behm A, Li C. 2010. Supporting location-based approximate-keyword queries[C]// Proceedings of the 18th SIGSPATIAL International Conference on Advances in Geographic Information Systems: 61-70.

Alvares L O, Bogorny V, Kuijpers B, et al. 2007. A model for enriching trajectories with semantic geographical information[C]// Proceedings of the 15th Annual ACM International Symposium on Advances in Geographic Information Systems: 22.

Alves A, Hervás R, Pereira F C, et al. 2007. Conceptual enrichment of locations pointed out by the user[C]// Proceedings of the Knowledge-Based Intelligent Information and Engineering Systems: 346-353.

Barclay M, Galton A. 2008. An influence model for reference object selection in spatially locative phrases[M]// Freksa C, Newcombe N S, Gärdenfors P, et al. Spatial Cognition VI. Learning, Reasoning, and Talking about Space. Berlin: Springer: 216-232.

Beaman R, Wieczorek J, Blum S. 2004. Determining space from place for natural history collections[J]. D-lib Magazine, 10(5): 1082.

Becker C, Dürr F. 2005. On location models for ubiquitous computing[J]. Personal and Ubiquitous Computing, 9(1): 20-31.

Becker T, Nagel C, Kolbe T H. 2009. A multilayered space-event model for navigation in indoor spaces[M]// Lee J, Zlatanova S. 3D Geo-Information Sciences. Berlin: Springer: 61-77.

Belouaer L, Brosset D, Claramunt C. 2013. Modeling spatial knowledge from verbal descriptions[M]// Tenbrink T, Stell J, Galton A, et al. Spatial Information Theory. Berlin: Springer: 338-357.

Bennett B, Agarwal P. 2007. Semantic categories underlying the meaning of 'place'[M]// Spatial Information Theory. Berlin: Springer: 78-95.

Bensalem I, Kholladi M K. 2010. Toponym disambiguation by arborescent relationships[J]. Journal of Computer Science, 6: 653.

Blumenthal J, Grossmann R, Golatowski F, et al. 2007. Weighted centroid localization in ZigBee-based sensor networks[C]// Proceedings of the IEEE International Symposium on Intelligent Signal Processing, 1(6): 3-5.

Bow C J, Waters N, Faris P, et al. 2004. Accuracy of city postal code coordinates as a proxy for location of residence[J]. International Journal of Health Geographics, 3(1): 5.

Brown G, Nagel C, Zlatanova S, et al. 2013. Modelling 3D topographic space against indoor navigation requirements[M]// Pouliot J, Daniel S, Hubert F, et al. Progress and New Trends in 3D Geoinformation Sciences. Berlin: Springer: 1-22.

Brown, R G, Hwang P Y C. 1997. Introduction to Random Signals and Applied Kalman Filtering . 3rd ed. New York: John Wiley & Sons, Inc.

Buchin M, Driemel A, Kreveld M V, et al. 2011. Segmenting trajectories: A framework and algorithms using spatiotemporal criteria[J]. Journal of Spatial Information Science, (3): 33-63.

Buscaldi D, Rosso P. 2008. Map-based vs. knowledge-based toponym disambiguation[C]// Proceedings of the 2nd International Workshop on Geographic Information Retrieval: 19-22.

Bytelight. 2000. Indoor Positioning Systems[EB/OL]. http: //www. bytelight. com/.

Chaves M S, Silva M J, Martins B. 2005. GKB-Geographic Knowledge Base[R]. Departamento de Informática da Faculdade de Ciências da Universidade de Lisboa.

Chen C, Zhang D, Castro P S, et al. 2012. Real-time detection of anomalous taxi trajectories from GPS traces[C]// Sénac P, Ott M, Seneviratne A. Mobile and Ubiquitous Systems: Computing, Networking, and Services. Berlin: Springer: 63-74.

Cheng Y C, Chawathe Y, Lamarca A, et al. 2005. Accuracy characterization for metropolitan-scale WiFi localization[C]// Proceedings of the 3rd International Conference on Mobile Systems, Applications, and Services, Hyatt Harborside, Boston, USA.

Christoforaki M, He J, Dimopoulos C, et al. 2011. Text vs. space: Efficient geo-search query processing[C]// Proceedings of the 20th ACM International Conference on Information and Knowledge Management: 423-432.

Coronato A, Esposito M, de Pietro G. 2009. A multimodal semantic location service for intelligent environments: An application for Smart Hospitals[J]. Personal and Ubiquitous Computing, 13(7): 527-538.

Davis Jr C A, Fonseca F T. Assessing the certainty of locations produced by an address geocoding system[J]. Geoinformatica, 2007, 11(1): 103-129.

Deng Z, Yu Y, Yuan X, et al. 2013. Situation and development tendency of indoor positioning[J]. China Communications, 10(3): 42-55.

Dijkstra E W. 1959. A note on two problems in connexion with graphs. Numerische Mathematik, 1: 269-271.

Dini L, Di Tomaso V. 1995. Events and individual in italian dynamic locative expressions[C]// Proceedings of the 4th Conference on the Cognitive Science of Natural Language Processing, Dublin.

Doherty P, Guo Q, Liu Y, et al. 2011. Georeferencing incidents from locality descriptions and its applications: A case study from Yosemite National Park search and rescue[J]. Geographic Information Retrieval, 15(6): 775-793.

Duckham M, Winter S, Robinson M. 2010. Including landmarks in routing instructions[J]. Journal of Location Based Services, 4(1): 28-52.

Duckham M, Worboys M. 2001. Computational structure in three-valued nearness relations[M]// Spatial Information Theory. Berlin: Springer: 76-91.

Eppstein D. 1998. Finding the k shortest paths[J]. SIAM Journal on Computing, 28: 652-673.

Foley D H, Weitzman A L, Miller S E, et al. 2008. The value of georeferenced collection records for predicting patterns of mosquito species richness and endemism in the Neotropics[J]. Ecological Entomology, 33(1): 12-23.

Frank A U. 1991. Qualitative Spatial Reasoning with Cardinal Directions[M]. Berlin: Springer.

Freundschuh S, Blades M. 2013. The cognitive development of the spatial concepts NEXT, NEAR, AWAY and FAR[C]// Raubal M, Mark D M, Frank A U. Cognitive and Linguistic Aspects of Geographic Space. Berlin: Springer: 43-62.

Gabaglio V. 2001. Centralized Kalman filter for augmented GPS pedestrian navigation[C]// Proceedings of the ION GPS 2001, Salt LakeCity, Utah, USA.

Gao S, Janowicz K, McKenzie G, et al. 2013. Towards platial joins and buffers in place-based GIS[C]// Proceedings of the 1st ACM SIGSPATIAL International Workshop on Computational Models of Place: 1-8.

Gelernter J, Balaji S. 2013. An algorithm for local geoparsing of microtext[J]. GeoInformatica, 17(4): 635-667.

Geraerts R. 2010. Planning short paths with clearance using explicit corridors[C]// Proceedings of the 2010 IEEE International Conference on Robotics and Automation (ICRA), Alaska, USA, May: 3-8.

Gong Y, Li G, Liu Y, et al. 2010. Positioning localities from spatial assertions based on Voronoi neighboring[J]. Science China Technological Sciences, 53: 143-149.

Gong Y, Wu L, Lin Y, et al. 2012. Probability issues in locality descriptions based on Voronoi neighbor relationship[J]. Journal of Visual Languages & Computing, 23: 213-222.

Goodchild M F. 2007. Citizens as sensors: The world of volunteered geography[J]. Geo Journal, 69(4): 211-221.

Goodchild M F. 2011. Looking forward: Five thoughts on the future of GIS[J]. Essays on Geography and GIS, 4: 26-29.

Guo Q H, Liu Y, Wieczorek J. 2008. Georeferencing locality descriptions and computing associated uncertainty using a probabilistic approach[J]. International Journal of Geographical Information Science, 22(10): 1067-1090.

Guralnick R P, Wieczorek J, Beaman R, et al. 2006. BioGeomancer: Automated georeferencing to map the world's biodiversity data[J]. PLoS Biology, 4(11): 381.

Hackett J K, Shah M. 1990. Multi-sensor fusion: A perspective. Robotics and automation[C]// Proceedings of the IEEE International Conference: 1324-1330.

Hallberg J, Nilsson M, Synnes K. 2003. Positioning with bluetooth[C]// Proceedings of the 10th International Conference on Telecommunications, 2(23): 954-958.

He S, Chan S H G. 2016. WiFi fingerprint-based indoor positioning: Recent advances and comparisons[J]. IEEE Communications Surveys & Tutorials, 18(1): 466-490.

Heckmann D, Schwartz T, Brandherm B, et al. 2005. Gumo-The General User Model Ontology, in User Modeling 2005[M]. Berlin: Springer: 428-432.

Hill L L. 2009. Georeferencing: The Geographic Associations of Information[M]. Combridge: MIT Press.

Hosokawa Y. 2012. Improving vertical geo/geo disambiguation by increasing geographical feature weights of places[C]// Proceedings of the 2012 ACM Research in Applied Computation Symposium: 92-99.

Janowicz K, Raubal M, Kuhn W. 2011. The semantics of similarity in geographic information retrieval[J]. Journal of Spatial Information Science, 29-57.

Jenkins P L, Phillips T J, Mulberg E J, et al. 1992. Activity patterns of Californians: Use of and proximity to indoor pollutant sources[J]. Atmospheric Environment Part A General Topics, 26(12): 2141-2148.

Jiménez V, Marzal A, 1999. Computing the K shortest paths: A new algorithm and an experimental comparison// Vitter J, Zaroliagis C. Algorithm Engineering. Berlin: Springer: 15-29.

John M A. 1990. Increasing update rates in the building walkthrough system with automatic model-space subdivision and potentially visible set calculations[R]. Chapel Hill: The University of North Carolina.

Jones C B, Purves R S. 2009. Geographical information retrieval[M]// Liu L, Özsu M T. Encyclopedia of Database Systems. Berlin: Springer.

Kang N, Singh B, Afzal Z, et al. 2013. Using rule-based natural language processing to improve disease normalization in biomedical text[J]. Journal of the American Medical Informatics Association, 20: 876-881.

Kauppinen T, Henriksson R, Sinkkilä R, et al. 2008. Ontology-based Disambiguation of Spatiotemporal Locations// Proceedings of the International Workshop on Identity & Reference and Semantic Web, Tenerife, Spain.

Keßler C, Janowicz K, Bishr M. An agenda for the next generation gazetteer: Geographic information contribution and retrieval[C]// Proceedings of the 17th ACM SIGSPATIAL International Conference on Advances in Geographic Information Systems, 2009: 91-100.

Khan A, Vasardani M, Winter S. 2013. Extracting spatial information from place descriptions[J]// Proceedings of the First ACM SIGSPATIAL International Workshop on Computational Models of Place: 62-69.

Khan I, Nisar M, Ebad F, et al. 2008. IFC-journal of ethnopharmacology[J]. Journal of Ethnopharmacology, 120(3): 372-377.

Lash R R, Carroll D S, Hughes C M, et al. 2012. Effects of georeferencing effort on mapping monkeypox case distributions and transmission risk[J]. International Journal of Health Geographics, 11(1): 23.

Lauri A, Gothlin N, Korhonen J, et al. 2004. Bluetooth and WAP push based location-aware mobile advertising system[C]// Proceedings of the 2nd International Conference on Mobile Systems, Applications, and Services: 49-58.

Lazar A, Sethi I K. 1999. Decision rule extraction from trained neural networks using rough sets[J]. Intelligent Engineering Systems Through Artificial Neural Networks, 9: 493-498.

Levinson S C. 2003. Space in Language and Cognition: Explorations in Cognitive Diversity[M]. Cambridge: Cambridge University Press.

Li D, Lee D L. 2008. A lattice-based semantic location model for indoor navigation[C]// Proceedings of the 9th International Conference on Mobile Data Management, Beijing, China.

Li K. 2008. Indoor space: A new notion of space[M]// Bertolotto M, Ray C, Li X. Web and Wireless Geographical Information Systems. Berlin: Springer: 1-3.

Li W, Goodchild M, Church R, et al. 2012. Geospatial data mining on the web: Discovering locations of emergency service facilities[M]// Zhou S, Zhang S, Karypis G. Advanced Data Mining and Applications. Berlin: Springer: 552-563.

Lieberman M D, Samet H, Sankaranarayanan J, et al. 2007. STEWARD: Architecture of a spatio-textual search engine// Proceedings of the 15th Annual ACM International Symposium on Advances in Geographic Information Systems: 25.

Lieberman M D, Samet H, Sankaranayananan J. 2010. Geotagging: Using proximity, sibling, and prominence clues to understand comma groups[C]// Proceedings of the 6th Workshop on Geographic Information Retrieval: 6.

Lieberman M D, Samet H. 2011. Multifaceted toponym recognition for streaming news[C]// Proceedings of the 34th International ACM SIGIR Conference on Research and Development in Information Retrieval: 843-852.

Lieberman M D, Samet H. 2012. Adaptive context features for toponym resolution in streaming news[C]// Proceedings of the 35th International ACM SIGIR Conference on Research and Development in Information Retrieval: 731-740.

Lieberman M D, Sankaranarayanan J, Samet H, et al. 2008. Augmenting spatio-textual search with an infectious disease ontology[C]// Proceedings of the IEEE 24th International Conference on Data Engineering Workshop, Cancún, México: 266-269.

Lin H, Hu L, Hu Y, et al. 2011. An integrated framework for retrieving and analyzing geographic information in web pages[C]// Proceedings of the 19th International Conference on Geoinformatics, Shanghai, China.

Liu F, Vasardani M, Baldwin T. 2014. Automatic identification of locative expressions from social media text: A comparative analysis[C]// Proceedings of the 4th International Workshop on Location and the Web: 9-16.

Liu Y, Guo Q, Wieczorek J, et al. 2009. Positioning localities based on spatial assertions[J]. International Journal of Geographical Information Science, 23(11): 1471-1501.

Liu Y, Wang X, Jin X, et al. 2005. On internal cardinal direction relations[J]. International Conference on Spatial Information Theory, 3693: 283-299.

Liu Y, Yuan Y, Xiao D, et al. 2010. A point-set-based approximation for areal objects: A case study of representing localities[J]. Computers, Environment and Urban Systems, 34(1): 28-39.

Locata. 1999. Locata Home[EB/OL]. https: //www. locata. org. uk/.

Losasso F, Hoppe H. 2004. Geometry clipmaps: Terrain rendering using nested regular grids[J]. ACM Transactions on Graphics (TOG), 23(3): 769-776.

Luo R C, Lin M H, Scherp R S. 1988. Dynamic multi-sensor data fusion system for intelligent robots[J]. IEEE Journal on Robotics and Automation, 4(4): 386-396.

Martins B, Anastácio I, Calado P. 2010. A machine learning approach for resolving place references in text[M]// Painho M, Santos M Y, Pundt H. Geospatial Thinking. Berlin: Springer: 221-236.

Mautz R. 2012. Indoor Positioning Technologies[M]. Berlin: Südwestdeutscher Verlag für Hochschulschriften.

McEachern K, Niessen K. 2009. Uncertainty in georeferencing current and historic plant locations[J]. Ecological Restoration, 27(2): 152-159.

McNeff J G. 2002. The global positioning system[J]. IEEE Transactions on Microwave Theory and Techniques, 50: 645-652.

MIT. 2001. MIT Cricket: Home[EB/OL]. http: //wcb. mit. edu/mitcc/.

Murphey P C, Guralnick R P, Glaubitz R, et al. 2004. Georeferencing of museum collections: A review of problems and automated tools, and the methodology developed by the Mountain and Plains Spatio-Temporal Database-Informatics Initiative (Mapstedi)[J]. Phyloinformatics, 1: 1-29.

Ni L M, Liu Y, Lau Y C, et al. 2004. LANDMARC: Indoor location sensing using active RFID[J]. Wireless Networks, 10(6): 701-710.

Niwa S, Mosuda T, Sezaki Y. 1999. Kalman filter with time-variable gain for a multisensor fusion system[C]// Proceedings of the IEEE International Conference on Multisensor Fusion and Integration for Intelligent Systems: 56-61.

OGC. 2008. City Geography Markup Language (CityGML) Encoding Standard OGC 08-007r1[S].

Overell S E. 2009. Geographic information retrieval: Classification, disambiguation and modeling[J]. Imperial College London, 22 (3): 2-4.

Overell S, Rüger S. 2008. Using co-occurrence models for placename disambiguation[J]. International Journal of Geographical Information Science, 22: 265-287.

Palma A T, Bogorny V, Kuijpers B, et al. A clustering-based approach for discovering interesting places in trajectories[C]// Proceedings of the 2008 ACM Symposium on Applied Computing, 2008: 863-868.

Papadias D, Sellis T. 1994. Qualitative representation of spatial knowledge in two-dimensional space[J]. The International Journal on Very Large Data Bases, 3(4): 479-516.

Pascoal M, Martins E, Santos J. 2001. A new improvement for a K shortest paths algorithm[J]. APDIO, 21: 47-60.

Petrova K, Wang B. 2011. Location-based services deployment and demand: A roadmap model[J]. Electronic Commerce Research, 11(1): 5-29

Qi H, Moore J B. 2002. Direct Kalman filtering approach for GPS/INS integration[J]. IEEE Transactions on Aerospace and Electronic Systems, 38(2): 687-693.

Qu H, Wang H, Cui W. 2009. Focus+ context route zooming and information overlay in 3D urban environments[J]. IEEE Transactions on Visualization and Computer Graphics, 15(6): 1547-1554.

Rabiee H R, Kashya P R, Safavian S R. 1996. Multiresolution segmentation-based image coding with hierarchical data structures[C]// Proceedings of 1996 IEEE International Conference on Acoustics, Speechand Signal Processing(ICASSP-96): 1870-1873.

Rauch E, Bukatin M, Baker K. 2003. A confidence-based framework for disambiguating geographic terms[C]// Proceedings of the HLT-NAACL 2003 Workshop on Analysis of Geographic References: 50-54.

Recchia G, Louwerse M M. 2013. A comparison of string similarity measures for toponym matching[J]. ACM SIGSPATIAL: 54-61.

Richter D, Richter K F, Winter S. 2013a. The impact of classification approaches on the detection of hierarchies in place descriptions[M]// Vandenbroucke D, Bucher B, Crompvoets J. Geographic Information Science at the Heart of Europe. Berlin: Springer: 191-206.

Richter D, Vasardani M, Stirlng L, et al. 2013b. Zooming in-zooming out hierarchies in place descriptions[M]// Krisp J M. Progress in Location-Based Services. Berlin: Springer: 339-355.

Richter D, Winter S, Richter K-F, et al. 2013c. Granularity of locations referred to by place descriptions[J]. Computers, Environment and Urban Systems, 41: 88-99.

Richter K F, Klippel A. 2007. Before or After: Prepositions in Spatially Constrained Systems[M]. Berlin: Springer.

Richter K F, Tomko M, Winter S. 2008. A dialog-driven process of generating route directions[J]. Computers, Environment and Urban Systems, 32: 233-245.

Ripley B D. 2005. Spatial Statistics[M]. New York: John Wiley & Sons.

Ripley B D. 1976. The second-order analysis of stationary point processes[J]. Journal of Applied Probability, 13(2): 255-266.

Robert L C. 1984. Shade trees[J]. ACM SIGGRAPH Computer Graphics, 18(3): 223-231.

Sahinoglu Z, Gezici S, Guvenc I. 2008. Ultra-wideband Positioning Systems[M]. New York: Cambridge University Press.

Samet H, Lieberman M D, Sankaranarayanan J, et al. 2007. STEWARD: Demo of spatio-textual extraction on the web aiding the retrieval of documents[C]// Proceedings of the 8th Annual International Conference on Digital Government Research: Bridging Disciplines & Domains: 300-301.

Sankaranarayanan J, Samet H, Teitler B E, et al. 2009. Twitterstand: News in tweets[C]// Proceedings of the 17th ACM SIGSPATIAL International Conference on Advances in Geographic Information Systems: 42-51.

Schockaert S, de Cock M, Kerre E E. 2008. Modelling nearness and cardinal directions between fuzzy regions[C]// Proceedings of the IEEE International Conference on Fuzzy Systems: 1548-1555.

Schulzrinne H, Gurbani V, Kyzivat P, et al. 2005. RPID: Rich Presence Extensions to the Presence Information Data Format (PIDF)[S]. RFC 4480.

Schwering A. 2007. Semantic similarity measurement including spatial relations for semantic information retrieval of geo-spatial data[C]// Proceedings of the Spatial Information Theory, International Conference, Cosit, Melbourne, Australia, 4736: 116-132.

Schwering A. 2008. Approaches to semantic similarity measurement for geo‐spatial data: A survey[J]. Transactions on GIS, 12(1): 5-29.

Sheather S J, Jones M C. 1991. A reliable data-based bandwidth selection method for kernel density estimation[J]. Journal of the Royal Statistical Society. Series B (Methodological), 53(3): 683-690.

Shen C, Zhang H, Wang H, et al. 2010. Research on trusted computing and its development[J]. Science China Information Sciences, 53(3): 405-433.

Snoussi M, Davoine P A, Gensel J. 2012. Spatio-temporal localization of geo-environmental vague information: Application to volcanological data. BMC Cell Biology, 12 (1): 53.

Sorrows M E, Hirtle S C. 1999. The nature of landmarks for real and electronic spaces[M]// Freksa C, Mark D M. Spatial Information Theory Cognitive and Computational Foundations of Geographic Information Science. Berlin: Springer: 37-50.

Souza L A, Davis Jr C A, Borges K A, et al. The role of gazetteers in geographic knowledge discovery on the Web[C]// Proceedings of the Third Latin American Web Congress, Washington, DC, USA.

Spassov, I. 2007. Algorithms for Map-Aided Autonomous Indoor Pedestrian Positioning and Navigation[D]. Switzerland: Ecole Polytechnique Federale de Lausanne.

Stefanakis E, Patroumpas K. 2008. Google Earth and XML: Advanced visualization and publishing of geographic information[M]// Peterson M P. International Perspectives on Maps and the Internet. Berlin: Springer: 143-152.

Stoffel E, Lorenz B, Ohlbach H J. 2007. Towards a semantic spatial model for pedestrian indoor navigation[M]// Hainaut J L, Rundensteiner E A, Kirchberg M, et al. Advances in Conceptual Modeling-Foundations and Applications. Berlin: Springer: 328-337.

Sugano M, Kawazoe T, Ohta Y, et al. 2010. Indoor localization system using RSSI measurement of wireless sensor network based on ZigBee standard[C]// Proceedings of the 10th IEEE International

Conference on Computer and Information Technology, Liverpool, England, UK.

Takemura C M, Cesar Jr R, Bloch I. 2005. Fuzzy modeling and evaluation of the spatial relation "Along"[M]// Sanfeliu A, Cortés M L. Progress in Pattern Recognition, Image Analysis and Applications. Berlin: Springer: 837-848.

Thill J, Dao T H D, Zhou Y. 2011. Traveling in the three-dimensional city: Applications in route planning, accessibility assessment, location analysis and beyond[J]. Journal of Transport Geography, 19(3): 405-421.

Tian Z, Tang X, Zhou M, et al. 2013. Fingerprint indoor positioning algorithm based on affinity propagation clustering[J]. Eurasip Journal on Wireless Communications & Networking, (1): 1-8.

Tong X, Shi W, Liu D. 2003. An error model of circular curve features in GIS[C]// Proceedings of the 11th ACM International Symposium on Advances in Geographic Information Systems: 141-146.

Tsetsos V, Anagnostopoulos C, Kikairas P, et al. 2006. Semantically enriched navigation for indoor environments[J]. International Journal of Web and Grid Services, 2(4): 313-453.

Vasardani M, Timpf S, Winter S, et al. 2013. From descriptions to depictions: A conceptual framework[M]// Tenbrink T, Stell J, Galton A, et al. Spatial Information Theory. Berlin: Springer: 299-319.

Vasardani M, Winter S, Richter K F, et al. 2012. Spatial interpretations of preposition "at"[C]// Proceedings of the 1st ACM SIGSPATIAL International Workshop on Crowdsourced and Volunteered Geographic Information: 46-53.

Vasardani M, Winter S, Richter K F. 2013. Locating place names from place descriptions[J]. International Journal of Geographical Information Science: 1-24.

Volz R, Kleb J, Mueller W. 2007. Towards ontology-based disambiguation of geographical identifiers[C]// Proceedings of the International World Wide Web Conference, Banff, Canada.

Wallgrün J O. 2005. Autonomous construction of hierarchical voronoi-based route graph representations[M]// Freksa C, Knauff M, Krieg-Brückner B, et al. Spatial Cognition IV. Reasoning, Action, Interaction. Berlin: Springer: 413-433.

Wang X, Matsakis P, Trick L, et al. 2008. A study on how humans describe relative positions of image objects[M]// Ruas A. Headway in Spatial Data Handling. Berlin: Springer: 1-18.

Want R, Hopper A, Falcão V, et al. 1992. The active badge location system[J]. ACM Transactions on Information Systems (TOIS), 10(1): 91-102.

Want R, Schilit B N, Adams N I, et al. 2000. The Parctab ubiquitous computing experiment[J]. Personal Computing, 2(6): 28-43.

Wieczorek J, Guo Q, Hijmans R. 2004. The point-radius method for georeferencing locality descriptions and calculating associated uncertainty[J]. International Journal of Geographical Information Science, 18(8): 745-767.

Winter S, Freksa C. 2012. Approaching the notion of place by contrast[J]. Journal of Spatial Information Science, 5: 31-50.

Worboys M F. 2001. Nearness relations in environmental space[J]. International Journal of Geographical Information Science, 15(7): 633-651.

Wu Y. 2011. Interpreting Destination Descriptions for Navigation Services[D]. Melbourne: The University of Melbourne.

Xiang Z Y, Xu Z Z, Liu J L. 2003. Small obstacle detection for autonomous land vehicle under semi-structural environments[C]// Proceedings of IEEE Intelligent Transportation Systems: 293-298.

Xiang Z. 2005. An environmental perception system to autonomous off-road navigation by using multi-sensor data fusion[J]. Neural Networks and Brain, 13: 1221-1226.

Xie X, Lu H. 2013. Efficient distance-aware query evaluation on indoor moving objects[C]// Proceedings of the 29th IEEE International Conference on Data Engineering: 434-445.

Xu J, Mark D M. 2007. Natural language understanding of spatial relations between linear geographic objects[J]. Spatial Cognition & Computation, 7: 311-347.

Yang B, Lu H, Jensen C J. 2009. Scalable continuous range monitoring of moving objects in symbolic indoor space[C]// Proceedings of the 18th ACM Conference on Information and Knowledge Management: 671-680.

Yang B, Lu H, Jensen C S. 2010. Probabilistic threshold k nearest neighbor queries over moving objects in symbolic indoor space[C]// Proceedings of the 13th International Conference on Extending Database Technology: 335-346.

Yick J, Mukherjee B, Ghosal D. Wireless sensor network survey. Computer Networks , 52: 2292-2330

Youstin T J, Nobles M R, Ward J T, et al. 2011. Assessing the generalizability of the near repeat phenomenon[J]. Criminal Justice and Behavior, 38(10): 1042-1063.

Zhang C, Zhang X, Jiang W, et al. 2009. Rule-based extraction of spatial relations in natural language text[C]// Proceedings of the International Conference on Computational Intelligence and Software Engineering: 1-4.

Zhang D, Li N, Zhou Z H, et al. 2011. iBAT: detecting anomalous taxi trajectories from GPS traces[C]// Proceedings of the Proceedings of the 13th International Conference on Ubiquitous Computing: 99-108.

Zhang X, Qiu B, Mitra P, et al. 2012. Disambiguating road names in text route descriptions using exact-all-hop shortest path algorithm[C]// Proceedings of the European Conference on Artificial Intelligence: 876-881.

Zheng Y, Zhang L, Xie X, et al. 2009. Mining interesting locations and travel sequences from GPS trajectories[C]// Proceedings of the 18th International Conference on World Wide Web: 791-800.